U0739760

# GNSS 单频软件接收机应用与编程

易维勇　董绪荣　孟凡玉　郭　晶　编著

国防工业出版社

·北京·

# 内 容 简 介

本书面向应用与编程设计,针对卫星导航信号的分析和处理,系统地介绍全球卫星导航系统(GNSS)软件接收机技术的相关理论与方法。主要内容分四部分:一是卫星导航系统及卫星运动基本理论;二是卫星导航信号及其捕获、跟踪、处理;三是距离测量计算及导航定位解算;四是干扰与抗干扰技术等。每一部分都附有练习题,另外本书所附光盘是全部 Matlab 源程序以及 C++ 源程序。

本书体系完整、并尽量自成一体,以便读者能参考本书获得较全面的知识。可供航空、航天、航海、测控、测绘、地理、交通、规划、遥感等领域中从事卫星导航定位专业的工程技术人员和有关院所的师生参考。

**图书在版编目(CIP)数据**

GNSS 单频软件接收机应用与编程 / 易维勇等编著.
—北京:国防工业出版社,2010.4
ISBN 978 - 7 - 118 - 06644 - 9

Ⅰ.①G… Ⅱ.①易… Ⅲ.①卫星导航 - 全球定位系统 - 接收机 - 程序设计 Ⅳ.①TN967.1②P228.4

中国版本图书馆 CIP 数据核字(2010)第 036493 号

※

国防工业出版社出版发行

(北京市海淀区紫竹院南路 23 号 邮政编码 100048)
北京四季青印刷厂印刷
新华书店经售

*

开本 880×1230 1/32 印张 11 字数 288 千字
2010 年 4 月第 1 版第 1 次印刷 印数 1—3000 册 定价 29.00 元

**(本书如有印装错误,我社负责调换)**

国防书店:(010)68428422 发行邮购:(010)68414474
发行传真:(010)68411535 发行业务:(010)68472764

# 前　　言

　　卫星导航定位技术在军事和民用各领域、各行业都得到了广泛应用,这项技术本身也得到了飞速发展。全球卫星导航系统(GNSS)软件接收机技术是卫星导航领域的一个重要研究方向。目前,在理论上和实际工程应用中都取得了一定进展。作为一门交叉学科,软件接收机技术将会在很多行业得到更广的应用和发展。

　　本书面向应用与编程设计、在参考国内外论著的基础上,结合作者自己的研究成果撰写。内容上由浅入深,第一章介绍了GNSS软件接收机的研究背景和各种卫星导航系统。第二章介绍了信号处理的一些相关概念。第三章介绍了卫星运动的基本理论。第四章研究GNSS信号,包括伪随机码信号、导航电文,着重以GPS和Galileo系统为例进行讨论。第五章研究了GNSS接收机的前端技术,包括天线和信号下变频原理。第六章探讨卫星信号的捕获技术。第七章讨论卫星信号的跟踪、解调和伪距计算。第八章探讨导航定位解算方法。第九章简要介绍了GNSS干扰和抗干扰技术。第十章为实用编程实践。

　　本书结合最新的有关研究成果,以便读者能参考本书获得较全面的知识。当然,也不可能面面俱到,读者在阅读本书时,需要有数字信号处理、自动控制以及卫星导航的相关知识。本书还给出了一些练习题目,帮助读者理解各部分的内容,另外还给出了Matlab源程序以及C++源程序,可帮助相关研究人员加快研究进度。适合各大专院校的教师、研究生、以及相关科研人员和高层次的GNSS研究人员参考使用。

本书着眼于介绍目前发展迅速的软件接收机技术，为相关领域的专业研究人员提供尽可能多的参考。由于本书主要针对卫星导航信号的分析和处理，对于信号处理的基本原理部分只做了简要介绍。因此，读者在阅读本书前，需要对信号处理有一定程度的掌握。

本书相关研究成果得到了国家自然科学基金的资助（项目号 40874007，40674014 和 40644020），感谢吕志伟副教授，第十章部分内容是本书作者与他合作研究的一个项目的成果。特别感谢王晓贞、易天健对本书的大力支持。

本书在撰写和出版过程中也得到了赵洪利、满强、李东华、张展、单玉泉等的大力支持和帮助，在此一并表示衷心感谢。

我们诚恳地对在编写过程中所参阅文献的作者表示谢意。本书不妥和错误之处在所难免，敬请读者批评指正。

编著者
2009 年 2 月

# 目　　录

**第一章　引言**………………………………………………… 1

第一节　背景………………………………………………… 1

第二节　软件接收机与硬件接收机的比较………………… 9

第三节　应用前景…………………………………………… 12

练习题………………………………………………………… 12

**第二章　信号处理基础**………………………………………… 14

第一节　基本概念…………………………………………… 14

第二节　调制方式…………………………………………… 21

第三节　采样………………………………………………… 22

Matlab 程序………………………………………………… 24

练习题………………………………………………………… 30

**第三章　卫星导航基础**………………………………………… 32

第一节　时间系统…………………………………………… 32

第二节　坐标系统…………………………………………… 44

第三节　二体问题…………………………………………… 49

第四节　卫星受摄运动……………………………………… 53

第五节　卫星定位原理……………………………………… 58

Matlab 程序………………………………………………… 60

练习题………………………………………………………… 112

**第四章　GNSS 信号** ···························· 114

第一节　GPS 信号 ······························ 114

第二节　Galileo 系统信号 ······················ 127

第三节　利用伪随机码确定伪距 ················· 143

Matlab 程序 ·································· 145

练习题 ······································ 155

**第五章　天线和前端** ·························· 157

第一节　天线 ································· 157

第二节　前端 ································· 162

Matlab 程序 ·································· 171

练习题 ······································ 174

**第六章　捕获** ······························ 176

第一节　串行捕获 ····························· 178

第二节　并行频率捕获 ························· 181

第三节　并行码相位捕获 ······················ 185

第四节　捕获若干问题讨论 ····················· 188

Matlab 程序 ·································· 190

练习题 ······································ 195

**第七章　跟踪** ······························ 197

第一节　解扩和解调原理 ······················ 198

第二节　锁相环 ······························· 203

第三节　跟踪环路 ····························· 209

第四节　多路径效应 ··························· 217

第五节　导航电文解调 ························· 220

第六节　卫星位置计算和星历重建 ·················· 226

第七节　伪距计算 ······························· 236

Matlab 程序 ···································· 239

练习题 ········································· 246

**第八章　导航解算** ······························· 248

第一节　观测方程 ······························· 248

第二节　精度评定 ······························· 252

第三节　用户速度计算 ··························· 255

Matlab 程序 ···································· 256

练习题 ········································· 259

**第九章　GNSS 干扰与抗干扰** ··················· 261

第一节　GNSS 干扰 ····························· 263

第二节　GNSS 抗干扰 ·························· 265

Matlab 程序 ···································· 267

**第十章　实用编程** ······························· 269

第一节　概述 ··································· 269

第二节　整数 Fourier 变换 C ++ 编程 ·········· 273

第三节　利用卫星位置估计星历参数 ············ 279

**英语缩略语** ··································· 336

**参考文献** ····································· 337

# 第一章 引 言

目前,GNSS 接收机经过多年的发展,在技术上取得了很大的进步,尤其在高端的科学和工程应用中,其功能越来越强大,能同时接收所有可见卫星信号,实现低噪声测量及无码与半无码 L2 信号的跟踪。在低端应用中,手持导航接收机的价格降到 100 美元以下,具备了大批量进入大众化应用的条件,手表型导航仪也已进入市场,与无线移动通信结合的定位手机也业已出笼,个人应用市场展现了不可逆转的发展前景。许许多多的应用拓广都归功于 GPS 接收机数字技术的进步。数据记录技术也有明显发展,从原来的磁带和软盘,变成价廉物美的闪存或半导体存储器,体积也越来越小。

然而,对于很多测量和导航工作者来说,GNSS 接收机都是作为一个黑匣子。接收机接收到卫星信号,将卫星信号转换为伪距、载波相位、多普勒频移以及位置速度等过程,很多研究人员对此不是很了解。大部分工程技术人员只是利用接收机的输出做数据的处理,至于接收机内部是如何工作的则无从知晓。为了给测量和导航工作者提供一些接收机的参考,本书系统介绍了 GNSS 接收机前端设计需要考虑的问题,包括信号的捕获和跟踪、导航电文解调、伪距的计算和导航位置计算。

## 第一节 背 景

目前,现有的全球导航卫星系统(Global Navigation Satellite System,GNSS)主要包括美国的全球定位系统(Global Positioning

System,GPS)、俄罗斯的 GLONASS,以及正在研制和部署的我国北斗二代导航系统和欧洲的 Galileo 系统。

## 1. GPS

GPS 是美国国防部历经 20 年开发的星基全球无线电导航系统,耗资超过 300 亿美元,是继阿波罗登月计划和航天飞机计划之后的第三项庞大的空间计划。其目标为实时地提供三维位置、三维速度和高精度的时间信息,从根本上解决人类在地球上的导航和定位问题,以满足各种不同用户的需要。该系统为军民两用系统,可为全球范围内的飞机、舰船、地面部队、车辆、低轨道航天器提供全天候、连续、实时、高精度的三维位置、三维速度以及时间数据。GPS 是世界上第一个成熟、可供民用的全球卫星导航定位系统,在全球范围内得到了广泛应用。

GPS 由 24 颗地球中轨卫星组成,均匀地分布在距离地球20000km 高空的 6 个轨道面上。这些卫星与地面支撑系统组成网络,连续向全球用户播报其位置(经纬度)、速度、高度和时间信息,能使地球上任何地方的用户在任何时候都能利用 GPS 接收机同时收到至少 4 颗卫星的位置信息,应用差分定位原理计算确定自己的位置。因此,这是一个全天候、实时性的导航定位系统。

GPS 是自"子午仪"系统之后,美国国防部从 20 世纪 70 年代初开始研制的采用时间测距卫星导航方式的第二代导航卫星系统。初始作用是为美国军方在全球的舰船、飞机导航并指挥陆军作战。第一颗 GPS 卫星于 1978 年 10 月 6 日发射,1993 年 12 月完成 24 颗卫星组网,1995 年 4 月 27 日达到完全运行水平。目前,GPS 卫星发展了两代三种型号,现在轨道运行的为第二代的两种型号:GPS - 2A 和 2R,卫星寿命约为 7.5 年。

GPS 系统提供了两种定位信号,一种是 C/A 码(Coarse Acqui-sition,也称为粗捕获码),由标准定位信号经干扰而成,定位精度在 100m 左右,以供民间用户使用;另一种即所谓的 P 码(Precise

Code,也称为精码),经加密后发播,以供军用,定位精度在 3m 以内。GPS 接收机与手提电话大小相当,体积很小,可方便地装载在汽车等航行器上。

美国发展 GPS 的主要目的是为军事服务,其次才是民用,其发展战略是在重要的军用与民用领域独霸全球,保持技术上遥遥领先,推行美国 GPS 标准占领和垄断全球市场。所以,GPS 本质上是军用系统,由美国军方控制,优先为军方服务。长期以来,美国对本国军方提供的是精确定位信号,对其他用户提供的则是加了干扰的低精度信号。从 1991 年的海湾战争开始到现在,美国的一切军事行动几乎都与卫星定位系统有关,GPS 接收机装备至每一个参战单位甚至个人;地空导弹、巡航导弹采用 GPS 精确制导后,精确打击能力大大提高。美国向民用用户和外国只提供低精度的卫星信号,使用的标准定位服务精度以前为 100m,为了保持其在全球导航市场的垄断地位,美国克林顿政府决定施行无偿向民用领域提供高精度定位信号的方针,已于 2000 年 5 月 1 日午夜撤销对 GPS 的 SA 干扰技术,民用领域也能获得与军用相同的 10m 定位精度。但在危机和战争期间,军方控制的机构将保护美国及其盟友安全使用 GPS;阻断敌方使用卫星导航信号,采取局部干扰或故意降低导航定位精度等,甚至随时可以关闭这种服务。例如,在海湾战争时,美国曾置欧盟各国利益不顾,一度关闭对欧 GPS 服务。

### 2. GLONASS

俄罗斯的 GLONASS( GLObal NAvigation Satellite System)是前苏联国防部从 20 世纪 80 年代初开始建设的与美国 GPS 相抗衡的全球卫星导航系统,与 GPS 系统原理、功能十分类似,耗资 30 多亿美元,1995 年投入使用,现在由俄罗斯联邦航天局管理。

GLONASS 在 1995 年完成 24 颗中高度圆轨道卫星加 1 颗备用卫星组网,成为世界上第二个独立的军民两用全球卫星导航系统。该系统由卫星星座、地面监测控制站和用户设备三部分组成。

卫星星座由 24 颗工作星和 3 颗备份星组成,均匀地分布在三个近圆形的轨道面上,每个轨道面有 8 颗卫星,轨道高度为 19100km。18 颗卫星就能保证该系统为俄罗斯境内用户提供全部服务。地面支持系统原来由苏联境内的许多监控站完成,随着苏联的解体,GLONASS 的地面支持已经减少到只有俄罗斯境内的场地了,系统控制中心和中央同步处理器位于莫斯科,遥测遥控站位于圣彼得堡、捷尔诺波尔、埃尼谢斯克和共青城。GLONASS 单点定位精度水平方向为 16m,垂直方向为 25m。与美国的 GPS 不同的是,GLONASS 采用频分多址(FDMA)方式,根据载波频率来区分不同卫星(GPS 是码分多址(CDMA),根据调制码来区分卫星)。俄罗斯对 GLONASS 采用了军民合用、不加密的开放政策。与美国的 GPS 相比,GLONASS 导航精度相对较低,应用普及情况远不及 GPS,其最大优点在于抗干扰能力强。

GLONASS 卫星设计工作寿命只有 3 年,系统建成后原来在轨卫星陆续退役,系统的大部分卫星老化,俄罗斯由于财政困难,航天拨款严重不足,无法发射足够的新卫星取代已到寿命的卫星,以致到 20 世纪 90 年代后期工作卫星数量减少到不足 10 颗,已不能独立组网,事实上陷入功能不完善的状态,只能与 GPS 联合使用。

2003 年的伊拉克战争对俄罗斯产生了相当大的震动,迫使俄罗斯领导层再次对太空的军事用途重视起来。俄总统普京多次强调重视发展独立的全球定位系统,表示 GLONASS 对于国防和经济发展的意义极为重大,俄罗斯决不会放弃 GLONASS;2005 年,指示要求 2007 年恢复该系统独立工作,开拓广大的民用市场,并为该系统拨款 36 亿卢布,列为俄国防部优先发展项目之一。俄政府计划用 4 年时间将 GLONASS 修复,更新为 GLONASS – M,预计到 2007 年使 GLONASS 的工作卫星数量至少达到 18 颗的最低水平,全面开始运转,为俄罗斯用户提供导航定位服务。整个系统在 2009 年—2011 年完成全部 24 颗卫星的部署,届时导航范围可覆盖整个地球表面和近地空间,开始为全球用户提供导航服务,定位精度可达 1m,足以与美国的 GPS 相媲美。计划包括发射新一代的 GLONASS - M 卫星(工作寿命为 7 年)和 GLONASS - K 型卫星(工作寿命为 10 年),逐渐替代老式卫星,完成该系统卫星的新老更替和升级。截至 2005 年 12 月底,俄新发射了 9 颗 GLONASS 卫星,使该系统在轨卫星数量达到 17 颗。GLONASS 历年工作卫星数及未来几年的发射计划如图 1.1 所示。

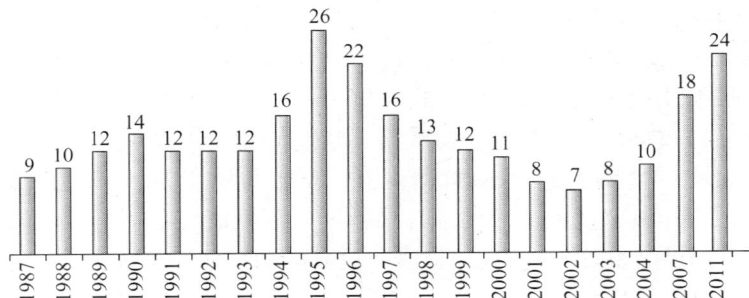

图 1.1 GLONASS 在轨工作卫星数

### 3. Galileo 系统

1999 年,欧洲提出了建立 Galileo 导航卫星系统的计划。经过长时间的酝酿,2002 年 3 月 26 日,欧盟 15 国交通部长会议一致决定,正式启动 Galileo 导航卫星计划,这标志着欧洲将拥有自己的卫星导航定位系统,结束美国 GPS 独占鳌头的局面。该系统经费预算为 32 亿欧元～36 亿欧元,由欧空局成员国和欧洲工业界等联合投资,费用公方和私方各占 50% 左右。与 20 世纪 70 年代美国建成的 GPS 系统花费了 130 亿美元相比,Galileo 系统的建设是一个经济、实用、高效、先进的系统。

Galileo 系统的性能极为先进。按照欧洲目前的设想,Galileo 系统定位精度可达厘米级。如果说 GPS 只能找到街道,Galileo 系统则可找到车库门。Galileo 系统为地面用户提供三种信号:免费使用的信号、加密且需交费使用的信号、加密且需满足更高要求的信号。其精度依次提高,最高精度比 GPS 高 10 倍,即使是免费使用的信号精度也达到 6m。另外,Galileo 系统的另一个优势在于,它能够与美国的 GPS、俄罗斯的 GLONASS 实现多系统内的相互兼容。Galileo 系统的接收机可以采集各个系统的数据或者通过各个系统数据的组合来实现定位导航的要求。

由于 GNSS 导航系统要满足很多方面的应用,如在森林里或室内导航,需要对信号进行精心的设计,以满足各种应用需求。Galileo 系统除能提供精确的定位信号外,还可以提供移动电话业务服务,用于救生行动,如接收失事飞机的求救信号后,快速通知附近的救援部门,这些是 GPS 所无法实现的。毫无疑问,Galileo 系统是 GPS 的强有力的竞争对手,较之与已形成垄断地位的 GPS,Galileo 系统由于采用了许多新技术而更加灵活、全面、可靠,可以提供完整、准确的数据信号。较高的功率使 Galileo 系统的信号可以很容易克服干扰和进行接收,还可以为高纬度地区以及中亚和黑海地区提供较好的数据。

Galileo 系统的卫星星座是由分布在三个轨道上的 30 颗中高度轨道卫星(MEO)构成,具体参数如下:

每条轨道卫星数量为 10 颗(9 颗工作,1 颗备用);卫星分布在 3 个轨道面上;轨道倾斜角为 56°;轨道高度为 24000km;运行周期为 14h4min;卫星寿命为 20 年;卫星质量为 625kg;电量供应为 1.5kW;射电频率为 1202.025MHz、1278.750MHz、1561.098MHz、1589.742MHz。卫星数量与卫星的布置和美国 GPS 的星座有一定的相似之处。

中轨卫星装有的导航有效载荷包括以下几种:

(1)Galileo 系统所载时钟有两种类型,即铷钟和被动氢脉塞时钟。在正常工作状况下,被动氢脉塞时钟将被用作主要振荡器,铷钟也同时运行作为备用,并时刻监视被动氢脉塞时钟的运行情况;

(2)天线设计基于多层平面技术,包括螺旋天线和平面天线两种,直径为 1.5m,可以保证低于 1.2GHz 和高于 1.5GHz 频率的波段顺利发送和接收;

（3）Galileo 系统利用太阳能供电，用电池存储能量，并且采用了太阳能帆板技术，可以调整太阳能帆板的角度，保证吸收足够阳光，既减轻卫星对电池的要求，也便于卫星对能量的管理；

（4）射频部分通过 50W～60W 的射频放大器将四种导航信号放大，传递给卫星天线。

地面部分主要完成两个功能：导航控制和星座管理功能以及完好性数据检测和分发功能。

导航控制和星座管理功能由地面控制部分（GCS）完成，主要由导航系统控制中心（NSCC）、OSS 工作站和遥测遥控中心（TCC）三部分构成。其中，OSS 工作站共 15 个，无人监管并且只能接收星座发出的导航电文和星座运行环境数据，并把数据传送到导航系统控制中心，由导航系统控制中心检测和处理；分布在 4 点的遥测遥控系统接收导航系统控制中心中卫星控制设备（SCF）提供的导航数据信息，并上传到星座。

完好性数据检测和分发功能主要由欧洲完好性决策系统（EIDS）完成，EIDS 主要由完好性监视站（IMS）、完好性注入站（IULS）和完好性控制中心（ICC）三部分组成。其中，无人照管的完好性监视站网络接收来自星座的 L 波段，用来计算 Galileo 系统完好性的原始卫星测量数据；完好性控制中心包括完好性控制设备、完好性处理设备和完好性服务接口，用来接收完好性监视站的数据，并发送数据到完好性注入站，由完好性注入站将数据以 S 波段发送到星座上。GCS 和 EIDS 之间，通过 ICC 和 NSCC 可进行数据通信。

Galileo 系统提供的服务有以下几种：

（1）公开服务（Open Service，OS）。Galileo 系统的公开服务能够免费提供用户使用的定位、导航和时间信号。此服务对于大众化应用，如车载导航和移动电话定位，是很适合的。当用户处在一个固定的地方时，此服务也能提供精确时间服务（UTC）。

（2）商业服务（Commercial Service，CS）。商业服务相对于公开服务提供了附加的功能，大部分与以下内容相关联。

① 分发在开放服务中的加密附加数据；

② 非常精确的局部差分应用，使用开放信号覆盖 PRS 信号 E6；

③ 支持 Galileo 系统定位应用和无线通信网络的良好性导频（或导频）信号。

（3）生命安全服务（Safety of Life，SOL）。生命安全服务的有效性超过 99.9%。Galileo 系统和当前的 GPS 系统相结合，将能满足更高的要求，包括船舶进港、机车控制、交通工具控制、机器人技术等。

（4）公众规范服务（Public Regulated Service，PRC）。公众规范服务将以专用的频率向欧共体提供更广的连续性服务，主要包括以下几种：

① 用于欧洲国家安全，如一些紧急服务、其他政府行为和执行法律；

② 一些控制或紧急救援，运输和电信应用；

③ 对欧洲有战略意义的经济和工业活动。

（5）局域设施提供的导航服务。局域设施能对单频用户提供微分修正，使其定位精度值优于 ±1m，利用 TCAR 技术可使用户定位的偏差在 ±10cm 以下；公开服务提供的导航信号，能增强无线电信定位网络在恶劣条件下的服务。

其他卫星导航系统还有如中国的北斗导航系统，印度的 IRNSS（Indian Regional Navigational Satellite System）和日本的 QZSS（Quasi – Zenith Satellite System）。

卫星导航系统是一项复杂的工程，其组成部分包括空间卫星部分、地面控制部分以及用户接收机等。服务端（包括空间卫星部分和地面控制部分）需要巨大的投入费用，由国家进行投资。要收回投资，须进一步研究用户端的可用技术，拓宽 GNSS 系统的应用。因此，用户端接收机的研究是国际上 GNSS 研究的热点之一。而软件接收机则由于其灵活性和巨大的市场潜力，更是被很多制造商和研究机构所看好，如美国宇航局 NASA 以及多所大学、丹麦的 Aalborg 大学、德国国防军大学、日本的东京大学等都在进行这方面的研究。

随着军用和民用的需求越来越多,我国对 GNSS 的投入也越来越多,如投入巨大的财力和人力研制我国的"北斗"二代导航系统。在我国的 GNSS 投入运行后,如何着眼军民结合、以民养军的战略,使"北斗"二代导航系统实现资金流的良性循环,是我国 GNSS 产业的战略目标之一。这就要求科研人员在用户端进行进一步的研究,拓宽应用范围,降低用户端的成本,最大限度的占领市场。

## 第二节 软件接收机与硬件接收机的比较

传统的硬件接收机的结构如图 1.2 所示。射频信号经天线接收后,由射频前端进行混频和滤波,然后经模拟/数字转换得到数字信号。采用专用集成电路(Application Specific Integrated Circuit,ASIC)或可编程门阵列(Field Programmable Gate Array,FP-GA)实现信号的捕获和跟踪。得到各种观测量后经专用或通用的计算机芯片计算可得到导航结果。由该结构示意图可知,硬件接收机对 GNSS 信号信号处理通过硬件来完成,这就影响了接收机的灵活性,如当卫星发射的信号结构发生变化时,或需要接收新的卫星导航信号时,须更换接收机内部的硬件或专用芯片,才能捕获

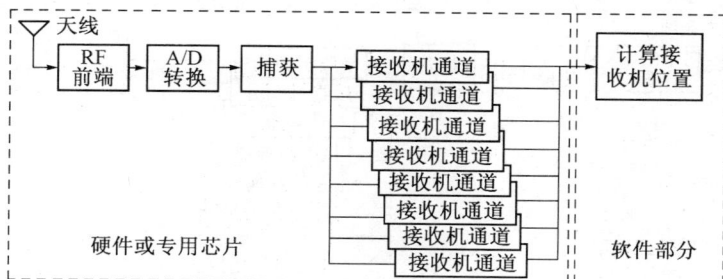

图 1.2 硬件接收机结构示意图

或跟踪这些信号。另外,硬件接收机是一个黑匣子,用户只能获得其输出的导航结果,无法控制其内部信号处理,从而当接收机出现信号失锁或其他情况时,用户无法查找原因。

　　软件接收机的结构如图 1.3 所示。与硬件接收机不同的是,软件接收机利用软件实现卫星信号的捕获和跟踪。这样用户可以控制接收机的信号处理,有很大的灵活性。例如,当需要捕获新的卫星信号时,只需要更改软件,在软件接收机中生产需要捕获和跟踪的新信号即可,而无需更换和升级硬件。若卫星信号出现失锁或不能捕获的情况时,可设置或调整不同的捕获和跟踪参数,并分析原因。这对于研制各种不同应用的接收机来说非常重要,例如,研制高动态接收机时,我们需要了解多普勒频移的搜索范围、锁相环滤波器的阶数以及参数设置等,使接收机能够捕获和跟踪高动态信号,而采用软件接收机做这样的试验非常有效。由于软件接收机处理信号的灵活性,还可实现利用 GNSS 信号进行遥感测量,其原理是采用两个天线,一个为右旋极化天线,安装在载体(低轨卫星或飞机)顶部,一个为左旋极化天线,安装在载体底部。顶部的天线直接接收 GNSS 卫星信号,底部的天线接收地面反射的 GNSS 信号,由于 GNSS(以 GPS 为例)信号为右旋极化,受地面反射后相位偏转 180°变成左旋极化,采用左旋极化天线可以接收到反射的信号。两个天线接收到的信号进行相关,可确定反射物体所在位置及特征。由于两路信号的时间延迟很大,用软件接收机

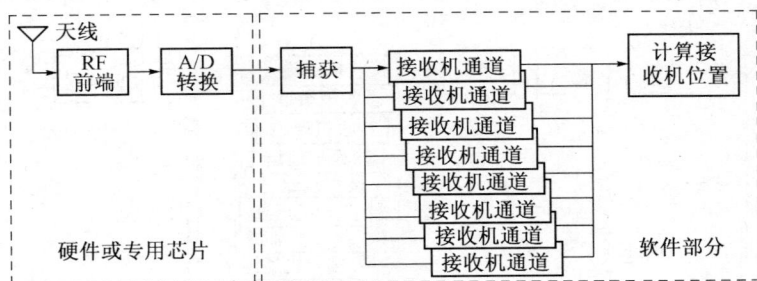

图 1.3　软件接收机结构示意图

才有可能实现这样两路时延很大信号的相关运算。

采用硬件和软件进行信号处理,信号处理速度和灵活性之间存在相互矛盾、相互制约的关系。如图 1.4 所示,模拟电路处理速度快,但其灵活性很低,而通用处理进行高级语言编程灵活性很高,但信号处理速度很低。随着电子技术的发展,现有的微处理器运算速度可达 3GHz 甚至更高,能够实现无线电信号的实时信号处理。研究如何利用通用微处理器,实现信号的高速处理及高度的灵活性,是软件接收机要实现的关键技术之一。

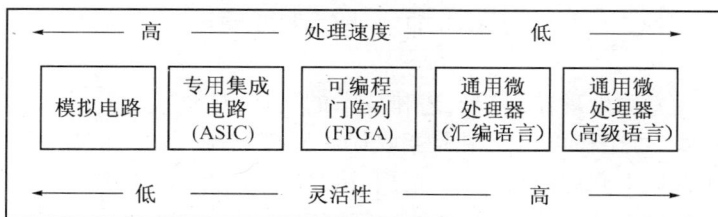

| 高 | | 处理速度 | | 低 |
|---|---|---|---|---|
| 模拟电路 | 专用集成电路(ASIC) | 可编程门阵列(FPGA) | 通用微处理器(汇编语言) | 通用微处理器(高级语言) |
| 低 | | 灵活性 | | 高 |

图 1.4 信号处理速度和灵活性比较

软件接收机与硬件接收机相比,有如下优点:

(1)成本低。软件的成本比硬件低,有利于占领市场、拓宽应用。

(2)灵活性好。只需对软件进行修改即可处理各种不同的 GNSS 信号,而硬件接收机需要更换内部的物理元件才能实现这一功能。

(3)易于升级。只需对软件进行升级即可。

(4)可作为原型机。根据不同的应用,利用软件接收机进行测试,为设计各种接收机提供理论和实验支撑。

(5)利用软件接收机,可拓宽 GNSS 的应用,如利用 GNSS 信号的多路径效应实现地面遥感。

利用软件替代硬件实现信号处理,是当前软件无线电的发展思路和方向。如开放式源码 Gnu Radio,利用软件实现信号的调制、解调及滤波等各种功能。当前,很多软件接收机都基于开放式源码 Gnu Radio 进行开发,提高了开发效率。

GPS 卫星的 C/A 码结构是公开的,可以在软件中生成。Galileo 系统试验卫星的伪随机码也已经公布,通过查询其 ICD 文档获取。接收机前端的技术已相当成熟,信号处理技术也发展迅速,以当前的微机运算能力,目前微处理器的主频已可达 3.4GHz,每秒可进行几百万次的浮点运算。采用优化的算法,完全有可能实现 GNSS 信号的实时处理。

## 第三节　应用前景

随着微处理器制造工艺和技术的发展,软件接收机将会越来越普及,可望在很多应用上能取代硬件接收机。软件接收机将在很多领域得到广泛应用,如军用、测量、测姿及普通导航等。军用设备的动态范围较大,允许的加速度可达十几倍重力加速度($g$),其速度的允许范围可达几倍声速,利用软件接收机的可捕获和跟踪高动态信号;测量设备精度可达毫米级甚至更高;另外,可在算法上提高软件接收机的抗干扰能力。

当前,武器的发展思路之一是将各种系统(如指挥、控制、通信、导航等)统一在一个平台下。采用软件接收机技术可促进这一思路的实现,使机动武器和部队向一体化方向发展。在民用方面,由于软件接收机的成本低,可更有利地占领民用导航市场,实现经济效益,拓宽其应用领域,如作为教学和科研的实验机器。增加信号的相关时间,可捕获弱信号,实现室内导航。另外,利用软件接收机实现时间同步,可为电力、通信等部门提供精确的时间服务。同时,软件接收机对于 GNSS 的信号分析和实验具有非常重要的参考价值和应用价值。

## 练 习 题

1. 叙述软件接收机的优点。

2. 软件接收机可能在哪些方面得到应用。

3. 假设共有 24 颗导航卫星均匀分布在天空中,有一观测者站在地面上。已知卫星距地心距离为 28000km,地球半径为 7000km,请确定观测者能看到的卫星数的期望值。

4. 图 1.5 为大西洋西北部分的 Lorand – C 台站示意图。$M$ 为主站,$X$ 和 $Y$ 为从站。图中的双曲线表示线上的所有点到主站和从站的距离差相等(双曲导航原理)。用户接收机接收信号主站和从站到达时刻的时间差。先假设某用户接收到的 Lorand – C 信号时刻相差 MU – XU = – 1ms,MU – YU = – 1ms,请在图中找出用户的位置(假设距离 $MX$ 和 $MY$ 分别为 480km 和 780km)。

如果 MU – XU = 1ms,MU – YU = 2ms,找出用户的位置。

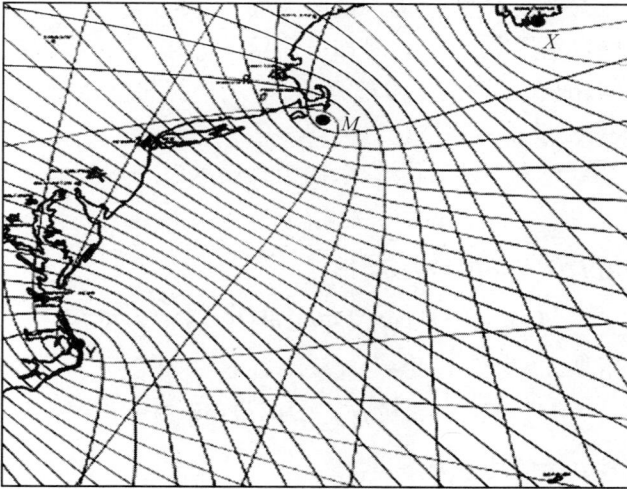

图 1.5 Lorand – C 台站示意图

# 第二章　信号处理基础

## 第一节　基本概念

自然界中一切随时间变化的事物都可称为信号。而信息是指调制在信号中,发送者与接受者达成协议并能理解的内容。如人类将语言调制在声音上,随声调的高低,使人与人之间能互相交流信息。在自然界中,很多信号如电信号、声音信号等都是随时间连续变化的,随着计算机技术的兴起,采用计算机技术处理各种信号,需要将连续信号离散化。

信号 $s(t)$ 有多种表达形式,用极角表示为

$$s(t) = A\sin(2\pi ft + \phi) \tag{2.1}$$

也可采用 $I$、$Q$ 支路信号表示,即

$$s(t) = I(t)\cos(2\pi ft) + Q(t)\sin(2\pi ft) \tag{2.2}$$

或者采用复数表示形式为

$$s(t) = \mathrm{Re}\{(I(t) + jQ(t))e^{-j(2\pi ft)}\} \tag{2.3}$$

信号 $s(t)$ 的功率为

$$P_s(t) = s^2(t) \tag{2.4}$$

即功率是信号的平方。

信号 $s(t)$ 的平均功率为

$$\overline{P}_s = \frac{1}{t_2 - t_1}\int_{t_1}^{t_2} s^2(t)\,dt \tag{2.5}$$

信号 $s(t)$ 在 $[t_1, t_2]$ 区间的能量为

14

$$E_s(t_1, t_2) = \int_{t_1}^{t_2} s^2(t)\,\mathrm{d}t = (t_2 - t_1)\overline{P_s} \qquad (2.6)$$

我们所采用的离散信号是对连续信号进行离散化采样并量化后而得到的,用 $s(n)$ 表示。离散信号同样有功率和平均功率以及能量的概念。

离散信号 $s(n)$ 的功率为

$$P_s(n) = s^2(n) \qquad (2.7)$$

类似地,离散信号的平均功率和能量也可通过计算得到。

在信号和通信领域,信号之间的功率通常用分贝来表示。如信号 $s_1(n)$ 和 $s_2(n)$ 的功率分别为 $P_1(n)$ 和 $P_2(n)$,假设 $P_1(n)$ 是 $P_2(n)$ 的 2 倍,则有

$$(P_1/P_2)_{\mathrm{dB}} = 10\lg(P_1/P_2) = 10\lg 2 \approx 3\mathrm{dB} \qquad (2.8)$$

即 $P_1(n)$ 比 $P_2(n)$ 高 3dB。

而对于某些信号,其功率采用 dBm 表示,信号相对于 1mW 的大小,即

$$P_{\mathrm{dBm}} = 10\lg\left(\frac{P}{1\mathrm{mW}}\right) \qquad (2.9)$$

某些信号则采用采用 dBW 表示,信号相对于 1W 的大小,即

$$P_{\mathrm{dBW}} = 10\lg\left(\frac{P}{1\mathrm{W}}\right) \qquad (2.10)$$

信号采用分贝为单位,在计算过程中很方便。例如,计算空间路径损耗(Free space path loss,FSPL)为

$$\mathrm{FSPL} = \left(\frac{4\pi d}{\lambda}\right)^2 = \left(\frac{4\pi df}{c}\right)^2 \qquad (2.11)$$

而采用分贝为单位后,计算公式为

$$\mathrm{FSPL_{dB}} = 20\lg d + 20\lg f + 20\lg(4\pi/c) =$$
$$20\lg d + 20\lg f - 147.56 \qquad (2.12)$$

一个信号,可在时域表示,也可在频域表示。信号 $s(t)$ 在频

15

域的表达式可表示为时域的傅里叶变换,即

$$S(f) = \int_{-\infty}^{+\infty} s(t) e^{-j2\pi ft} dt \qquad (2.13)$$

信号在频域表示后,信息没有丢失,还是同一个信号(Parseval 原理)。

假设某一信号为

$$s(t) = 4\sin(2\pi \cdot 0.3t) + 3\sin(2\pi \cdot 1.3t) + \varepsilon \qquad (2.14)$$

式中：$\varepsilon$ 为均值为 0,方差为 1 的白噪声。

该信号在时域和频域的示意图如图 2.1 所示(噪声在频域上没有表示出来)。

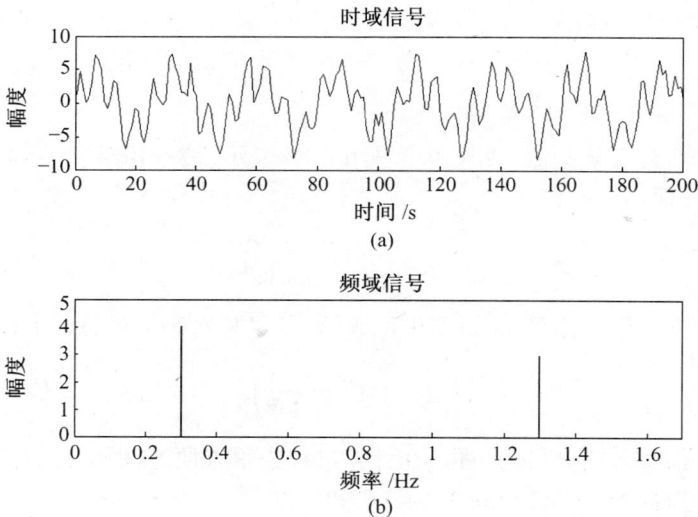

图 2.1  信号在时域和频域的示意图
(a)时域信号;(b)频域信号。

在通信和导航领域,信号质量是一个非常重要的概念。信号质量通常指比特误差率,或者称为误码率(Bit error ratio,BER)。在导航领域,信号质量还有一个意思,即定位质量。信号质量通常受以下几个因素影响：噪声、扭曲(变形)和干扰。噪声由接收机内部的半导体晶振和滤波器等元件产生。信号的扭曲由接收机某些元件的非线性特性而引起。而干扰则是由于其他信号源引起的信号接受、识别和处理的困难。

按照信号的特性,可分为确定性信号和随机信号。确定性信号如上文中提到的正弦信号,利用这类信号可传播各种信息。对于一个能量有限的信号 $s(t)$,其频域的表达形式为其傅里叶变换,即

$$S(\omega) = \int_{-\infty}^{+\infty} s(t) e^{-j\omega t} dt \qquad (2.15)$$

式中:$j = \sqrt{-1}$;$\omega$ 为角频率。

根据定义,角频率 $\omega$ 与信号频率 $f$ 的关系为 $\omega = 2\pi f$。通常,傅里叶变换为一个复数,即

$$S(\omega) = \text{Re}\{S(\omega)\} + j\text{Im}\{S(\omega)\} = |S(\omega)| e^{j\arg(S(\omega))}$$
$$(2.16)$$

式中:$S(\omega)$ 为信号 $s(t)$ 的频谱;$|S(\omega)|$ 为信号的幅度谱;$\arg(S(\omega)) = \arctan(\text{Im}\{S(\omega)\}/\text{Re}\{S(\omega)\})$ 为信号的相位谱。

随机信号则只有统计特性,在任一时刻其信号的大小是随机的,在通信中,随机信号表现为噪声。最典型的随机信号 $n(t)$ 为白噪声,其分布为高斯分布,这类信号的功率谱为其方差,信号之间独立,即自相关函数为

$$R_{nn}(\tau) = E\{n(t)n(t-\tau)\} = \begin{cases} \sigma^2, & \tau = 0 \\ 0, & \text{其他} \end{cases} \qquad (2.17)$$

其傅里叶变换为

$$S_{nn}(f) = \int_{-\infty}^{+\infty} R_{nn}(\tau) e^{-j2\pi f\tau} d\tau = \sigma^2 \qquad (2.18)$$

可看出在所有的频率上,白噪声的功率谱密度为一个常数。即在频率上进行积分可功率为无穷大,这在实际上这是不可能的。但由于很多情况可采用白噪声进行简化,并且在带限滤波器的作用下,实际的噪声将与白噪声非常接近。

而带限白噪声信号为有色噪声,对于带宽为 $\Delta\omega$,中心频率为 $\omega_0$ 的带限噪声信号,其自相关函数为

$$R_{nn}(\tau) = \frac{2\sigma^2}{\pi\tau}\sin\left(\frac{\tau \cdot \Delta\omega}{2}\right)\cos(\omega_0\tau) \qquad (2.19)$$

受到噪声的影响,信号的强度会和结构会降低。噪声的强度会干扰信号的传播、识别和处理。信号功率和噪声功率的比值称为信噪比(Signal to Noise Ratio,SNR),即

$$SNR = \frac{\overline{P_s}}{\overline{P_n}}, SNR_{dB} = 10\lg\left(\frac{\overline{P_s}}{\overline{P_n}}\right) \qquad (2.20)$$

高信噪比对数字信号调制来说将降低误码率。噪声可分为内部噪声和外部噪声,内部噪声为电阻线圈、半导体和量化过程中产生的噪声,而外部噪声为人为的干扰噪声和信号在媒体介质中的传播引起的噪声。对于 GNSS 接收机来说,最低信噪比是接收机灵敏度的重要指标。

接收机噪声(热噪声)是由于接收机内部的元件辐射热量,而产生的干扰信号。GNSS 信号到达接收机时,信号的功率比噪声的功率还低。热噪声的计算公式为

$$P = kTB \qquad (2.21)$$

式中:$k$ 为 Boltzmann 常数,$k = 1.38 \times 10^{-23}$ J/K;$T$ 为温度;$B$ 为带宽。

假设温度 $T$ 为 20℃,B 为 1 MHz,则热噪声为

$$P_{dBW} = 10\lg kTB =$$

$$10\lg 1.38 \times 10^{-23} \times (20 + 273) \times 10^6 =$$

$$-143.9dBW = -113.9dBm \qquad (2.22)$$

而导航信号到达地面时,由于路径损耗和大气吸收等原因,其功率比噪声的功率还低,接收比噪声功率低的信号正是扩频通信的优点,其具体原理将在介绍 GPS 和 Galileo 系统信号时详细讨论。虽

然 GNSS 信号可实现接收淹没在噪声中的信号,但其信号功率低是 GNSS 的软肋,容易受到各种干扰,降低信噪比。

带宽(Bandwidth)是一个重要的概念,在不同领域,带宽有不同的定义。对于软件接收机来说,带宽是指信号具有的频带宽度,信号的带宽是指该信号所包含的各种不同频率成分所占据的频率范围。

(1)卷积。两连续信号 $x(t)$ 和 $y(t)$ 的卷积为

$$z(t) = \int_{-\infty}^{+\infty} x(t - \tau) y(\tau) \mathrm{d}\tau \qquad (2.23)$$

而两离散信号 $x(n)$ 和 $y(n)$ 的卷积为

$$z(n) = \sum_m x(n - m) y(m) \qquad (2.24)$$

(2)相关。两连续信号 $x(t)$ 和 $y(t)$ 的相关输出为

$$z(t) = \int_{-\infty}^{+\infty} x(\tau + t) y(\tau) \mathrm{d}\tau \qquad (2.25)$$

而两离散信号 $x(n)$ 和 $y(n)$ 的卷积为

$$z(n) = \sum_m x(n + m) y(m) \qquad (2.26)$$

(3)离散傅里叶变换。长度为 $N$ 的离散信号 $x(n)$,其傅里叶变换为

$$X(k) = \sum_{n=0}^{N-1} x(n) \mathrm{e}^{-\mathrm{j}2\pi kn/N} \qquad (2.27)$$

在接收机信号捕获过程中,需要用到快速傅里叶变换,具体算法,可参考信号处理相关资料。

除了上面介绍的正弦振荡信号外,部分常见的信号还有单位脉冲信号和矩形脉冲信号。

(1)单位脉冲信号。连续的单位脉冲信号 $\delta(t)$ 有如下特性:

$$\int_{-\infty}^{+\infty} \delta(t) x(t) \mathrm{d}t = x(0) \qquad (2.28)$$

式中：$x(t)$ 为在 $t = 0$ 处连续的任一信号。

离散的单位脉冲信号定义为

$$\delta(t) = \begin{cases} 1, & n = 0 \\ 0, & n \neq 0 \end{cases} \tag{2.29}$$

从而，一个连续时间信号可表示为

$$s(t) = \int_{-\infty}^{+\infty} \delta(t - \tau) s(\tau) \mathrm{d}\tau \tag{2.30}$$

类似地，一个离散的序列可表示为

$$s(n) = \sum_{k=-\infty}^{k=+\infty} \delta(n - k) s(k) \tag{2.31}$$

单位脉冲信号的傅里叶变换为

$$\int_{-\infty}^{+\infty} \delta(t) \mathrm{e}^{-\mathrm{j}\omega t} \mathrm{d}t = 1 \tag{2.32}$$

（2）矩形脉冲信号。现考虑一矩形脉冲信号，其宽度为 $T$，如图 2.2 所示。则该矩形脉冲信号的表达式为

$$s(t) = \begin{cases} 1, & |t| < T/2 \\ 0, & \text{其他} \end{cases} \tag{2.33}$$

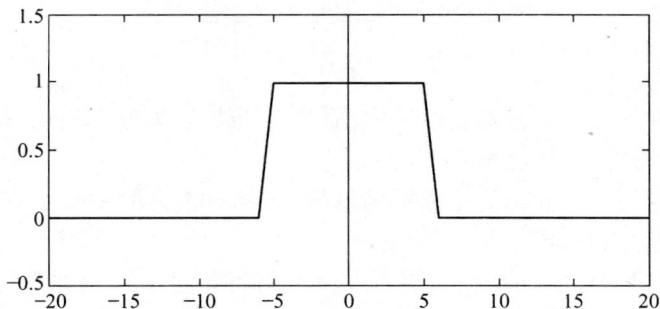

图 2.2　矩形脉冲信号

其离散形式为

$$s(n) = \begin{cases} 1, & 0 < n < T/2 \\ 0, & \text{其他} \end{cases} \tag{2.34}$$

离散形式的傅里叶变换为

$$S(f) = \sum_{n=0}^{N-1} e^{-j2\pi fn} = \frac{\sin(N\pi f)}{N\pi f} e^{-j2\pi f(N-1)} \tag{2.35}$$

从式(2.35)可看出,需要很多频率来产生一个矩形脉冲信号。当要产生的信号很窄时,需要的频率范围很大,这就是为什么产生非常窄的脉冲信号有技术困难的原因。

# 第二节 调制方式

射频信号可分为两个部分:载波相位和调制信息。载波信号是一个正弦波,其振幅和频率依赖于系统的要求。调制有三种方式,即调幅、调频和调相。

假设一个载波信号表示为

$$s(t) = A\sin(2\pi ft + \phi) \tag{2.36}$$

则调幅后的载波信号可表示为

$$s(t) = A(t)\sin(2\pi ft + \phi) \tag{2.37}$$

而经调频后,信号为

$$s(t) = A\sin(2\pi f(t)t + \phi) \tag{2.38}$$

经调相后,载波信号为

$$s(t) = A\sin(2\pi ft + \phi(t)) \tag{2.39}$$

各种信号调制方式的效果如图2.3所示。调幅(AM)是根据信息的强度,调整信号的振幅,而FM则是调整信号的频率,当调制信息的振幅大时,则调制后的信号频率高,反之则低。调相(PM)则根据信息的强度,调制载波的相位。如图2.2中所示,GPS采用BPSK(Binary Phase Shift Key)调制方式,即将扩频码调制在相位上(见第三章)。

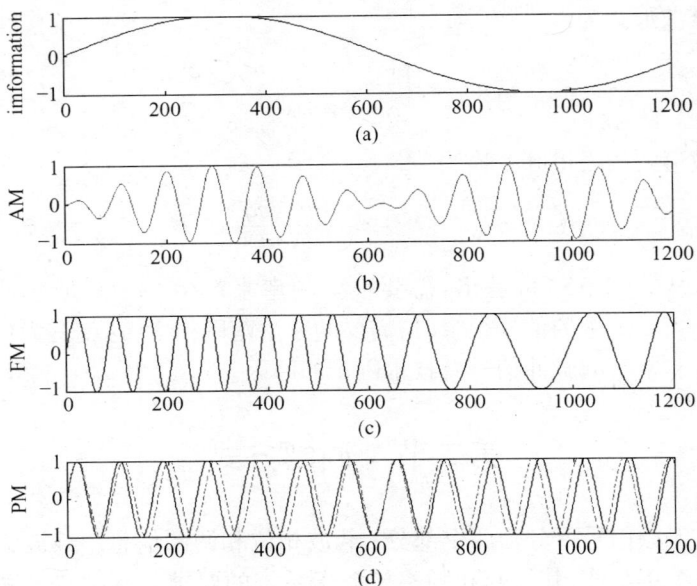

图 2.3　各种信号调制方法效果示意图

# 第三节　采　样

　　采样是软件接收机中一个非常重要的流程部分。对一个连续信号 $s(t)$ 进行等间隔 $T_s$ 采样,得到一个采样序列 $s(nT_s)$。$T_s$ 为采样间隔(或采样周期),其倒数 $f_s = 1/T_s$ 为采样频率。采样的过程可表示为

$$s_\delta(t) = \sum_{n=-\infty}^{+\infty} s(nT_s)\delta(t - nT_s) \qquad (2.40)$$

式中:$s(t)$ 为原始信号;$s_\delta(t)$ 为采样后的信号。

　　其傅里叶变换为

$$S_\delta(f) = f_s \sum_{n=-\infty}^{+\infty} S(f - nf_s) \qquad (2.41)$$

22

采样在时域和频域的示意图分别如图 2.4 和图 2.5 所示。

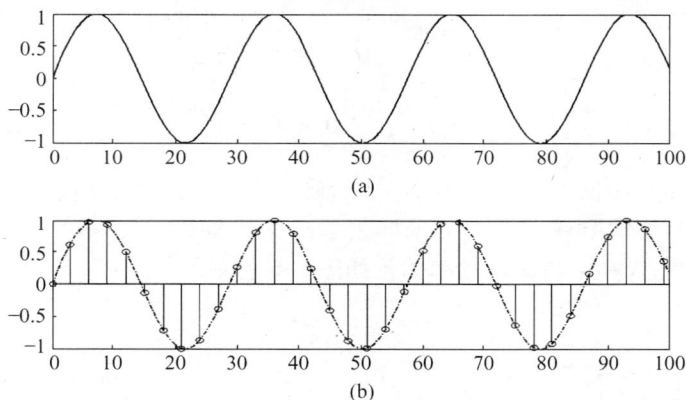

图 2.4 采样在时域的示意图

（a）原始信号；（b）采样信号。

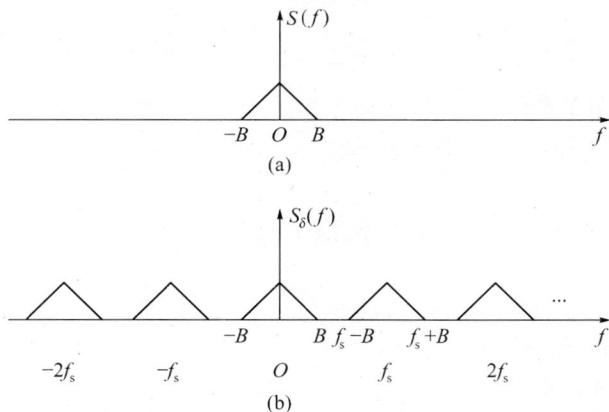

图 2.5 采样在频域的示意图

（a）原始信号；（b）采样信号。

由图 2.5 可看出,在频域上,采样运算是一个卷积运算过程。当 $f_s < 2B$ 时,将存在频率混叠的现象。在为了避免频率混叠,需要根据中频频率选择一个合理的采样频率。

频率混叠现象是指数字信号只能对低于其采样频率 1/2 的信号实现正确采样,当信号的频率高于采样频率的 1/2 时,这些频率的信号将混叠在基带内。输入输出频率的关系为

$$f_{\text{o}} = f_{\text{i}} - \frac{nf_{\text{s}}}{2}, 0 < f_{\text{o}} < \frac{f_{\text{s}}}{2} \tag{2.42}$$

式中:$f_{\text{i}}$ 为输入信号的频率(简称输入频率);$f_{\text{o}}$ 为输出信号的频率(简称输出频率);$f_{\text{s}}$ 为采样频率;$n$ 为一整数。

输入频率与输出频率关系如图 2.6 所示。

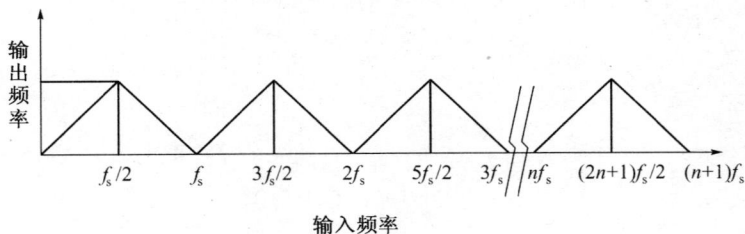

图 2.6 采样后信号输入频率与输出频率的关系

由图 2.6 可以看出,任何频率大于 $f_{\text{s}}/2$ 的信号,经采样后其频率将投影在基带上,即 $[0, f_{\text{s}}/2]$ 上。

# Matlab 程序

```
% – – – – – – – – – – – – p2_1. m – – – – – – – – – – – –
% AM FM,PM 调制方法演示
% Zhengzhou
% YI Weiyong
% 25/06/2008

clear all
close all
t = 0:1200;
```

```
fc = 0. 07/2/pi;
Carrier_omega = 2 * pi * fc;

f = 0. 005/2/pi;
AModu = sin( 2 * pi * f * t);

y = AModu. * sin( Carrier_omega * t);
subplot(4,1,1)
plot(t, AModu )
ylabel('imformation', 'fontsize',15)
subplot(4,1,2)
plot(t, y,'r')
ylabel('AM', 'fontsize',15)
subplot(4,1,3)
plot(t, sin( Carrier_omega * t + ( 0. 04 * ( 1 - cos( 0. 005 * t ) )/0. 005 ) ),'k');
ylabel('FM', 'fontsize',15)
subplot(4,1,4)
plot(t, sin( Carrier_omega * t +   AModu  ),'k');
hold on
plot(t, sin( Carrier_omega * t),'r');
ylabel('PM', 'fontsize',15)

% – – – – – – – – – – – – – p2_2. m – – – – – – – – – – – –
% p2_2. m
% FSK modulation demostration, FSK 调制演示
% Zhengzhou
% YI Weiyong
% 25/06/2008

clear all
close all
M = 4; freqsep = 8; nsamp = 8; Fs = 32;
x = randint(200,1,M); % Random signal
```

```
y = fskmod( x , M , freqsep , nsamp , Fs ) ; % Modulate.
ly = length( y ) ;
% Create an FFT plot.
freq = [ − Fs/2 : Fs/ly : Fs/2 − Fs/ly ] ;
Syy = 10 ∗ log10( fftshift( abs( fft( y ) ) ) ) ;
plot( freq , Syy )
figure
subplot( 2 , 1 , 1 )
t = 0 : length( x ) − 1 ;
plot( t , x )
subplot( 2 , 1 , 2 )
plot( real( y( 1 : 200 ) ) )



% − − − − − − − − − − − p2_3. m − − − − − − − − − − − −
% p2_3. m
% 调频过程演示
% Zhengzhou
% YI Weiyong
% 25/06/2008


clear all
close all


SampleRate = 20000 ;              % sample rate is 2kHz
tspan = 5 ;                        % time span is 50 seconds
t = 0 : 1. 0/SampleRate : tspan;


% carrier variable always have a suffix _car


freq_car = 1000 ;                  % frequency of carrier is 1kHz
amp_car  = 1 ;                     % amplitude is 1
init_pha_car = 0 ;                 % initial phase is 0
```

26

```
% signal variable always follow a suffix _sig
freq_sig = 100;                      % frequency of signal is 100 Hz
amp_sig = 1;                         % amplitude of signal is 1
init_pha_sig = 0;                    % initial phase is 0

carrier   = amp_car * sin( 2 * pi * freq_car * t + init_pha_car );
signal    = amp_sig * sin( 2 * pi * freq_sig * t + init_pha_sig );

signalint = amp_sig * ( 1 - cos( 2 * pi * freq_sig * t + init_pha_sig ) )/( 2 * pi *
      freq_sig );
bb = cumsum( signal )/SampleRate;
figure( 1 )
subplot( 3,1,1 )
plot( t,signal )
axis( [ 0 0.1 - amp_sig amp_sig ] )
subplot( 3,1,2 )
plot( t, signalint )
axis( [ 0 0.1 min( signalint ) max( signalint ) ] )
subplot( 3,1,3 )
plot( t,bb )
axis( [ 0 0.1 min( bb ) max( bb ) ] )

figure
plot( t,bb - signalint )

% - - - - - - - - - - - - p2_4. m - - - - - - - - - - - -
% p2_4. m
% % demostration of phase modulation,相位调制演示
% Zhengzhou
% YI Weiyong
% 25/06/2008

clear all
```

```
close all
SampleRate = 20000;                    % sample rate is 2kHz
tspan = 5;                             % time span is 50 seconds
t = 0 : 1. 0/SampleRate : tspan;

% carrier variable always have a suffix _car

freq_car = 1200;                       % frequency of carrier is 1kHz
amp_car   = 1;                         % amplitude is 1
init_pha_car = 0;                      % initial phase is 0
% signal variable always follow a suffix _sig
freq_sig = 100;                        % frequency of signal is 100 Hz
amp_sig = 1;                           % amplitude of signal is 1
init_pha_sig = 0;                      % initial phase is 0
carrier = amp_car * sin( 2 * pi * freq_car * t + init_pha_car );
signal1 = randn( size( t,2)/10,1 );
signal = signal1 ( :,ones( 1,10));
signal = reshape( signal',1, size( signal,1) * size( signal,2));
signal( length( signal) +1) = 0;
signal = signal > 0;
%    amplitude modulation
ampmodu = signal. * carrier;
%    frequency modulation
freq_devi = 600;                       % frequency deviation
freqmodu = amp_car * sin( 2 * pi * freq_car * t ... +
            2 * pi * freq_devi * cumsum( signal)/SampleRate... +
            init_pha_car );
%    phase modulation
phsmodu = amp_car * sin( 2 * pi * freq_car * t + signal * pi + init_pha_car );

figure( 1)
subplot( 3,1,1)
plot( t, carrier)
```

```
axis([0 0.01 – amp_car amp_car])
subplot(3,1,2)
plot(t, signal,'r')
axis([0 0.01 min(signal) max(signal)])
% end of signal showing
subplot(3,1,3)
plot(t, phsmodu,'k')
axis([0 0.01 – amp_car amp_car])
% end of signal showing


%- - - - - - - - - - - - - - - - function [p,f] = psdgra(x,dt)
function [p,f] = psdgra(x,dt)
% 计算功率谱密度
% AUFRUF [p,f] = psdgra(x,dt);
% Matlab – Funktion psd.m
%
% INPUT: x 信号
%          dt 采样间隔(秒)
% OUTPUT: p 功率谱密度
%          f Frequenz in Hz
% 注: 舍弃了负频率.
% 调用: [p,f] = psd(x,nf,1/dt,nf,0,'linear')


nf = length(x);
td = dt * (nf – 1);
df = 1/td;
w = hanning(nf/1);
no = 0;% nf/4;
dflag = 'mean';
[px,f] = psd(x,nf,1/dt,w,no,dflag);
p = 2 * px * dt;
```

# 练 习 题

1. 利用本章中的 Matlab 程序,画出不同调制方式的示意图

2. 如果信号 $P_1$ 与 $P_2$ 的比值为 3dB,那么其实际大小相差多少?

3. 假设信号 $s_1(t) = \sin(2\pi f_1 t)$ 和 $s_2(t) = \sin(2\pi f_2 t)$,其中 $f_1 = 2.3$,$f_2 = 3$。现分别用 $f_s = 4$ 和 $f_s = 8$ 对两个信号进行采样,用 Matlab 画出采样结果,并做出解释。

4. 热噪声计算公式为 $P = kTB$,($k = 1.38 \times 10^{-23}$ J/K 为 Boltzmann 常数),$T$ 为温度,$B$ 为带宽,现假设温度为 $20\,^{\circ}\mathrm{C}$,带宽为 10MHz,计算噪声(dBW)。与 GPS 信号相比,噪声功率大还是信号功率大? 为什么说牺牲带宽能降低噪声?

5. 推导调幅信号的功率谱,并用 Matlab 计算,画出功率谱图。

6. 用 Matlab 计算并画出相位调制信号的功率谱图。

7. 考虑如下代码:

```
t = [0:599];
it = 0.5 * sin(t/size(t,2) * 2 * pi * 4) + ...
    0.8 * sin(t/size(t,2) * 2 * pi * sqrt(2));
qt = 0.8 * cos(t/size(t,2) * 2 * pi * 3.2) + ...
    0.6 * cos(t/size(t,2) * 2 * pi * sqrt(2 + 0.5));
s_ant_ideal = it. * cos(2 * pi * 30 * t/size(t,2)) + ...
    qt. * sin(2 * pi * 30 * t/size(t,2));
```

其中,it 为信号 $I(t)$,qt 为信号 $Q(t)$,且 s_ant_ideal 为理想状况下天线接收到的信号 $s_{\mathrm{ant,ideal}}(t)$。现给信号加上一些噪声,使得信噪比为 7.5dB、12.5dB、17.5dB。回答下列问题:

(1) 信号 $I(t)$、$Q(t)$ 和 $s_{\mathrm{ant,ideal}}(t)$ 的平均功率是多少?

(2) 要使得信噪比为 7.5dB、12.5dB、17.5dB,需要加的噪声功率为多少?

(3) 画出 $s_{\mathrm{ant,ideal}}(t)$ 和噪声 $n(t)$ 以及 $s_{\mathrm{ant,ideal}}(t) + n(t)$ 的

图形。

8. 采样频率为 $f_s = 11\mathrm{Hz}$, 设信号 $s_1(t) = \cos(2\pi f_1 t)$, $s_2(t) = \cos(2\pi f_2 t)$, $s_3(t) = \cos(2\pi f_3 t)$, 其中 $f_1 = 1\mathrm{Hz}$, $f_2 = 10\mathrm{Hz}$, $f_3 = 12\mathrm{Hz}$。用 Matlab 画出这几个信号, 并解释结果。

# 第三章 卫星导航基础

研究接收机还需要了解卫星运动轨道理论,以便理解卫星的位置和速度的计算。人造卫星在天体中绕地球运行时受到的力可大致分为两类:中心力及非中心力。中心力是假设地球为一均质球体而产生的引力作用,主宰卫星运动并决定卫星运动的基本规律及特征,由此所决定的卫星轨道视为二体轨道;非中心力又称扰动力,会使得卫星运动偏离二体轨道。可将扰动力依来源分为引力及非引力两部分,引力为保守力,非引力为非保守力,主要的引力扰动包括地球非球体引力位扰动、多体扰动、因日月引力引起的地球固体潮扰动及海潮扰动等,主要的非引力扰动则包括大气阻力扰动、太阳辐射压扰动、地球辐射压扰动及因相对论效应引起的扰动等。

本章介绍了卫星运动的基本知识,包括坐标系统和时间系统,以及卫星轨道的基本理论。为使读者更容易理解星历计算的过程。

## 第一节 时间系统

时间是量测和比较两个相邻事件之间的间隔的物理最。长期以来,时间有其宗教、哲学和科学的定义,统一这些定义,即给出一个通用的定义是困扰很多科学家、哲学家的问题之一。尽管人类在日常生活中对时间耳熟能详,但是在天文、物理和大地侧量等方面,时间是非常重要和关键的基准,还需要研究如何获得更高精度的时间。卫星测量的观测对象是每秒运动几千米的卫星,时间不准确将导致卫星位置出现大的误差。随着科技和观测手段的发展,时间的实现越来越精化,利用原子的能级跃迁的稳定性,时间的测量精度也越来越高。

时刻是指事物在运动过程中的某一瞬间。时间段是指事物在运动过程中的两时刻之差。时刻说事件发生的先后,反映出时间的早晚;时间段说明事件从开始到结束经历了多少时间,反映出时间的长短。

时间与物质的运动有关,如果能发现一种物质,其运动相当均匀并且可重复,便可用这种物质的运动作为时间的标准。传统的时间系统以地球自转作为时间的基准,以太阳两次经过子午圈下中天为一天(一个太阳日),一天有 86400s。由于地球绕太阳公转,太阳以每天约一度的速度向东移动,使得一个太年日比地球自转一周长了 4 min。以春分点作为参考点,地球自转一周对应的时间称为一个恒星日,对应的秒长是 86164.0907s。

由于地球绕太阳公转的轨道是一个椭圆,使得太阳的视运动不均匀,真实的太阳不适合作为时间的参考点,而采用一个假想的平太阳代替。平太阳是指赤经匀速变化的一个假想的太阳。1925年,根据 Newcomb 推导的平太阳作为参考点,人们采用格林尼治平时(Greenwich Mean Time,GMT)或世界时(Universal Time,UT)作为国际时间尺度标准。

地球自转受到很多因素的影响,有月球引力、核慢对流、物质的移动(如冰川融化、地下水变化)等,使得地球的自转有长期变化、周年变化和其他短周期变化,使得以 UT 作为时间标准有很多缺陷。1960 年,科学家们决定采用以太阳系的天体运动作为时间尺度的基准,称为历书时(Ephemeri Time,ET),以其作为行星星历和月球星历的独立引数。历书时是从公历 1900 年初附近,太阳几何平黄经为 279°41′48″.04 的瞬间起算的,这一瞬间的历书时取为 1900 年 1 月 0 日 12 时正。历书时的基本单位采用国际度量衡委员会所定义的秒长,即历书时 1s 的长度等于历书时 1900 年 1 月 0 日 12 时瞬间的回归年长度的 1/31556925.9747。基于这个定义,历书时可通过比较观测到的太阳、行星和月球的位置与用分析法和数值方法计算出的位置来确定。历书时作为动力学时的原型,将时间定义为连续的、均匀变化的物理量,从而可作为描述轨道运动的时间引数。

随着原子钟的研制成功,利用原子时(Atomic Time)作为时间标准更加方便和容易实现。根据相对论理论,时间与空间不是独立的,我们现在定义的时间系统需要考虑相对论效应的影响。现在,我们描述卫星轨道需要采用以下几种时间系统:

(1)地球时(Terrestrial Time,TT)。指在地球大地水准面上的一个理想的时钟,该时钟的指示的时间作为地球动力学时的时间标准。TT 的一天为 86400s,作为地球质心星历的独立引数,即绕地球公转的卫星,轨道积分需采用地球时。地球时只是时间的定义,是历书时的前身,具体的实现需要采用原子时。

(2)国际原子时(International Atomic Time,TAI)。基于原子的能级跃迁作为时间尺度的时间系统,除了由于原子钟的误差有一些小的跳动外,其秒长与 TT 一致,但有一个常数差异,即比 TT 小 32.184s。1967 年,第十三届国际计量委员会决定秒是相当于铯原子 133 在两个基态的超精细结构的能级跃迁辐射的电磁振荡 9192631770 周所经历的时间,以 1958 年 1 月 0 日世界时(UT2)0 时 0 分 0 秒作为原子时的起点 0 时 0 分 0 秒。国际原子时是实现和维持我们所采用的时间的基准。

(3)GPS 时。也是一个原子时系统,与 TAI 相差一个常数,采用的原子钟是 GPS 系统的原子钟。

(4)格林尼治平恒星时(Greenwich Mean Sidereal Time,GMST)。春分点的格林尼治时角,用于计算地球自转旋转角度。

(5)世界时(Universal Time,UT1)。利用世界时来实现平太阳时,可从 GMST 与 UT1 的关系推算。

(6)协调时(Coordinated Universal Time,UTC)。介于原子时与世界时之间的一种均匀时。它以原子时为基准,即以原子时的秒长作为计量时间的基本单位,在时刻上进行调整,使其与世界时

UT1 时刻之差不超过 ±0.9s,这样确定的一种时间系统,称为协调世界时,简称协调时,用 UTC 表示。UTC 是目前国际上发播标准时间和标准频率的基本形式。在 GPS 时间没有得到成功应用之前,卫星测量数据的时间采用 UTC 作为时间标准。

如果要计算和描述行星和月球的运动,考虑相对论效应,还需要考虑地球协调时(TCG)和日心协调时(TCB),以及日心动力学时。

动力学时(历书时、地球时、地球动力学时)是轨道运动方程的独立引数,在轨道计算和积分过程中需要用动力学时,采用原子时来实现,而太阳时则与地球的自转和公转有关,将卫星坐标从惯性坐标系转换到地球坐标系需要以太阳时为转换参数。

### 1. 历书时(Ephemeris Time)

为了避免地球自转的不均匀性而导致太阳时的不稳定,科学家们在 1962 年引入了历书时的定义。尽管其定义是基于经典物理学框架,而且现在已被考虑了相对论效应的地球时、TCG 、TCB 所替代,但历书时是动力学时的原型,并且由于早期的行星观测资料采用历书时,因此有必要对其进行介绍。

描述天体运动的方程式中采用的时间或天体历表中应用的时间,简称 ET。它是由天体力学的定律确定的均匀时间,又称牛顿时。由于地球自转的不均匀性,1958 年国际天文学联合会决议,自 1960 年开始用历书时代替世界时作为基本的时间计量系统,并规定世界各国天文年历的太阳、月球、行星历表,都以历书时为准进行计算。

原则上,对于太阳系中任何一个天体,只要精确地掌握了它的运动规律,都可以用来规定历书时。19 世纪末,Newcomb(1898)根据地球绕太阳的公转运动,编制了太阳历表,至今仍是最基本的太阳历表。因此,人们把 Newcomb 太阳历表作为历书时定义的基础。历书时秒的定义为 1900 年 1 月 0 日 12 时正回归年长度的1/31556925.9747;历书时起点与 Newcomb 计算太阳几何平黄经的起始历元相同,即取 1900 年初太阳几何平黄经为 279°41′48″.04 的瞬间,作为历书时 1900 年 1 月 0 日 12 时正。

尽管历书时给出了一个光滑且一致的时间尺度,但由于历书时需要观测行星和月球的轨道才能得到,在实际操作上很不方便,因此现在采用可用性和稳定性更好的原子时作为时间标准。

### 2. 原子时(Atomic Time)

根据量子物理学的基本原理,原子是按照不同电子排列顺序的能量差,也就是围绕在原子核周围不同电子层的能量差,来吸收或释放电磁能量的。这里,电磁能量是不连续的。当原子从一个"能量态"跃迁至低的"能量态"时,它便会释放电磁波。这种电磁波特征频率是不连续的,这也就是人们所说的共振频率。同一种原子的共振频率是一定的,例如,铯 133 的共振频率为每秒 9192631770 周,因因,铯原子便用做一种节拍器来保持高度精确的时间。

由原子钟导出的时间叫原子时,简称 AT。它以物质内部原子运动的特征为依据。原子时计量的基本单位是原子时秒。它的定义是铯原子基态的两个超精细能级间在零磁场下跃迁辐射 9192631770 周所持续的时间。1967 年第 13 届国际计量大会决定,把在海平面实现的上述原子时秒,规定为国际单位制中的时间单位。

原子时起点定在 1958 年 1 月 1 日 0 时 0 分 0 秒(UT),即规定在这一瞬间原子时时刻与世界时刻重合。但事后发现,在该瞬间原子时与世界时的时刻之。差为 0.0039s。这一差值就作为历史事实而保留下来。在确定原子时起点之后,由于地球自转速度不均匀,世界时与原子时之间的时差便逐年积累。

根据原子时秒的定义,任何原子钟在确定起始历元后,都可以提供原子时。由各实验室用足够精确的铯原子钟导出的原子时称为地方原子时。目前,全世界大约有 20 多个国家的不同实验室分别建立了各自独立的地方原子时。国际时间局(Bureau Interna-

tional de l'Heure，BIH）比较、综合世界各地原子钟数据，最后确定
的原子时，称为国际原子时（International Atomic Time，TAI）历书时
与原子时的关系为

$$ET = TAI + 32.184s \qquad (3.1)$$

在卫星测量的数据中，观测量的记录时间一般以 UTC 为时间
标准（有些观测量采用 GPS 时间），而轨道积分需要采用 TT
（ET），需要在两者间进行转换，目前（2009 年 1 月 1 日），UTC 与
TAI 之间相差 34s，从而

$$TT = UTC + 32.184s + 33s \qquad (3.2)$$

由于 GPS 接收机的普及，利用 GPS 实现和维持的时间系统得
到了广泛的应用。除了提供导航和测量功能，GPS 还可为全球用
户提供高精度的实时时间信号。GPS 时间的原点与 UTC 1980 年
1 月 6 日 0 时一致，从而与 TAI 相差 19s（当然还有钏差引起的微
秒级差异）。

### 3. GPS 时间

GPS 是测时测距系统，GPS 定位要求有高度精确的、稳定的和
连续的观测时间，因此时间系统对 GPS 定位具有重要意义。GPS
时间系统采用原子时秒长作时间基准，时间起算的原点定义在
1980 年 1 月 6 日世界协调时 UTC0 时，启动后不跳秒，保证时间
的连续。以后随着时间积累，GPS 时与 UTC 时的整秒差以及秒以
下的差异通过时间服务部门定期公布。GPS 时刻在网址：http://
leapsecond.com/java/gpsclock.htm 实时显示。

GPS 时间系统由安装在卫星上的原子钟与地面控制中心和美
国海军天文台的原子钟来维持。目前，GPS 时间稳定性可达到
$10^{-13}$ 量级甚至更高。由于其这一出色表现，现在很多低轨卫星采
用 GPS 定轨，在定轨的同时能得到时间信息。例如，CHAMP、
GRACE 和 GOCE 等任务都采用 GPS 时间，即给出的观测量对应
的时间采用 GPS 时间。GPS 时与国际原子时相差 19s，国际原子

时与地球时相差 32.184s。在进行轨道积分和其他运算时,需要采用地球时。这样做的优势是 GPS 时间是连续的,不需要像考虑协调时那样考虑跳秒,应用起来更为方便。由于有这一优势,并且现在 GPS 接收机成本低廉,很容易实现毫秒级精度的定时应用,因此,现在 GPS 守时授时应用相当广泛。

### 4. 相对论时间尺度

在经典物理学中,时间是一个绝对的量,即与时钟所处的位置和运动的速度无关。而在相对论框架下,时间则依赖于时钟所处的位置及其运动。同一个时钟处于引力场强度不同的位置时,时钟运行的速度是不一样的。如果在地球上往高处发射一束无线电波,接收到的信号频率将会比发射频率低,这种现象叫重力场红移(Redshift),夸张地说,即一束蓝光发射到高空变成一束红光(可能在黑洞附近才能看到这么大的红移现象)。对于卫星通信来说,这种现象必须考虑加以修正。例如,GPS 卫星的标称频率为 10.23MHz,由于相对论效应,在 GPS 卫星发射之前调整其频率为 10.229999995453MHz,以确保在地面接收到的信号频率为其标称频率。原子钟受到这种现象的影响,需要对其进行修正,因此,现在定义大地水准面上的原子钟指示的时间来作为国际原子时的标准。

在广义相对论中,事件(Event)是指一个四维坐标($x^0 = ct$, $x = (x^1, x^2, x^3)$)。固有时间(Proper time)是指与事件处于统一位置的时钟记录的时间。协调时间(Coordinate time)是指与该事件存在一段距离的时钟指示的时间。在地球附近,两个事件之间的距离可表示为

$$\mathrm{d}s^2 = -c^2 \mathrm{d}\tau^2 = -\left(1 - \frac{2U}{c}\right)(\mathrm{d}x^0)^2 + \left(1 + \frac{2U}{c}\right)(\mathrm{d}x)^2$$

(3.3)

式中:$c$ 为光速;$\tau$ 为固有时间;$t$ 为协调时间;$U$ 为引力位。

将式(3.3)对协调时间求导,并整理后带入地球表面的引力位和自转速度,可得

$$\frac{\mathrm{d}\tau}{\mathrm{d}t} = \sqrt{1 - \frac{2U}{c^2} - \frac{v^2}{c^2}} \approx 1 - \frac{GM_\oplus}{R_\oplus c^2} - \frac{v^2}{2c^2} \approx 1 - 7.10^{-10}$$

(3.4)

式中,$v \approx \omega_\oplus R_\oplus \cos\varphi$,为时钟在给定纬度 $\varphi$ 由于地球自转引起的运动速度。从而在不同高度的时钟,其固有时间是不一样的。

可以看出,协调时间(前面的推导中,协调时间的时钟所在位置,引力位为零)比受重力场影响的固有时间要快。即引力场越小,时钟走得越快。

由于引入了相对论,有了固有时间和协调时间在概念上的差异,1992 年,国际天文联合会(International Astronomical Union,IAU)决定采用地球时之前叫地球动力学时(Terrestrial Dynamical Time,TDT)和地心协调时(Geocentric Coordinate Time,TCG)。地球时采用在大地水准面上测量的秒长,并与历书时一致,以便于从历书时转换到地球时,即

$$TT = TDT = ET = TAI + 32.184s \qquad (3.5)$$

而地心协调时比地球时要快,两者之间相差一个尺度因子 $1 - L_G$,且

$$L_G = 6.9692903 \times 10^{-10} \qquad (3.6)$$

根据协议,地球时与地心协调时在 1977 年 1 月 1 日 0 时相等,它们之间的转换关系为

$$TCG = TT + L_G \cdot (JD - 2443144.5) \times 86400s \qquad (3.7)$$

式中:JD 为儒略日,在 J2000.0(即地球时 2000 年 1 月 1 日 12 时 0 分 0 秒),TCG – TT 大约为 5s。

当需要计算和描述进行星系航行的航天器或登陆到其他行星时,需要采用日心协调时(Barycentric Coordinate Time,TCB)。地心和日心协调时在 TAI1977 年 1 月 1 日相等。此后,由于两个时

间的定义,将会有一个速度差异,即

$$\frac{d(TCB - TCG)}{dTCG} = \frac{GM_{sun}}{ac^2} + \frac{v_\oplus^2}{2c^2} \approx \frac{3}{2}\frac{GM_{sun}}{ac^2} \approx 1.5 \times 10^{-8}$$

(3.8)

与太阳的引力位在平均日地距离 $a = 1AU$ 和地球绕太阳公转的速度有关。由于地球轨道是一个椭圆,TCB 与 TCG 的转换还有由于日地距离和地球速度的变化而产生的周期性变化。则

$$TCB = TCG + L_c(JD - 2443144.5)86400s + P \quad (3.9)$$

其中

$$L_c = 1.4808268457 \times 10^{-8} \quad (3.10)$$

而周期项为

$$p \approx + 0.001658 \cdot \sin(35999°37T + 357°5) +$$
$$0.0000224 \cdot \sin(32964°5T + 246°0) +$$
$$0.0000138 \cdot \sin(71998°7T + 355°0) +$$
$$0.0000048 \cdot \sin(3034°9T + 25°0) +$$
$$0.0000047 \cdot \sin(34777°3T + 230°0) \quad (3.11)$$

式中:$T = (JD - 2451545.0)/36525$,为儒略世纪数。

### 5. 恒星时和世界时

恒星时是天文学和大地测量学标示的天球子午圈值,由于借用了时间的计量单位,所以常被误解为是一种时间单位。恒星时是根据地球自转来计算的,它的基础是恒星日。由于地球的章动春分点在天球上并不固定,而是以 18.6 年的周期围绕着平均春分点摆动。因此,恒星时又分真恒星时和平恒星时。真恒星时是通过直接测量子午线与实际的春分点之间的时角获得的,平恒星时则忽略了地球的章动。真恒星时与平恒星时之间的差异最大可达约 0.4s。

一个地方的当地恒星时与格林尼治天文台的恒星时之间的差就是这个地方的经度。因此,通过观测恒星时可以确定当地的经

度(假如格林尼治天文台的恒星时已知的话)。或者可以确定时间(假如当地的经度已知的话)。

一颗恒星的时角 $\tau$、它的赤经 $\alpha$ 和当地的恒星时 $\theta$ 之间的关系为

$$\tau = \theta - \alpha \qquad (3.12)$$

从式(3.12)可以看出,当地的恒星时等于位于天顶和中天的恒星的赤经。

格林尼治平恒星时有时又称为格林尼治时角,是平春分点与格林尼治子午线之间的夹角。格林尼治平恒星时可用时间为单位表示(即 0h ~ 24h)或以角度为单位表示(0° ~ 360°)。采用国际计量的秒长标准,一个恒星日的长度(即地球自转周期)为 23h56min4.091s ± 0.005s,比一个太阳日的 24h 短大约 4min。由于日长有几个微秒的变化,所以高精度的恒星时不能通过其他的时间系统(如原子时或地球时)来计算,而必须通过大地测量和天文测量的手段进行观测。

以本初子午线的平子夜起算的平太阳时,又称格林尼治平时。各地的地方平时与世界时之差等于该地的地理经度。1960 年以前曾作为基本时间计量系统被广泛应用。由于地球自转速度变化的影响,它不是一种均匀的时间系统。后来世界时先后被历书时和原子时所取代,但在日常生活、天文导航、大地测量和宇宙飞行等方面仍属必需;同时,世界时反映地球自转速率的变化,是地球自转参数之一,仍为天文学和地球物理学的基本资料。

以平太阳作为基本参考点,由平太阳周日视运动确定的时间,称为平太阳时(MT)。平太阳是美国天文学家纽康(S. Newcomb, 1835 – 1909)在 19 世纪末引起的一个假想参考点。它在天赤道上作匀速运动,其速度与真太阳视运动的平均速度相一致。

各天文台通过观测恒星得到的世界时初始值记为 UT0。不同地点的观测者在同一瞬间求得的 UT0 是不同的。在 UT0 中加上由极移造成的经度变化改正 $\Delta\lambda$,就得到全球统一的世界时 UT1,即

$$UT1 = UT0 + \Delta\lambda =$$
$$UT0 + (x\sin\lambda - y\cos\lambda)\tan\varphi$$
$$\tag{3.13}$$

式中：$x$、$y$ 为极移；$\lambda$、$\varphi$ 为经度和纬度。

对 UT1 进行季节性变化改正后，可得到 UT2，即

$$UT2 = UT1 + \Delta TS \tag{3.14}$$

式中：$\Delta TS$ 为地球自转速度季节性变化的改正。

自 1962 年起，国际上采用的经验模型为

$$\Delta TS = 0.022\sin2\pi t - 0.012\cos2\pi t -$$
$$0.006\sin4\pi t + 0.007\cos4\pi t \tag{3.15}$$

式中：$t$ 为贝塞尔年岁首回归年的小数部分。

对于任一天的世界时 0 时，格林尼治平春分点的时角为

$$GMST(0^h UT1) = 24110^s.54841 + 8640184^s.812866 \cdot T_0 +$$
$$0^s.093104T_0^2 - 0^s.0000062T_0^3 \tag{3.16}$$

其中，时间引数为

$$T_0 = \frac{JD(0^h UT1) - 2451545}{36525} \tag{3.17}$$

表示自 UT1 2000 年 1 月 1 日 12 时开始计算的儒略世纪数。对于一天中的任意时刻，格林尼治平春分点的时角为可表示为

$$GMST(0^h UT1) = 24110^s.54841 + 8640184^s.812866 \cdot T +$$
$$1.002737909350795 UT1 +$$
$$0^s.093104T^2 - 0^s.0000062T^3 \tag{3.18}$$

其中时间引数为

$$T = \frac{JD(UT1) - 2451545}{36525} \tag{3.19}$$

为当前时刻的儒略世纪数。

世界时与地球时或国际原子时的差异只能通过观测事后确

定。21 世纪初,地球时与世界时的差值 $\Delta T = \text{TT} - \text{UT1} \approx 65\text{s}$,且每年大约增加 $0.5\text{s} \sim 1\text{s}$。地球自转的长期减慢是主要由于地月系的潮汐摩擦而引起的,如图 3.1 所示,由于地球自转角速度比月球公转的角速度速度要快,由月球吸引而产生的地球潮汐形变将很快旋转到地心与月心连线的前面,从而月球将对地球产生一个力矩,减慢地球自转的速度。与此相反,月球将在沿着其自身轨道方向被加速,从而增加月球到地球的距离。这个现象可以用能量守恒定律来理解和解释,地球自转的能量将变为两部分:一部分能量由于潮汐引起的地球内部物质的摩擦而变成热能;一部分能量由于月地距离增加而增加了月球的势能。同时这种现象也满足角动量守恒定律。由于这种现象导致地球的自转速度将越来越慢,潮汐摩擦又叫潮汐刹车。这将是一个长期的过程,直到最后达到一个平衡状态,即地球自转周期与月球公转周期相等时,潮汐摩擦现象将不再存在。由于潮汐摩擦的存在,地球的日长每 100 年增加 $2.3\mu\text{s}$,月球以 $3.84\text{m}/$世纪的速度远离地球,几十亿年后,月地距离将是现在的 1.5 倍,月球公转周期和地球自转周期将大约相当于现在的 47 天。另外,UT1 除了长期变化外,还有由于受到其他摄动,UT1 将会有微秒级的周期性变化。

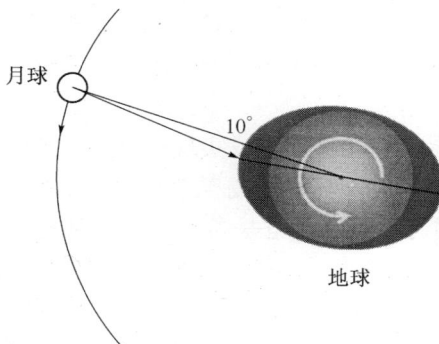

图 3.1　月球引起地球自转减速示意图

为了使我们使用的时间有稳定的秒长(如原子时的秒长),并且尽量与地球自转一致。自 1972 年开始,协调世界时作为另外一个时间系统投入使用。为确保协调世界时与世界时相差不会超过 0.9s,在有需要的情况下会在协调世界时内加上正或负闰秒。闰秒一般在 6 月底或 12 月底进行。因此,协调世界时与国际原子时之间会出现若干整数秒的差别。

# 第二节  坐标系统

坐标系统是由坐标原点位置、坐标轴指向和尺度单位定义的。描述近地卫星运动的坐标系,原点一般都取地球质心。对于星际飞行的空间飞行器(在太阳系内),则一般取原点为太阳系质心。坐标轴的指向则有多种选择性。

研究坐标系,有几个概念必须明确,即坐标架( Coordinate Frame )、坐标系( Coordinate System )、参考架( Reference Frame )及参考为( Reference System )[22]。

坐标架:指由三个坐标轴或其他几何结构(如球面坐标架)构成的框架。相对于坐标架,可标定空间某一点位置。可采用多种形式来表示点位坐标,如直角坐标、球面坐标等,虽然表示形式不同,但是是同一个坐标架。

坐标系:指一个坐标架和相对于该坐标架确定某一点位置方法的总称。如不同坐标架对应不同坐标系,而相同坐标架可对应不同的坐标系。

参考架:是一些用于定义或实现一个特定坐标系的参考点及其他采用坐标的集合。考虑坐标会发生变化,因此还需要引入一个时间历元,因此时间尺度也是参考架的一部分。坐标系的实现需要有一些点位的坐标来维持,这些点位和其坐标就构成了参考架。

参考系:指一个参考架和一组用于在一定观测时间内由特定类型观测量推导该参考架中点位坐标的理论、方法、以及采用模型和常数的总称。

从一个坐标系转换到另一个坐标系有三种变换,即平移

（Translation 或 Displacement）、旋转（Rotation）和尺度因子（Scale Factor），可表示为

$$r_2 = r_0 + (1 + k)\boldsymbol{R}(\alpha,\beta,\gamma)r_1 \qquad (3.20)$$

式中：$r_0$ 为 1 坐标系的原点在 2 坐标系中的坐标；$k$ 为尺度因子；$\boldsymbol{R}(\alpha,\beta,\gamma)$ 为旋转三个角度 $\alpha,\beta,\gamma$ 的旋转矩阵。

通过这个公式，即可将某点的坐标从 1 坐标系转换到 2 坐标系。

在实际计算过程中，平移非常简单，且一般都以地心作为坐标原点，无需讨论。而所有的坐标系的长度单位应该是一致的，不同技术手段实现的坐标系如果出现长度单位不一致的情况，需要对这个 $k$ 值进行估计，这里也不予讨论。

对于坐标轴的旋转，假设有两个坐标系如图 3.2 所示，分别为 $O - xyz$ 和 $O - x'y'z'$。其对应的坐标轴的三个单位向量分别为 $\boldsymbol{i}$、$\boldsymbol{j}$、$\boldsymbol{k}$ 及 $\boldsymbol{i}'$、$\boldsymbol{j}'$、$\boldsymbol{k}'$。

假设空间某一点的在两个坐标系中的向量表达式分别为

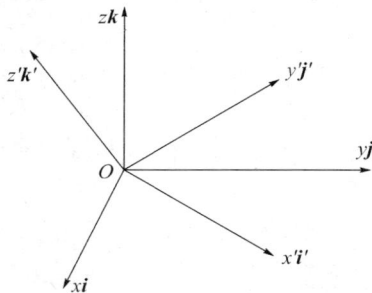

图 3.2 坐标变换

$$r = (\boldsymbol{i}\,\boldsymbol{j}\,\boldsymbol{k})(x\ y\ z)^{\mathrm{T}}$$

$$r' = (\boldsymbol{i}'\boldsymbol{j}'\boldsymbol{k}')(x'\ y'\ z')^{\mathrm{T}}$$

由于 $r$ 和 $r'$ 指向同一位置，则有

$$r = r'$$

从而

$$x \cdot \boldsymbol{i} + y \cdot \boldsymbol{j} + z \cdot \boldsymbol{k} = x' \cdot \boldsymbol{i}' + y' \cdot \boldsymbol{j}' + z' \cdot \boldsymbol{k}' \qquad (3.21)$$

式（3.21）两边分别同时乘以 $\boldsymbol{i}$、$\boldsymbol{j}$、$\boldsymbol{k}$，由于 $\boldsymbol{i}$、$\boldsymbol{j}$、$\boldsymbol{k}$ 相互之间正交，可得

$$x = \begin{bmatrix} \boldsymbol{i} \cdot \boldsymbol{i}' & \boldsymbol{i} \cdot \boldsymbol{j}' & \boldsymbol{i} \cdot \boldsymbol{k}' \end{bmatrix} \begin{bmatrix} x' & y' & z' \end{bmatrix}^{\mathrm{T}}$$
$$y = \begin{bmatrix} \boldsymbol{j} \cdot \boldsymbol{i}' & \boldsymbol{j} \cdot \boldsymbol{j}' & \boldsymbol{j} \cdot \boldsymbol{k}' \end{bmatrix} \begin{bmatrix} x' & y' & z' \end{bmatrix}^{\mathrm{T}} \quad (3.22)$$
$$z = \begin{bmatrix} \boldsymbol{k} \cdot \boldsymbol{i}' & \boldsymbol{k} \cdot \boldsymbol{j}' & \boldsymbol{k} \cdot \boldsymbol{k}' \end{bmatrix} \begin{bmatrix} x' & y' & z' \end{bmatrix}^{\mathrm{T}}$$

表达为矩阵形式,有

$$\begin{bmatrix} x \\ y \\ z \end{bmatrix} = \begin{bmatrix} \boldsymbol{i} \cdot \boldsymbol{i}' & \boldsymbol{i} \cdot \boldsymbol{j}' & \boldsymbol{i} \cdot \boldsymbol{k}' \\ \boldsymbol{j} \cdot \boldsymbol{i}' & \boldsymbol{j} \cdot \boldsymbol{j}' & \boldsymbol{j} \cdot \boldsymbol{k}' \\ \boldsymbol{k} \cdot \boldsymbol{i}' & \boldsymbol{k} \cdot \boldsymbol{j}' & \boldsymbol{k} \cdot \boldsymbol{k}' \end{bmatrix} \begin{bmatrix} [x'] \\ [y'] \\ [z'] \end{bmatrix} \quad (3.23)$$

式(3.23)即为坐标转换的通用公式,现在给出三个特殊的情况。

(1) $x$ 轴与 $x'$ 轴重合,由 $Ox'y'z'$ 逆时针绕 $x$ 轴旋转角度 $\alpha$ 得到新坐标系 $Oxyz$,则旋转矩阵为

$$\boldsymbol{R}_x(\alpha) = \begin{bmatrix} \boldsymbol{i} \cdot \boldsymbol{i}' & \boldsymbol{i} \cdot \boldsymbol{j}' & \boldsymbol{i} \cdot \boldsymbol{k}' \\ \boldsymbol{j} \cdot \boldsymbol{i}' & \boldsymbol{j} \cdot \boldsymbol{j}' & \boldsymbol{j} \cdot \boldsymbol{k}' \\ \boldsymbol{k} \cdot \boldsymbol{i}' & \boldsymbol{k} \cdot \boldsymbol{j}' & \boldsymbol{k} \cdot \boldsymbol{k}' \end{bmatrix} = \begin{bmatrix} 1 & 0 & 0 \\ 0 & \cos\alpha & \sin\alpha \\ 0 & -\sin\alpha & \cos\alpha \end{bmatrix}$$
$$(3.24)$$

(2) $y$ 轴与 $y'$ 轴重合,由 $Ox'y'z'$ 逆时针绕 $y$ 轴旋转角度 $\alpha$ 得到新坐标系 $Oxyz$,则旋转矩阵为

$$\boldsymbol{R}_y(\alpha) = \begin{bmatrix} \boldsymbol{i} \cdot \boldsymbol{i}' & \boldsymbol{i} \cdot \boldsymbol{j}' & \boldsymbol{i} \cdot \boldsymbol{k}' \\ \boldsymbol{j} \cdot \boldsymbol{i}' & \boldsymbol{j} \cdot \boldsymbol{j}' & \boldsymbol{j} \cdot \boldsymbol{k}' \\ \boldsymbol{k} \cdot \boldsymbol{i}' & \boldsymbol{k} \cdot \boldsymbol{j}' & \boldsymbol{k} \cdot \boldsymbol{k}' \end{bmatrix} = \begin{bmatrix} \cos\alpha & 0 & -\sin\alpha \\ 0 & 1 & 0 \\ \sin\alpha & 0 & \cos\alpha \end{bmatrix}$$
$$(3.25)$$

(3) $z$ 轴与 $z'$ 轴重合,由 $Ox'y'z'$ 逆时针绕 $z$ 轴旋转角度 $\alpha$ 得到新坐标系 $Oxyz$,则旋转矩阵为

$$\boldsymbol{R}_z(\alpha) = \begin{bmatrix} \boldsymbol{i} \cdot \boldsymbol{i}' & \boldsymbol{i} \cdot \boldsymbol{j}' & \boldsymbol{i} \cdot \boldsymbol{k}' \\ \boldsymbol{j} \cdot \boldsymbol{i}' & \boldsymbol{j} \cdot \boldsymbol{j}' & \boldsymbol{j} \cdot \boldsymbol{k}' \\ \boldsymbol{k} \cdot \boldsymbol{i}' & \boldsymbol{k} \cdot \boldsymbol{j}' & \boldsymbol{k} \cdot \boldsymbol{k}' \end{bmatrix} = \begin{bmatrix} \cos\alpha & \sin\alpha & 0 \\ -\sin\alpha & \cos\alpha & 0 \\ 0 & 0 & 1 \end{bmatrix}$$
$$(3.26)$$

根据欧拉法则,任何两个坐标轴指向不同的坐标系,只需要经过不超过三次绕坐标轴的旋转,即可使得两个坐标系的三个坐标轴指向两两平行。

有时需要将一个矩阵从一个坐标系转换到另一个坐标系,如惯量矩张量矩阵,引力梯度张量矩阵等。假设在坐标系 $Oxyz$ 和 $Ox'y'z'$ 中的惯量矩矩阵分别为 $I$、$I'$,角速度为 $\omega$、$\omega'$,角动量为 $H$、$H'$。从坐标系 $Ox'y'z'$ 变换到坐标系 $Oxyz$ 的旋转矩阵为 $R$,有

$$H = I\omega$$

$$H' = I'\omega' \tag{3.27}$$

这里,需要推导动量矩矩阵之间的转换关系。由式(3.27)有

$$H = RH'$$
$$\omega = R\omega' \tag{3.28}$$

把上面的关系带入后,整理得

$$RH' = IR\omega'$$

$$H' = I'\omega' \tag{3.29}$$

式(3.29)的第一个式子两边同时乘以 $R^T$,可得 $H' = R^T IR\omega'$,与式(3.29)中的第二个式子比较,有

$$I' = R^T IR$$

$$I = RI'R^T \tag{3.30}$$

采用以上方法,不同坐标系之间的惯量矩可实现互相转换。即旋转一个矩阵需要在矩阵左右两边同时乘以坐标转换矩阵和坐标转换矩阵的转置阵。虽然上面的例子针对惯量矩张量,但同样适用于其他情况。

对卫星轨道的运算,需要采用下面两种坐标系统:

(1)在空间固定的坐标系统(ICRS)。这类坐标系统与地球自转无关,而对于描述卫星的运行位置和状态极为方便。卫星运动是根据牛顿力学,在惯性坐标系统中建立起来的,而惯性坐标系统在空间的位置和方向保持不变,或仅作匀速直线运动。严格的

惯性坐标系是很难实现的,只能是在一定程度上近似。随着建立惯性坐标系的有关理论日趋完善,以及甚长基线干涉(Very Long Baseline Interferometry,VLBI)等空间测量技术的不断发展,惯性坐标系统将得到不断的完善。

(2)与地球相固连的坐标系统(ITRS)。这类坐标系对于表达地面观测站的位置和处理卫星测量数据尤为方便。它在经典大地测量学中,具有多种表达形式和极为广泛的应用。

空间固定坐标系与地球固定坐标系之间的差异为岁差、章动、地球自转和极移。从而,从空间固定坐标系转换到地球固定坐标系的转换公式为

$$r_{\text{ITRS}} = \mathit{\Pi N P} r_{\text{ICRS}} \tag{3.31}$$

式中: $\mathit{P}$ 、$\mathit{N}$ 、$\mathit{\Theta}$ 和 $\mathit{\Pi}$ 分别为岁差、章动、地球自转和极移旋转矩阵。

岁差矩阵为

$$\mathit{P} = \mathit{R}_z(-z)\mathit{R}_y(\theta)\mathit{R}_z(-\zeta) \tag{3.32}$$

式中

$$\zeta = 2306.2181''T + 0.30188''T^2 + 0.017998''T^3$$

$$\vartheta = 2004.3109''T - 0.42665''T^2 - 0.004833''T^3 \tag{3.33}$$

$$z = 2306.2181''T + 1.09468''T^2 + 0.018203''T^3$$

式中: $T$ 为从 J2000.0 开始起算的儒略世纪数。而章动矩阵为

$$\mathit{N} = \mathit{R}_x(-\varepsilon - \Delta\varepsilon)\mathit{R}_z(-\Delta\Psi)\mathit{R}_x(-\varepsilon) \tag{3.34}$$

式中: $T$ 为当前历元的黄赤交角; $\varepsilon$ 的计算公式为

$$\varepsilon = 84428.26'' - 46.845''T - 0.0059''T^2 + 0.00181''T^3$$

$$\tag{3.35}$$

式中: $\Delta\Psi$ 和 $\Delta\varepsilon$ 分别为黄经章动和交角章动,具体计算公式见参考文献[7]。

对于中低精度导航应用,主要考虑地球自转产生的影响,即地球自转矩阵 $\mathit{\Theta}$ 的计算:

$$\boldsymbol{\Theta} = R_z(\text{GAST}) \tag{3.36}$$

式中：GAST 为格林尼治子午面视恒星时对应的旋转角度。

极移矩阵 $\boldsymbol{\Pi}$ 通过国际地球自转服务播报的极移参数计算，这里不再赘述。需要指出的是，很多导航用户在精度允许的情况下可忽略章动和岁差以及极移引起的坐标变化。只考虑地球自转即可满足部分需求。

还有一类经常用到的坐标系，其原点在导航载体所处的位置，$z$ 轴沿地球椭球的法向方向指向天顶，$x$ 轴与 $z$ 轴垂直指向东方向，$y$ 轴与 $z$ 轴垂直指向北方向。这样的坐标系称为当地水平坐标系或地理坐标系。若坐标原点的经纬度为 $(L, B)$，则从地固坐标系转换到地理坐标系的转换矩阵为

$$\boldsymbol{R}_{\text{ITRS}}^{\text{G}} = \begin{bmatrix} -\sin B \cos L & -\sin B \sin L & \cos B \\ -\sin L & \cos L & 0 \\ \cos B \cos L & \cos B \sin L & \sin B \end{bmatrix} \tag{3.37}$$

# 第三节 二体问题

只考虑地球质心引力作用的卫星轨道称为无摄轨道，同时考虑各种摄动力作用下的卫星轨道称为受摄轨道。虽然受摄轨道更接近于实际轨道，但忽略所有摄动力，可以极为方便地研究卫星相对于地球的运动。这种只考虑在中心力作用下卫星运动的问题，在天体力学中称为二体问题。换句话说，研究两个质点仅受万有引力作用之运动问题则称为二体问题。

人造卫星在绕地球运转时，若仅考虑地球中心引力作用将地球视为一质点时，并忽略其他作用于卫星的外力，则地球与卫星就可简化为二体问题。在二体问题中，卫星的运动轨道为一椭圆，椭圆的大小形状及其在空间的定向以及卫星在轨道上的位置均可精确算出。由于牛顿定律在惯性坐标系中才成立，因此需要在原点没有加速运动和坐标轴没有旋转的坐标系中建立运动模型，如图

3.3 所示,图中 E 表示地球,S 表示卫星。

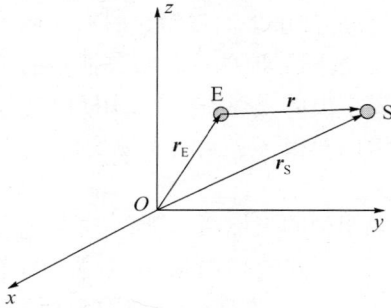

图 3.3　惯性坐标系中的二体问题示意图

根据牛顿万有引力定律,可知宇宙中任意两质点皆相互吸引;而从牛顿第二运动定律得知物体受外力作用时所产生加速度的大小与外力大小成正比,与该物体的质量成反北,加速度的方向与外力方向相同。牛顿运动定律只成立于惯性坐标系统,故假设地球的质量为 $M$,卫星质量为 $m$,卫星受地球中心引力的影响而产生之加速度为

$$\ddot{\boldsymbol{r}} = -\frac{G(M+m)}{r^3}\boldsymbol{r} \tag{3.38}$$

式中:$G$ 为牛顿万有引力常数;$\boldsymbol{r}$ 为卫星在地心惯性坐标系的位置向量。

由于卫星质量远小于地球质量,可忽略不计,则(3.38)式可写成

$$\ddot{\boldsymbol{r}} = -\frac{GM}{r^3}\boldsymbol{r} \tag{3.39}$$

由式(3.39)可知二体运动方程为二阶常微分方程,若对式(3.39)做一次积分,确定三个积分常数便得 $\dot{\boldsymbol{r}}$,再积分一次,确定另三个积分常数则得 $\boldsymbol{r}$,即

$$\dot{\boldsymbol{r}} = \dot{\boldsymbol{r}}(t, C_1, C_2, C_3, C_4, C_5, C_6)$$
$$\boldsymbol{r} = \boldsymbol{r}(t, C_1, C_2, C_3, C_4, C_5, C_6) \tag{3.40}$$

式中：$C_1 \sim C_6$ 为六个积分常数；$t$ 为时间变量。

　　因此，只要能决定出六个积分常数，此微分方程的解 $r$ 与 $\dot{r}$ 便可确定，依据能量、动量、角动量守恒的原理，可找出几何或物理意义彼此独立的六个轨道根数，如开普勒（Keplerian）根数，如图 3.4 所示。

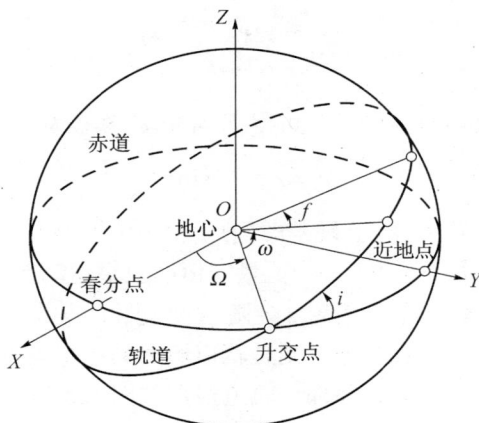

图 3.4　开普勒轨道根数

根据根数的特征，开普勒根数分为如下四个组成部分。

（1）确定开普勒椭圆的大小和形状。

$a$：轨道长半径（Semi-major Axis）。

$e$：轨道离心率（Eccentricity）。

（2）确定卫星轨道平面与地球体之间的相对位置。

$\Omega$：升交点赤经（Right Ascension of the Ascending Node），为地球赤道平面上，升交点与春分点之间的地心夹角。

$i$：轨道面倾角（Orbital Inclination），为地球赤道面与卫星轨道面的夹角。

（3）确定开普勒椭圆在轨道平面上的方向。

$\omega$：近地点变角（Argument of Perigee），为轨道平面上升交点与近地点的地心夹角。

（4）确定卫星在轨道上的瞬时位置。

$f$：真近点角（True Anomaly），轨道平面上卫星与近地点的夹角。在几何图中，无法标示平近点角（Mean Anomaly），可由真近点角与平近点角之间的关系，通过偏近点角 E（Eccentric Anomaly）求得，真近点角与偏近点角的关系为

$$\tan f = \frac{\sqrt{1 - e^2}\sin E}{\cos E - e} \tag{3.41}$$

另外，根据开普勒方程，可得 $E$ 与 $M$ 的关系为

$$M = E - e\sin E \tag{3.42}$$

在二体问题中，由于只考虑到地球的引力，此力为保守力，故能达到能量守恒，而对于一个能量守恒的卫星运动系统，$a$、$e$、$i$、$\Omega$、$\omega$ 都为时间常数，只有近点角会随时间变化。另外，在二体问题中，轨道平面是固定的，地心则是轨道椭圆的一个焦点。卫星轨道与地球的相对位置关系和部分轨道根数如图3.5所示。

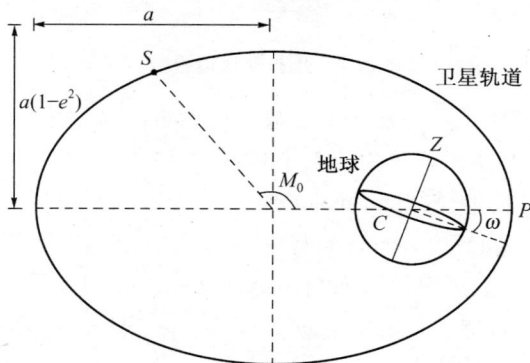

图3.5　卫星轨道与地球相对位置

根据卫星轨道高度的不同，可分为低轨（Low Earth Orbit, LEO）、中轨（Medium Earth Orbit, MEO）、大椭圆轨道（High Elliptical Orbit, HEO）、地球静止轨道（Geostationary Orbit, GEO）以及倾斜地球同步轨道（Inclined Geosynchronous Satellite Orbit, IGSO）。

不同轨道示意如图 3.6 所示。导航卫星通常位于中轨,即轨道高度介于低轨(2000km)和地球同步轨道(35786km)之间的卫星轨道。

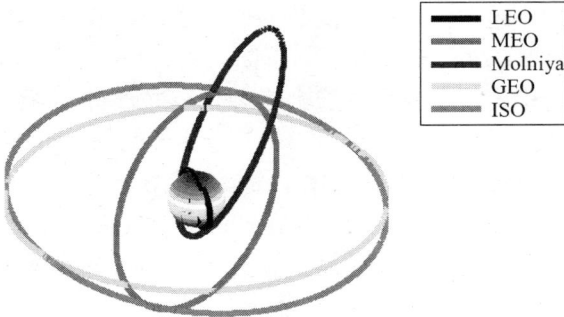

图 3.6 各种卫星轨道

# 第四节 卫星受摄运动

在摄动力作用下,卫星的运动称为受摄运动,相应的卫星轨道称为受摄轨道。摄动力作用使卫星的运动产生一些小的附加变化而偏离理想轨道,同时,这种偏离量的大小也随时间而变化着。

对于卫星精密定位来说,在只考虑地球质心引力情况下计算卫星的运动状态(即研究二体问题)是不能满足精度要求的。必须考虑地球引力场摄动力、日月摄动力、大气阻力、光压摄动力、潮汐摄动力对卫星运动状态的影响。

讨论卫星相对于地球无摄运动的二体问题时,六个轨道参数均为常数。其中卫星过近地点的时刻 $t_0$ 也可用平近点角 $M_0$ 代替。在考虑了摄动力的作用后,卫星的受摄运动的轨道参数不再保持为常数,而是随时间变化的轨道参数。卫星在地球质心引力和各种摄动力总的影响下的轨道参数称为瞬时轨道参数。卫星运动的真实轨道称为卫星的摄动轨道或瞬时轨道。瞬时轨道不是椭圆,轨道平面在空间的方向也不是固定不变的。

　　在人造地球卫星所受的摄动力中,地球引力场摄动力最大,约为 $10^{-3}$ 量级,其他摄动力大多小于或近于是 $10^{-6}$ 量级。这些摄动力引起卫星位置的变化,引起轨道参数的变化。例如,考虑地球引力场摄动力中地球引力场位函数的二阶带谐系数项的影响,使轨道参数 $\Omega$ 不断减小,即轨道平面不断西退,这种现象称为轨道面的进动。进动速度主要取决于轨道倾角 $i$ 和轨道长半径 $a_s$。对于 2 万千米高度,倾角约为 55° 的 GPS 卫星来说,其进动速度约为 0.039°/天。轨道参数 $\omega$ 的变化使得近地点在轨道面内不断旋转,或者说轨道椭圆以其不变的形状在轨道面内旋转。通过解算卫星受摄运动的微分方程,可以得到卫星轨道参数的变化规律。

### 1. 用直角坐标表示的受摄运动方程

　　在直角坐标系中,卫星的受摄运动方程形式简单。设作用于卫星上的摄动力位函数为 $R$,则受摄运动方程的分量形式可写为

$$
\begin{cases}
\ddot{x} = -(\mu/r^3)x + \partial\vec{R}/\partial x \\
\ddot{y} = -(\mu/r^3)y + \partial\vec{R}/\partial y \\
\ddot{z} = -(\mu/r^3)z + \partial\vec{R}/\partial z
\end{cases}
\tag{3.43}
$$

式中: $-(\mu/r^3)x$、$-(\mu/r^3)y$、$-(\mu/r^3)z$ 分别为卫星在地球质心引力作用下产生的加速度沿三个坐标轴的分量。

　　这种形式的微分方程在求解的过程中不涉及卫星的轨道参数,可以用数值方法求解。

### 2. 用轨道参数表示的受摄运动方程

　　用直角坐标表示的受摄运动方程难以得到关于卫星的运动轨道及其变化规律。而以轨道参数表示的受摄运动方程则既可以用于数值解法也可用于分析解法。其中,如果摄动力的性质为非保守力时,如太阳辐射压力、大气阻力因不存在位函数,具有代表性的卫星受摄运动方程是牛顿受摄运动方程,即

$$
\begin{cases}
\dfrac{\mathrm{d}a}{\mathrm{d}t} = \dfrac{2}{n\sqrt{1-e_s^2}}\left[e_s\sin f_s \cdot S + (1 + e_s\cos f_s)T\right] \\[4mm]
\dfrac{\mathrm{d}e}{\mathrm{d}t} = \dfrac{\sqrt{1-e_s^2}}{na_s}\left[\sin f_s \cdot S + (\cos E + \cos f_s)T\right] \\[4mm]
\dfrac{\mathrm{d}i}{\mathrm{d}t} = \dfrac{r\cos(\omega + f_s)}{na_s^2\sqrt{1-e_s^2}}W \\[4mm]
\dfrac{\mathrm{d}\Omega}{\mathrm{d}t} = \dfrac{r\cos(\omega + f_s)}{na_s^2\sqrt{1-e_s^2}\sin i}W \\[4mm]
\dfrac{\mathrm{d}\omega}{\mathrm{d}t} = \dfrac{\sqrt{1-e_s^2}}{na_se_s}\left[-\cos f_s \cdot S + \left(l + \dfrac{r}{p}\sin f_s T\right)\right] - \cos i\dfrac{\mathrm{d}\Omega}{\mathrm{d}t} \\[4mm]
\dfrac{\mathrm{d}M}{\mathrm{d}t} = n - \dfrac{1-e_s^2}{na_se_s}\left[-\left(\cos f_s - 2e_s\dfrac{r}{p}\right)S + \left(1 + \dfrac{r}{p}\right)\sin f_s \cdot T\right]
\end{cases}
$$

$$(3.44)$$

式中：$S$ 为沿卫星向径方向的分量；$T$ 为在轨道平面上垂直于径向方向并指向卫星运动的分量；$W$ 为沿轨道平面法线并按 $S$、$T$、$W$ 组成右手坐标系取向的分量。

此时，可将摄动力所产生的加速度分解为互相垂直的三个分量 $S$、$T$、$W$。

不论摄动力的性质如何，都可以使用牛顿受摄运动方程解卫星的受摄运动。通过研究牛顿受摄运动方程可知，由于卫星在运动中受到各种摄动力作用的影响，其轨道参数随时间而变化。若已知某一初始时刻的轨道参数，通过分析解算含有轨道参数的受摄运动方程，可以求得轨道参数的变率，从而求得任一时刻的轨道参数。这样，利用二体问题的运动方程就可以求得任一时刻的卫星位置和速度。尽管能够按这种方法计算卫星轨道，但精度不如采用数值积分的方法计算的结果。

由于用二体问题无法精确描述 GPS 卫星的轨道,采用 6 个轨道根数来计算卫星位置不能满足精度要求,因此,GPS 导航电文中的广播星历中,除了有开普勒根数外,还有部分轨道根数的周期性及长期变化。若需要更为精确的卫星轨道,则需要引入力模型,采用动用学的方法进行定轨。

若考虑到地球不是标准的球体,且具有不均匀的质量分布,则可用函数 V 表示在空间任一点上地球的真实重力势。因此,上式可改写为

$$\frac{\mathrm{d}^2 \boldsymbol{r}}{\mathrm{d}t^2} = \boldsymbol{\nabla} V \tag{3.45}$$

这里,$\boldsymbol{\nabla}$ 为梯度因子,其定义为

$$\boldsymbol{\nabla} V = \begin{bmatrix} \dfrac{\partial V}{\partial x} \\[2mm] \dfrac{\partial V}{\partial y} \\[2mm] \dfrac{\partial V}{\partial z} \end{bmatrix} \tag{3.46}$$

在二体运动条件下,$V = \mu / r$。因而有

$$\boldsymbol{\nabla}(\mu / r) = \mu \begin{bmatrix} \dfrac{\partial}{\partial x}(r^{-1}) \\[2mm] \dfrac{\partial}{\partial y}(r^{-1}) \\[2mm] \dfrac{\partial}{\partial z}(r^{-1}) \end{bmatrix} = -\frac{\mu}{r^2} \begin{pmatrix} \dfrac{\partial r}{\partial x} \\[2mm] \dfrac{\partial r}{\partial y} \\[2mm] \dfrac{\partial r}{\partial z} \end{pmatrix} = -\frac{\mu}{r^2} \begin{bmatrix} \dfrac{\partial}{\partial x}(x^2 + y^2 + z^2)^{\frac{1}{2}} \\[2mm] \dfrac{\partial}{\partial y}(x^2 + y^2 + z^2)^{\frac{1}{2}} \\[2mm] \dfrac{\partial}{\partial z}(x^2 + y^2 + z^2)^{\frac{1}{2}} \end{bmatrix}$$

$$= -\frac{\mu}{2r^2}(x^2 + y^2 + z^2)^{\frac{1}{2}}\begin{bmatrix} 2x \\ 2y \\ 2z \end{bmatrix} = -\frac{\mu}{r^3}\begin{bmatrix} x \\ y \\ z \end{bmatrix} = -\frac{\mu}{r^3}\boldsymbol{r} \quad (3.47)$$

可见,当 $V = \mu/r$ 时,用重力梯度表示的卫星运动等同于二体运动方程。

在实际操作中,为了精确描述卫星的真实运动,地球的重力位用球谐函数模型。若点 P 距地心的距离、纬度和升交点赤径分别已知,即其球坐标为 $(r,\varphi,\lambda)$,则其重力势可描述为

$$V = \frac{\mu}{r}\left\{1 + \sum_{n=2}^{\infty}\sum_{m=0}^{n}\left(\frac{a}{r}\right)^n P_{nm}(\sin\varphi)\left[C_{nm}\cos m\lambda + S_{nm}\sin m\lambda\right]\right\}$$

$$= \frac{GM_{\oplus}}{R_{\oplus}}\sum_{n=2}^{\infty}\sum_{m=0}^{n}(C_{nm}V_{nm} + S_{nm}W_{nm}) \quad (3.48)$$

其中

$$V_{nm} = \left(\frac{R_{\oplus}}{r}\right)^{n+1} \cdot P_{nm}(\sin\varphi)\cos m\lambda \quad \text{and}$$

$$W_{nm} = \left(\frac{R_{\oplus}}{r}\right)^{n+1} \cdot P_{nm}(\sin\varphi)\sin m\lambda$$

地球重力引起的摄动加速度为

$$\ddot{\boldsymbol{r}} = \nabla U = \sum_{n,m}\ddot{\boldsymbol{r}}_{nm} = \sum_{n,m}(\ddot{x}_{nm} \quad \ddot{y}_{nm} \quad \ddot{z}_{nm})^{\mathrm{T}}$$

$$\ddot{x}_{n0} = \frac{GM_{\oplus}}{R_{\oplus}^2} \cdot \{-C_{n0}V_{n+1,1}\}$$

$$\ddot{x}_{nm} \stackrel{m>0}{=} \frac{GM_{\oplus}}{R_{\oplus}^2} \cdot \frac{1}{2}\left\{(-C_{nm}V_{n+1,m+1} - S_{nm}W_{n+1,m+1}) + \right.$$

$$\left. \frac{(n-m+2)!}{(n-m)!}(C_{nm}V_{n+1,m-1} + S_{nm}W_{n+1,m-1})\right\}$$

$$\ddot{y}_{n0} = \frac{GM_{\oplus}}{R_{\oplus}^2} \cdot \{ -C_{n0}W_{n+1,1} \}$$

$$\ddot{y}_{nm}^{m>0} = \frac{GM_{\oplus}}{R_{\oplus}^2} \cdot \frac{1}{2} \{ ( -C_{nm}V_{n+1,m+1} + S_{nm}W_{n+1,m+1} ) +$$

$$\frac{(n-m+2)!}{(n-m)!} ( -C_{nm}V_{n+1,m-1} + S_{nm}W_{n+1,m-1} ) \}$$

$$\ddot{z}_{nm} = \frac{GM_{\oplus}}{R_{\oplus}^2} \cdot \{ (n-m+1)( -C_{nm}V_{n+1,m} - S_{nm}W_{n+1,m} ) \} \quad (3.49)$$

上式中，$C_{nm}$ 和 $S_{nm}$ 为球谐系数。

考虑日月引力摄动(又称直接潮汐)，加速度为

$$\ddot{\boldsymbol{r}} = -GM_s \left( \frac{\boldsymbol{r} - \boldsymbol{r}_s}{|\boldsymbol{r} - \boldsymbol{r}_s|^3} + \frac{\boldsymbol{r}_s}{|\boldsymbol{r}_s|^3} \right)$$

$$\ddot{\boldsymbol{r}} = -GM_m \left( \frac{\boldsymbol{r} - \boldsymbol{r}_m}{|\boldsymbol{r} - \boldsymbol{r}_m|^3} + \frac{\boldsymbol{r}_m}{|\boldsymbol{r}_m|^3} \right) \quad (3.50)$$

其中 $M_s$ 和 $M_m$ 分别为太阳和月球的质量，$\boldsymbol{r}_s$ 和 $\boldsymbol{r}_m$ 为日月的位置向量，$\boldsymbol{r}$ 和 $\ddot{\boldsymbol{r}}$ 为卫星的位置和加速度，$G$ 为万有引力常数。

其它还有光压，潮汐摄动等，由于其量级较小，这里不予讨论。如果考虑这些受摄运动，则可得到扰动运动方程

$$\ddot{\boldsymbol{r}} = \nabla V + \boldsymbol{a}_d \quad (3.51)$$

# 第五节　卫星定位原理

在卫星导航技术发展的初期,曾采用测向和测速的方式实现导航定位。随着技术的发展,高精度原子钟技术日臻成熟,使测距实现导航定位具有了可能。目前的卫星导航技术大都采用测距的方式进行定位。如图 3.7 所示,卫星的位置向量 $\boldsymbol{s}$ 为已知,通过卫

星发播的星历参数计算出来,卫星到用户接收机的距离向量 $\boldsymbol{\rho}$ 为观测量,向量 $\boldsymbol{u}$ 为用户接收机的位置,是需要计算和估计的参数。由图中的关系,可得

$$\boldsymbol{\rho} = \boldsymbol{s} - \boldsymbol{u} \qquad (3.52)$$

向量的幅值(又称长度或模)为

$$\|\boldsymbol{\rho}\| = \|\boldsymbol{s} - \boldsymbol{u}\| \qquad (3.53)$$

令 $\rho$ 为 $\boldsymbol{\rho}$ 的幅值,有

$$\rho = \|\boldsymbol{s} - \boldsymbol{u}\| \qquad (3.54)$$

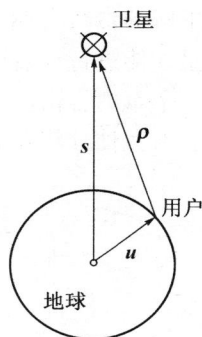

图 3.7 卫星定位
原理示意图

距离 $\rho$ 由卫星信号到达接收机的传播时延计算出来。通常对卫星只测量距离向量的幅值(即长度),没有方向信息。因此,至少需要三颗卫星的距离观测量才能得到用户接收机的三维位置。

通常情况下,由于 GNSS 采用单程测距技术,且接收机存在钟差,使得测出的距离含有(由于钟差引起的)偏差,这样的距离称为伪距。GNSS 导航原理如图 3.8 所示,四颗卫星分别发射四个不同的信号,接收机根据卫星信号到达的时刻与卫星发射信号的时刻之差可测出各卫星到接收机的距离。当卫星钟与接收机钟没有钟差时,则量测距离为卫星到接收机的真实距离。而在通常情况下,卫星钟和接收机钟存在钟差,即钟面时与真实时间不一致,使得测出的距离并不是卫星到接收机的真实距离,而是包含了真实距离和钟差的伪距。卫星钟的钟差可由地面控制中心确定,并经导航电文发播给用户。对于高精度导航定位,用户还需要自己估计卫星钟钟差或采用差分的方法消除卫星钟钟差的影响,而对于中低精度的应用,可认为卫星钟钟差为已知。接收机钟差引起的测距偏差对所有卫星的结果是一致的,换句话说,如果引起卫星 1 的距离偏差 10m,则引起其他卫星到接收机的距离偏差也是 10m。在导航定位解算过程中,需要将接收机的位置坐标和接收机的钟差一并解算出来。接收机的位置坐标有三个参数,再加上钟差,需

要求解的参数有四个,这就是为什么 GNSS 需要至少观测到四颗卫星才能进行导航定位的原因。

本章内容仅从定性的角度讨论卫星定位原理,数学模型的建立和参数估计将在后面的章节中讨论。

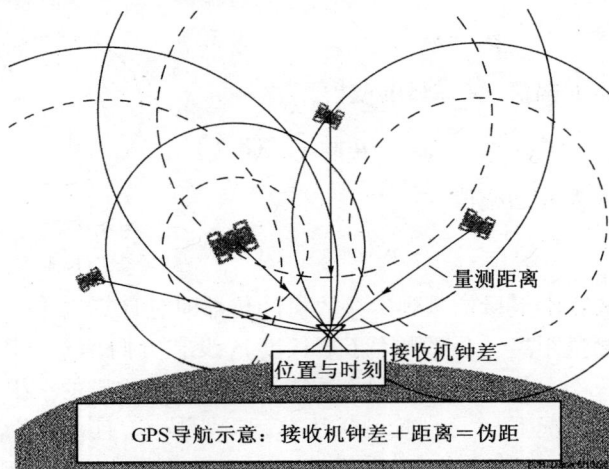

图 3.8　卫星距离交会定位示意图

# Matlab 程序

```
% - - - - - - - - - - - - - p3_1. m - - - - - - - - - - - -
% p2_1. m
%  画不同高度的卫星轨道
%  2008/07/02

close all
deg2rad = pi/180. 0;
rad2deg = 180/pi;
Re = 6371e3;
miu = 398600. 5e9; % gravity constant of GM
```

```
we = 2 * pi/(24 * 365. 25/366. 25 * 3600. 0);

a =    Re + 500e3;        %    20200e3;%500e3;%21500e3
(miu/(2 * pi/24/3600)^2)^(1/3)
e =    0. 004;            %    0. 003466;
i = 96. 6 * deg2rad;
omega = 144. 2 * deg2rad;
Omega = 257. 7 * deg2rad;


% element
ele(1,1) = a;
ele(1,2) = e;
ele(1,3) = i;
ele(1,4) = omega;
ele(1,5) = Omega;
ele(1,6) = 0; %53. 211 * deg2rad;

ele(2,1) = Re + 20000e3;
ele(2,2) = 0. 01;
ele(2,3) = 55 * deg2rad;
ele(2,4) = omega;
ele(2,5) = Omega;
ele(2,6) = 0;

ele(3,1) = Re + 20000e3;
ele(3,2) = 0. 7;
ele(3,3) = 65 * deg2rad;
ele(3,4) = 270 * deg2rad;
ele(3,5) = 245 * deg2rad;
ele(3,6) = 0;
ind = 4;
n = we;
a_geo = (miu/n/n)^(1/3);
```

```
ele( ind,1) = a_geo;
ele( ind,2) = 0. 0;
ele( ind,3) = 0 * deg2rad;
ele( ind,4) = 0 * deg2rad;
ele( ind,5) = 0 * deg2rad;
ele( ind,6) = 0;
ind = ind + 1;
ele( ind,1) = a_geo;
ele( ind,2) = 0. 0;
ele( ind,3) = 10 * deg2rad;
ele( ind,4) = 0 * deg2rad;
ele( ind,5) = 0 * deg2rad;
ele( ind,6) = 0;

fs = 180;
timeinv = 1440;
colorind = [ 'k' 'r' 'b' 'g' 'm' ];
figure

Rbody = 6378. 137;
[ X,Y,Z] = sphere(20);
X = X. * Rbody;
Y = Y. * Rbody;
Z = Z. * Rbody;
surf( X,Y,Z)
axis equal
shading( 'interp' )
hold on
clear X
clear Y
clear Z

for iii = 1: 5
```

```
        clear ddd;
        ddd = [ ];
for ii = 0 : timeinv
        t = ii * fs;
        dd = kep2cart( ele( iii, : ) ,t )/1e3;
        ddd = [ ddd dd' ];
        cw = cos( we * t ); sw = sin( we * t );
        Rze = [ cw sw 0;...
            - sw cw 0;...
             0  0 1 ];
        Rzedot = [ - sw cw 0;...
              - cw  - sw 0;...
              0  0 0 ];
        pos_view = [ pos_view Rze' * dd( 1:3 )' ];
        dd( 1:3 )  = ( Rze * dd( 1:3 )' )';
        la = atan2( dd( 3 ) ,sqrt( dd( 1 )^2 + dd( 2 )^2 ) ) * rad2deg;
        lo = atan2( dd( 2 ) ,dd( 1 ) ) * rad2deg;
        h = 1;
        xx = [ xx [ la lo h ]' ];
        vv = [ vv dd( 4:6 ) ];
end
    x = load( ' Coastline. dat' );
    x = x * pi/180;
    R = Rbody * ones( length( x ) ,1 );
    [ X,Y,Z ] = sph2cart( x( :,1 ) ,x( :,2 ) ,R );
    hold on
  hh( iii ) = plot3 ( ddd ( 1,: ) ,ddd ( 2,: ) ,ddd ( 3,: ) ,colorind ( iii ) ,' Line-
    Width' ,4 );
    alimit = 3e4;
    axis( [ - alimit alimit - alimit alimit - alimit alimit ] );
    axis off
end
legend( hh ,' LEO' ,' MEO' ,' Molniya' ,' GEO' ,' ISO' );
```

```
% — — — — — — — — — — — KeplerEle. m — — — — — — — — — — —
function kepler = KeplerEle( GM, y)
% KeplerEle. m
% 由卫星的位置和速度计算卫星的开普勒轨道根数
% GM — — — — — — — — — — —引力常数与地球质量(或其它天体质量,根据不
    同应用)
% y — — — — — — — — — — —位置和速度(地心惯性坐标系下)
% 返回
%        开普勒轨道根数:
%               a, e, i, Omega, omega, M
% Munich
% 易维勇
% 2009/03/02

if ( siz( y,1) * size( y,2)  ̃ = 6)
    disp 'Error: incorrect input in function Keplerian, exit'
    return
end
y = y( :) ;
r = y( 1 :3) ;
v = y( 4 :6) ;
h = cross( r,v) ;
H = norm( h) ;

Omega = atan2( h( 1) , - h( 2) ) ;
Omega = mod( Omega,2 * pi) ;
i = atan2( sqrt( h( 1) * h( 1) + h( 2) * h( 2) ),h( 3) ) ;
u = atan2( r( 3) * H, - r( 1) * h( 2) + r( 2) * h( 1) ) ;
R = norm( r) ;

a = 1.0/( 2.0/R - dot( v,v) /GM) ;
eCosE = 1.0 - R/a;                        % e * cos( E)
eSinE = dot( r,v) /sqrt( GM * a) ;        % e * sin( E)
```

```
e2 = eCosE * eCosE + eSinE * eSinE;
e = sqrt(e2);                                          % 轨道离心率
E = atan2(eSinE, eCosE);                               % 偏近点角
M = mod(E - eSinE, pi * 2);                            % 平近点角
nu = atan2(sqrt(1.0 - e2) * eSinE, eCosE - e2);        % 真近点角
omega = mod(u - nu, pi * 2);                           % 近地点角距


kepler = [a e i Omega omega M];
% end function


%% ------------- p3_2. m -------------
% 本程序计算并画出卫星的空间和星下点轨迹,并可根据不同的卫星高度,
    计算出地
% 面能观测到卫星的区域
% Auther: YI Weiyong
% Zhengzhou,           8 Dec 2007
% Munich,              8 May 2009 revision
% 注:需要安装有 m_map,下载链接为http://www.eos.ubc.ca/~rich/map.
% html,下载后解压,并将目录加入 matlab 的目录中


close all
clear all


J2 = 0.00108263;            % j_2 = - C_20
GM = 398600.5e9;            % gravitation constant
ae = 6378e3;                % Earth radii
Re = 6378e3;                % Earth radii
we = 2 * pi/(24 * 365.25/366.25 * 3600.0);
rad2deg = 180/pi;


d2r = pi/180;
```

```
% Kepler elements
a = Re + 19100e3;              % semi - major
e = 0.001;                     % eccentricity
i = 64.8 * d2r;                % inclination
Omega = 110 * d2r;
omega = 270.2 * d2r;
tao = 0;
mRevolution = 15;
n = we * mRevolution;
Omega_dot = -3/2 * n * J2 * ae * ae/a/a * cos(i);
n = sqrt(GM/a/a/a);
Period = 2 * pi/n;             % Period of revolution
step1 = 60;


t = 0: step1: Period * mRevolution;
N = size(t,2);
xx = [ ];


M = mod(n * (t - tao),2 * pi);
if e < 0.8
    E = M;
else
    E = pi * ones(1,N);
end


dE = ones(1,N);
while any(dE > 1e - 13)
    dE( - E + e * sin(E) + M)./(1 - e * cos(E));
    E = E + dE;
end
vv = 2 * atan(sqrt((1 + e)/(1 - e)) * tan(E/2));
rr = a * (1 - e * cos(E));
r = a * (1 - e^2) * [cos(vv)./(1 + e * cos(vv)); sin(vv)./(1 + e * cos
```

```
( vv) ) ;zeros( 1 ,N) ] ;
% position in orbit plane
rdot = sqrt( GM/a/( 1 - e^2) ) * [ - sin( vv) ; e + cos( vv) ; zeros( 1 ,N) ] ;
    % velocity in orbit plane


R3Omega  = [ cos( Omega)    sin( Omega)   0 ;...
             - sin( Omega)  cos( Omega)   0 ;...
                0              0          1 ] ;
Rli      = [ 1     0          0 ;...
             0     cos( i)     sin( i) ;...
             0     - sin( i)   cos( i) ] ;
R3omega  = [ cos( omega)    sin( omega)   0 ;...
             - sin( omega)  cos( omega)   0 ;...
                0              0          1 ] ;
rcis = R3omega' * Rli' * R3omega' * r ;
ddd = rcis ;
    for ii = 1 :length( t)
    cw = cos( we * t( ii) ) ;    sw = sin( we * t( ii) ) ;
    Rze = [ cw sw 0 ;...
        - sw cw 0 ;...
          0  0 1 ] ;
    Rzedot = [ - sw cw 0 ;...
          - cw  - sw 0 ;...
             0  0 0 ] ;

    dd = ( Rze * rcis( : ,ii) ) ;

    la = atan2( dd( 3) ,sqrt( dd( 1)^2 + dd( 2)^2) ) /d2r ;
    lo = atan2( dd( 2) ,dd( 1) ) /d2r ;
    h = 1 ;
        xx = [ xx[ la 1O h]' ] ;
    end
fig = figure ;
```

67

```
m_proj( 'miller' , 'lat' ,90) ;
set( gca , 'color' , [ .9.991 ] ) ;    % Trick is to set this * before * the patch call.
m_coast( 'patch' , [ .71.7 ] , 'edgecolor' , 'none' ) ;
m_grid( 'linestyle' , 'none' , 'box' , 'fancy' , 'tickdir' , 'out' ) ;
hold on

% m_elev
len = size( xx ,2) ;
istart = 1 ;
iend = len ;
ii = 1 ;
while( ii < len)
    if( abs( xx( 2 , ii + 1 ) - xx( 2 , ii ) ) >150)
        iend = ii ;

m_plot( xx( 2 , istart : iend ) , xx( 1 , istart : iend ) , 'linewi' ,1 , 'color' , 'r' ) ;
        istart = iend + 1 ;
        end
        ii = ii + 1 ;
end

iend = len ;
m_plot( xx( 2 , istart : iend ) , xx( 1 , istart : iend ) , 'linewi' ,1 , 'color' , 'r' ) ;
if( istart = = 1 && lend = = len)
    m_plot( xx( 2 , istart : iend ) , xx( i , istart : iend ) , 'linewi' ,1 , 'color' , 'r' ) ;
end

xlabel( 'longitude( deg) ' )
ylabel( 'latitude( deg) ' )

title( 'ground track for repeat orbit over 1 ' )
day' , 'fontsize' ,14 , 'fontweight' , 'bold' ) ;
```

```
% figure for a global view in space
% % Textured 3D Earth example
% % Options

space_color = 'k';
npanels = 72;    % Number of globe panels around the equator deg/panel =
360/npanels
alpha = 1;%  globe transparency level,1 = opaque,through 0 = invisible

%  地球渲染图像
%  图像来自 Nasa(http://visibleearth. nasa. gov/)
%  The actual image link will likely move over time. This one is the 260KB
%  version from this page: http://visibleearth. nasa. gov/view _ rec. php? id
    = 2430

image_file = 'land_ocean_ice_2048. jpg';

% Mean spherical earth

erad = 6378137. 7714;    % equatorial radius(meters)
prad = 6356. 775e3;  %  polar radius(meters)
erot = 7. 2921158553e - 5;  %  earth rotation rate(radians/sec)

% % Create figure

figure('Color',space_color);
hold on;

% Turn off the normal axes

set(gca,'NextPlot','add','Visible','off');
set(gca,'CameraViewAngleMode','auto')
```

```
% axis equal;
axis auto;

% Set initial view

view(0,0);
axis vis3d;

%% Create wireframe globe
% Create a 3D meshgrid of the sphere points using the ellipsoid function

[x,y,z] = ellipsoid(0,0,0,erad,erad,prad,npanels);
globe = surf(x,y, - z,'FaceColor','none','EdgeColor',0.5 * [1 1 1]);

% Load Earth image for texture map

[cdata,map] = imread(image_file);

% Set image as color data (cdata) property,and set face color to indicate
% a texturemap,which Matlab expects to be in cdata. Turn off the mesh edges.

set(globe,'FaceColor','texturemap','CData',cdata,'FaceAlpha',alpha,'
    EdgeColor','none');
[az,el] = view;
h = plot3(ddd(1,:),ddd(2,:),ddd(3,:),'r');
hh = plot3(ddd(1,1),ddd(2,1),ddd(3,1),'go');
hh2 = plot3(ddd(1,1),ddd(2,1),ddd(3,1),'g * ');
    fs1 = 1;          % sample rate in degree of earth rotation
    incr = round(360/fs1);
    len = size(xx,2);
outstop = uicontrol('style','toggle','string','terminate');
    ii = 1;
```

```
while1
    if( ii > incr)
        ii = 1 ;
    end

    view( az − ii * fs1 ,el) ;
    t = ( ii − 1 ) * 86400/incr;

    cw = cos( we * t) ;
    sw = sin( we * t) ;
    Rze = [ cw sw 0;...
            − sw cw 0;...
             0 0   1 ] ;
    jj = ceil( 1440. 0 * ( ii − 1)/incr) + 1;
if( jj > len)
        jj = len;
end

    pos_view = Rze * ddd( 1 :3 ,:) ;

    delete( h)
    delete( hh) ;
    delete( hh2) ;
    % set( h ,' EraseMode ' ,' xor ' ) ;
    hh = plot3( pos_view( 1 ,jj) ,pos_view( 2 ,jj) ,pos_view( 3 ,jj) ,' bo ' ) ;
    hh2 = plot3( pos_view( 1 ,ii) ,pos_view( 2 ,ii) ,pos_view( 3 ,jj) ,' b * ' ) ;
    h = plot3( pos_view( 1 ,:) ,pos_view( 2 ,:) ,pos_view( 3 ,:) ,' r ' ) ;
    % hh = patch( ddd( 1 ,jj) ,ddd( 2 ,jj) ,ddd( 3 ,jj) ,' go ' ) ;

    % axis vis3d ;
%
    if get( outstop ,' vilue ' ) = = 1
        break
```

```
        end
        ii = ii + 1;
        pause( 0. 01 );
    end


res = 1;


% now for ground track


fig = figure;


m_proj( 'miller' , 'lat' ,90 );
set( gca, 'color' ,[ . 9. 991 ] );          % Trick is to set this * bcfore * the patch
                                              call.
m_coast( 'patch' ,[ . 71. 7 ] , 'edgecolor' , 'none' );
m_grid( 'linestyle' , 'none' , 'box' , 'fancy' , 'tickdir' , 'out' );
hold on


len = size( xx ,2 );
istart = 1;
iend = len;
ii = 1;
while( ii < len )
    if( abs( xx( 2 ,ii + 1 ) - xx( 2 ,ii ) ) > 150 )
        lend = ii;


m_plot( xx( 2 ,istart:iend ) ,xx( 1 ,istart:iend ) , 'linewi' ,2 , 'color' , 'r' );
        istart = iend + 1;


    end
    ii = ii + 1;
end
```

```
iend = len;
m_plot( xx( 2,istart:iend) ,xx( 1,istart:iend) ,'linewi',2,'color','r') ;
if( istart = = 1 && iend = = len)
    m_plot( xx( 2,istart:iend) ,xx( 1,istart:iend) ,'linewi',2,'color','r') ;
end
xlabel( '经度( 度)')
ylabel( '纬度( 度)')

title( '星下点轨迹','fontsize',14,'fontweight','bold') ;

hold off
% 地面站
sta = [    2.932726802156        0.796386371545        +300
           2.26217460660         0.407534380341        +400
           2.810168609442        0.798488132787         +310
           1.5528908424747       0.763872435956        +410
           1.3426159343307       0.688532389912        +440
           1.8216305974909       0.534943415736        +481
           1.9311135530934       0.317649923863        +210
           2.3059103372279       0.605338362233        +180
           1.8912524428196       0.022398392067        +212
           1.3047394182540       0.499164166070        +412
           2.2925876572710       0.877609725544        +313
           2.265728257297        1.9085885682949       +421
           2.302671059797        0.1753400460444       +362
          -1.135094395113       -0.034906585039        +400];

sta2 = [ -0.091135094395113     -0.002349065850390    4.00000000000000)
        *1e2;

hold on

staNol = 1:7;
```

```
staNo2 = 8:13;
m_plot( sta( staNo1 ,1 ) * rad2deg,sta( staNo1 ,2 ) * rad2deg,'k * ' )

m_plot( sta( staNo1 ,1 ) * rad2deg,sta( staNo1 ,2 ) * rad2deg,'ko' )
  m_plot( sta( staNo2 ,1 ) * rad2deg,sta( staNo2 ,2 ) * rad2deg,'k' )
  m_plot( sta( staNo2 ,1 ) * rad2deg,sta( staNo2 ,2 ) * rad2deg,'kv' )


% for conceiving area
figure
m_proj( 'miller' , 'lat' ,90 ) ;
set( gca, 'color' , [ . 9. 99 1 ) ) ;              % Trick is to set this * before * the
                                                       patch call.
m_coast( 'patch' , [ . 7 1. 7 ] , 'edgecolor' , 'none' ) ;
m_grid( 'linestyle' , 'none' , 'box' , 'fancy' , 'tickdir' , 'out. ' ) ;
hold on

xlabel( 'Longitude( deg) ' )
ylabel( 'Latitude( deg) ' )
title( [ 'ground track and coverage( height = ' num2str( ( a - Re )/1e3 ) 'km,ecc
    = ' num2str( e ) ' ) ' ] )

h = m_plot( xx( 2,1 ) ,xx( 1,1 ) , 'r * ' ) ;
xxold = xx( :,1 ) ;
iold = 1 ;
theta = acos( Re/a ) ;
range = theta * Re/1e3 ;
[ h_range ] = m_range_ring( xx( 2,1 ) ,xx( 1,1 ) ,range , 'color' , 'b' ) ;

h2 = m_plot( xx( 2,1 ) ,xx( 1,1 ) , 'ro' ) ;
pause_btn = uicontrol( 'style' , 'toggle' , 'string' , 'pause' ) ;
image( [ - pi + le - 3 pi - le - 3 ] , [ pi/2 - pi/2 ] * 1. 4246 ,cdata ) ;
ii = 0 ;
isfirst = 1 ;
```

74

```
while 1
    ii = ii + 11 ;
    if( ii > len)
        ii = 1 ;
        isfirst = 0 ;
    end

    delete( h)
    delete( h2)

    theta = acos( Re/norm( ddd( 1:3 ,ii) ) ) ;
    range = theta * Re/1e3 ;
    delete( h_range)

    h = m_plot( xx( 2 ,ii) ,xx( 1 ,ii) ,'b * ' ) :
    h2 = m_plot( xx( 2 ,ii) ,xx( 1 ,ii) ,'bo' ) ;
        h_range = m_range_ring( xx( 2 ,ii) ,xx( 1 ,ii) ,range ,'color' ,'b' ) ;

    if( abs( xxold( 2) - xx( 2 ,ii) ) <90 && isfirst = = 1)
        m_plot( xx( 2 ,iold:ii) ,xx( 1 ,iold:ii) ,'r - . ' ) ;
    end
    iold = ii ;
    xxold = xx( : ,ii) ;
    pause( 0. 01) ;
    if get( pause_btn ,'valuc' ) = = 1
        pause
    end
end
hold off


% - - - - - - - - - - - - p3_3. m - - - - - - - - - - -
% 演示如何对卫星轨道进行数值积分,采用 Matlab 内置积分函数
% 比较数值解和分析解
```

```
% Yl Weiyong
% Munich,Germany,              8 Jan 2009

close all

J2 = 0.00108263;              % J_2 = - C_20
GM = 398600.5e9;             % gravitation constant
ae = 6378e3;                  % Earth radii

d2r = pi/180;

% Kepler elements(可设置不同轨道类型)
n = 2 * pi/24/3600;
a = ( GM/n/n)^(1/3);         % ae + 20200e3;% 6629e3;        % semi - major
e = 0.004;                    % eccentricity
i = 55 * d2r;                 % inclination
Omega = 257.7 * d2r;
omega = 144.2 * d2r;
tao = 0;
n = sqrt( GM/( a * a * a) );
Period = 2 * pi/n;            % Period of revolution
stepi = 10;
step2 = 30;                   % step size(30s)
t = 0:step1:86400;           % step size(10s)
t2 = 0:step2:86400;          % step size(30s)
N = size(t,2);

M = mod( n * (t - tao),2 * pi);
if e < 0.8
    E = M;
else
    E = pi * ones(1,N);
end
```

76

```
dE = ones( 1 , N ) ;
while any( dE > 1e - 13 )
    dE = ( - E + e * sin( E ) + M ) . / ( 1 - e * cos( E ) ) ;
    E = E + dE ;
end
vv = 2 * atan( sqrt( ( 1 + e ) / ( 1 - e ) ) * tan( E/2 ) ) ;
rr = a * ( 1 - e * cos( E ) ) ;
r = a * ( 1 - e^2 ) * [ cos ( vv ) . / ( 1 + e * cos ( vv ) ) ; sin ( vv ) . / ( 1 + e * cos
    ( vv ) ) ; zeros( 1 , N ) ] :
% position at orbit plane
rdot = sqrt( GM/a/( 1 - e^2 ) ) * [ - sin( vv ) ; e + cos( vv ) ; zeros( 1 , N ) ] :   % ve-
    locity at orbit plane

R30mega = [ cos( Omega )    sin( Omega )   0 ; . . .
            - sin( Omega )   cos( Omega )   0 ; . . .
              0               0             1 ] ;
Rli = [ 1       0        0 ; . . .
        0     cos( i )   sin( i ) ; . . .
        0    - sin( i )  cos( i ) ) :
R3omega = [ cos( omiega )    sin( omega )   0 ; . . .
            - sin( omega )   cos( omega )   0 ; . . .
              0               0             1 ] ;
RM = R3Omega ' * Rli ' * R3omega ' ;

rcis = R3Omega ' * Rli ' * R3omega ' * r :        % position at CTS
rdotcis = R30mega ' * Rli ' * R3omega ' * rdot ;  % velocity at CIS
tt = t/60 ;
figure
subplot( 2 , 1 , 1 )
plot( tt , rcis( 1 , : ) , ' r ' ) ;
hold on
plot( tt , rcis( 2 , : ) , ' b ' ) ;
```

```
plot( tt,rcis(3,:),'k');
legend('x','y','z')
xlabel('time(min)')
ylabel('position(m)')
subplot(2,1,2)
plot( tt,rdotcis(1,:),'r');
hold on
plot( tt,rdotcis(2,:),'b');
plot( tt,rdotcis(3,:),'k');
legend('xdot','ydot','zdot')
xlabel('time(min)')
ylabel('velocity(m/s)')


% – – – – – – – – – – – Analytical Results for step size 2
t2 = 0: step2: Period * 3;          % time(30s)
N = size(t2,2);

M = mod( n * (t2 – tao),2 * pi);
if e < 0.8
    E = M;
else
    E = pi * ones(1,N);
end


dE = ones(1,N);
while any( abs(dE) > 1e – 12)
    dE = ( – E + e * sin(E) + M)./(1 – e * cos(E));
    E = E + dE;
end


rr = a * (1 – e * cos(E));
r = [a * (cos(E) – e); a * sqrt(1 – e^2) * sin(E); zeros(1,N)];    % posi-
    tion at orbit plane
```

```
rdot = sqrt( GM * a) * [ - sin( E). /rr; sqrt( 1 - e^2) * cos( E). /rr; zeros( 1,
    N) ] ;% velocity at orbit plane


R3Omega = [ cos( Omega)     sin( Omega)     0;...
            - sin( Omega)   cos( Omega)     0;...
               0               0            1];
Rli = [ 1        0           0;...
        0      cos( i)     sin( i);...
        0     - sin( i)    cos( i) ]:
R3Omega = [ cos( omega)     sin( omega)     0;...
            - sin( omega)   cos( omega)     0;...
               0               0            1];


rcis2 = R3Omga' * Rli' * R3omega' * r;          % position at CIS
rdotcis2 = R3Omega' * Rli' * R3omega' * rdot;   % velocity at CIS


yanal = [ rcis' rdotcis' ];                     % state vector for step1
yanal2 = [ rcis2' rdotcis2' ];                  % state vector for step2
% - - - - - - - - - - - - - End of Analytical Result - - - - - - - - - - - -


% - - - - - - - - - - - - Start Numerical Method - - - - - - - - - - - -
y0 = [ rcis( :,1)' rdotcis( :,1)' )' ;          % Set Initial value
option = odeset( 'RelTol',le - 13,'AbsTol',le - 13);
[ T,y] = ode23( @ yprime,t,y0,option);          % Result for step1
[ T2,y2] = ode23( @ yprime,t2,y0,option);       % Result for step2


% - - - - - - - - - - - - Plot diff. Between results of analytical and Ode23 step1
yy = y - yanal;                                 % Diff. Between analytical
        and Ode23( 10s)
figure
    subplot( 2,1,1)
plot( T/60.0,yy( :,1));
hold on
```

```
plot(T/60.0,yy(:,2),'r');
plot(T/60.0,yy(:,3),'k');
   title('Diff. Between the results of analytical and ode23 of Step size 10s')
legend('x','y','z')
xlabel('time(min)')
ylabel('position(m)')
subplot(2,1,2)
plot(T/60.0,yy(:,4));
hold on
plot(T/60.0,yy(:,5),'r');
plot(T/60.0,yy(:,6),'k');
legend('xdot','yclot','zdot')
   xlabel('time(min)')
ylabel('velocity(m/s)')


% ------- Plot diff. Between results of analytical and Ode23 step2
yy2 = y2 - yanal2;


figure
   subplot(2,1,1)
plot(T2/60.0,yy2(:,1));
hold on
plot(T2/60.0,yy2(:,2),'r');
plot(T2/60.0,yy2(.,3),'k');
   title('Diff. Between the results of analytical and odc23 of Step size 30s')
legend('x','y','z')
xlabel('time(min)')
ylabel('position(m)')
subplot(2,1,2)
plot(T2/60.0,yy2(:,4));
hold on
plot(T2/60.0,yy2(:,5),'r');
plot(T2/60.0,yy2(.,6),'k');
```

```
legend( 'xdot' , 'ydot' , 'zdot' )
xlabel( 'time( min) ' )
ylabel( 'velocity( m/s) ' )
            % - - - - - - - - End of Ode23 - - - - - - - - -
% - - - - - - - - - Odell3 - - - - - - - -
[ TT, yy] = odejl3( @ yprime ,t ,y0 ,option) ;
[ TT2 ,yy2 ] = ode113( @ yprime ,t2 ,y0 ,option) ;
yyy = yy - yanal ;
            % - - - - - - - Ode113 ,step size = 10s ,plot - - - - - - -
figure
subplot( 2 ,1 ,1 )
plot( TT/60. 0 ,yyy( : ,1 ) ) ;
hold on
plot( TT/60. O ,yyy( : ,2 ) , 'r' ) ;

plot( TT/60. 0 ,yyy( : ,3 ) , 'k' ) ;

title( 'Diff between the results of analytical and ODE113( Step size = 10s) ' )
legend( 'dx' , 'dy' , 'dz' )
xlabel( 'time( min) ' )
ylabel( 'd_position( m) ' )
subplot( 2 ,1 ,2 )
plot( T/60. 0 ,yyy( :4 ) ) ;
hold on
plot( T/60. 0 ,yyy( : ,5 ) , 'r' ) ;
plot( T/60. 0 ,yyy( : ,6 ) , 'k' ) ;
legend( 'dxdot' , 'dydot' , 'dzdot' )
xlabel( 'time( min) ' )
ylabel( 'd_velocity( m/s) ' )
            % - - - - - - - End Ode113 ,step size = 10s ,plot - - - - - - -
            % - - - - - - - Ode113 ,step size = 30s ,plot - - - - - - -
            yyy = yy2 - yanal2 ;
figure
```

```
subplot(2,1,1)
plot(TT2/60.0,yyy(:,1));
hold on
plot(TT2/60.0,yyy(:,2),'r');

plot(TT2/60.0,yyy(:,3),'k');
    title('Diff between the results of analytical and ODE113(Step size = 30s)')
legend('dx','dy','dz')
xlabel('time(min)')
ylabel('d_position(m)')
subplot(2,1,2)
plot(T2/60.0,yyy(:,4));
hold on
plot(T2/60.0,yyy(:,5),'r');
plot(T2/60.0,yyy(:,6),'k');
legend('dxdot','dydot.','dzdot')
    xlabel('time(min)')
    ylabel('d_veloc ity(m/s)')
        %  - - - - - - - - End Ode113,step size = 30s,plot - - - - - - -

%  - - - - - - - disturbed case - - - - - - -
[TT,yyy] = ode113(@yprimef,t,y0,option);
yyyy = yyy - yanal;
yyy = yyyy;
figure
    subplot(2,1,1)
    plot(T/60.0,yyy(:,1));
    hold on
    plot(T/60.0,yyy(:,2),'r');

    plot(T/60.0,yyy(:,3),'k');

    title('Diff between analytical and ODE113 disturbed casc(stcp = 10s)')
```

```
legend( 'dx' , 'dy' , 'dz' )
xlabel( 'time( min) ' )
ylabel( 'dposition( m) ' )
subplot( 2 ,1 ,2 )
plot( T/60. 0 ,yyy( : ,4) ) ;
hold on
plot( T/60. 0 ,yyy( : ,5) , 'r' ) ;
plot( T/60. 0 ,yyy( : ,6) , 'k' ) ;
legend( 'dxdot' , 'dydot' , 'dzdot' )
   xlabel( 'time( min) ' )
ylabel( 'dvelocity( m/s) ' )


[ T ,yr] = RungeKutta4 ( @ yprime ,t ,y0 ) ;
[ TT ,yrr] = RungeKutta4 ( @ yprime ,t2 ,y0 ) ;
   yyy = zeros( size( yrr) ) ;
for i = 1 : size( TT ,1 )
     yyy( i ,: ) = yr( ( i - 1 ) * step2/step1 + 1 ,: ) - yrr( i ,: ) ;
end

figure

   subplot( 2 ,1 ,1 )
plot( TT/60. 0 ,yyy( : ,1) ) ;
hold on
plot( Tr/60. 0 ,yyy( : ,2) , 'r' ) ;

plot( TT/60. 0 ,yyy( : ,3) , 'k' ) ;
title( 'Difference between the results with step size 10s and 30s[ with self - devel-
     oped integrator( RK4) ] ' )


legend( 'dx' , 'dy' , 'dz' )
xlabel( 'time( min) ' )
ylabel( 'dposition( m) ' )
```

```
subplot(2,1,2)
plot(TT/60.0,yyy(:,4));
hold on
plot(TT/60.0,yyy(:,5),'r');
plot(TT/60.0,yyy(:,6),'k');
legend('dxdot','dydot','dzdot')
  xlabel('time(min)')
ylabel('dvelocity(m/s)')

figure

yyyy = yr - yanal;

  subplot(2,1,1)
plot(T/60.0,yyy(:,1));
hold on
plot(T/60.0,yyy(:,2),'r');

plot(T/60.0,yyy(:,3),'k');

  title('Difference between the analytical results and numerical results(Self - de-
    veloped RK4)')
legend('dx','dy','dz')
xlabel('time(min)')
ylabel('d_position(m)')
subplot(2,1,2)
plot(T/60.0,yyy(:,4));
hold on
plot(T/60.0,yyy(:,5),'r');
plot(T/60.0,yyy(:,6),'k');
legend('dxdot','dydot','dzdot')
  xlabel('time(min)')
ylabel('d_velocity(m/s)')
```

84

```
function ydot = yprimef( t,y)
% 计算考虑地球扁率后的卫星加速度,用于轨道积分

GM = 398600. 5e9;
J2 = 0. 00108263;
ae = 6378000;

ydoti = y(4:6);                % dr/dt
r = norm( y( 1:3));
r3 = r^3;                      % r = sqrt( x^2 + y^2 + z^2)
tt = 5 * ( y(3)/r)^2 - 1;
ydot2 = - GM/r3 * y(1:3). * ( ones(3,1) - 1.5 * J2 * ( ae/r)^2 * [ tt tt tt -2)' );
% end of function


function ydot = yprime( t,y)
% 计算地球中心引力引起的卫星加速度,用于轨道积分
GM = 398600. 5e9;
% y = [ r,v ]
ydotl = y(4:6);                % dr/dt

r3 = norm( y( 1:3)^3;          % r = sqrt( x^2 + y^2 + z^2)

ydot2 = - GM/r3 * y(1:3);      % dv/dt
ydot = [ ydotl '   ydot2' ]';  % ydot = [ v,a ]


% - - - - - - - - -gpstime. m - - - - - - - - -
function
[ week,wsec,dayoy,jd,m;d] = gpstime( year,month,day,hour,minute,second)
% - - - - - - - - - - - - - - - - - - - - - - - - - -
% GPSTTME. M
% 计算年积日,GPS 周和秒数,儒略日和改化儒略日
% - - - - - - - - - - - - - - - - - - - - - - - - - -
```

```
%  输入：年(4 位),月,日,时,分,秒
%  out：年积日,GPS 周和秒数,儒略日和改化儒略日
%
%  ––> proofed by Ashtech's TIMESYS. EXE(GPPS)
%  ––––––– ––––––––––––––––––––––––––––
```

```
if any(month( : ) > 12 │ month( : ) < 1)...
│ any(day( : ) > 31 │ day( : ) < 1)...
│ any(hour( : ) > 24 │ hour( : ) < 0)...
│ any(minute( : ) > 60 │ minute( : ) < 0)...
│ any(second( : ) > 60 │ second( : ) < 0),
```

```
        errordlg([' Break in ≫ time conversion ≪ :'...
            'Date or time is not plausible,'...
            'so the time conversion was stopped. Pleaser rpeat with valid. '],...
                'GPSLab: Break');
        return;
end
%  常数
gps_week_origin = 44244;          %  GPS 时起始时刻 MJD 44244. 0 = 0 UT
    6. 1. 1980(So)
count_of_days = [31,28,31,30,31,30,31,31,30,31,30,31];
```

```
ut = hour + minute/60 + second/3600;
```

```
jd = 367 * year − floor(7 * (year + floor((month + 9)/12))/4);
jd = jd + floor(275 * month/9) + day + 1721014 + ut/24 − 0. 5;
mid = jd − 2400000. 5;          %  改化儒略日
```

```
week = fix((mjd − gps_week_origin)/7);
wsec = (rem(mjd − gps_week_origin,7)) * 24 * 60 * 60;
```

```
% 年积日
dayoy = 0;
wkd_counter = 1;

while wkd_counter < month,
    dayoy = dayoy + count_of_days(wkd_counter);
    wkd_counter = wkd_counter + 1;
end

dayoy = dayoy + day;

if rem(year,4) = = 0 & month > 2
    dayoy = dayoy + 1;
end

% ------- 空间直角坐标转换为经纬度和高程 -------
function[lat,ion,h] = ecef2llh(x,y,z)
% function[lar,lon,h] = ecef2llh(x,y,z)
%
% Converts ECEF coordinates to latitude, longitude, height
%
% Input coordinates in meters. Output angles in degrees, height in meters.
%

a = 6378137.0;                    % m
b = 6356752.3142;
f = (a - b)/a;
e = sqrt(2 * f - f^2);

lon = atan2(y, x) * 180/pi;

h = 0;
N = a;
```

```
hold = 100 ;
while( abs( hold − h ) > 1e − 5 )
    hold = h ;
    sinphi = z／( N ∗ ( 1 − e^2 ) + h ) ;
    phi = atan( ( z + e^2 ∗ N ∗ sinphi )／( sqrt( x^2 + y^2 ) ) ) ;
    N = a／sqrt( 1 − e^2 ∗ sin( phi)^2 ) ;
    hN = sqrt( x^2 + y^2 )／cos( phi ) ;
    h = ( hN − N ) ;
end


lat = phi ∗ 180／pi ;
```

% 由 Mjd 计算年月日时分秒

```
function[ Year , Month , Day , Hour , Minute , Sec ] = CalDat( Mjd )
%          compute calendar date from Mid

    % Convert Julian day number to calendar date
        a = ( Mjd + 2400001. 0d0 ) ;

        if( a < 2299161 ) then          % Julian calendar
            b = 0 ;
            c = a + 1524 ;
        else                            % Gregorian calendar
            b = int( ( a − 1867216. 25d0 )／36524. 25 ) ;
            c = a + b − ( b／4 ) + 1525 ;
        end if

        d = int( ( c − 122. 1d0 )／365. 25 ) ;
            e = 365 ∗ d + d／4 ;
            f = int( ( c − e )／30. 6001d0 ) ;

        Day = c − e − int( 30. 6001d0 ∗ f ) ;
```

Month = f − 1 − 12 ∗ ( f/14 ) ;

Year = d − 4715 − ( ( 7 + Month )/10 ) ;

Hours = 24. 0 ∗ ( Mjd − floor( Mjd ) )

Hour = int( Hours )

x = ( Hours − Hour ) ∗ 60. 0

Minute = int( x )

Sec = ( x − Minute ) ∗ 60. 0

% 由改化儒略日计算 GPS 周和 GPS 秒

function[ GPSWeek , secondOfWeek ] = Mjd2GPST( Mjdt )

% purpose: compute gps time based on Mjdt ,

% 　　　　　 from Mjdt to gps week and second of week

JAN61980 = 44244. 0e0 ;　　% Mjd of GPS start

tmp = Mjdt − JAN61980 ;

GPSWeek = mod( tmp/7. 0d0 ,1024. 0d0 ) ;

secondOfWeek = ( tmp − ( dble( tmp/7. 0d0 ) ) ∗ 7 ) ∗ SECPERDAY ;

%% 计算平黄赤交角

function MeanObl = MeanObliquity( Mid_TT )

%% compute mean obliquity at a given epoch

%% Mjd_TT 需要计算的时刻

T = ( Mid_TT − 51544. 5d0 )/36525 ;

MeanObi = pi/180 ∗ ( 23. 43929111d0 − ( 46. 8150d0 + . . .

　　( 0. 00059d0 − 0. 001813d0 ∗ T ) ∗ T ) ∗ T/3600. 0d0 ) ;

% 计算将赤道坐标转换到黄道坐标的坐标转换矩阵

function EclMat = EciMatrix( Mid_TT )

eps = MeanObliquity( Mjd_TT)

$$EclMat = \begin{bmatrix} 1 & 0 & 0; \dots \\ 0 & \cos(eps) & \sin(eps); \dots \\ 0 & -\sin(eps) & \cos(eps) \end{bmatrix};$$

% 岁差矩阵

% Input/Output:

%

% Mid_1      Epoch givene( Modified Julian Date TT)

% MjD_2      Epoch to precess to( Modified Julian Date TT)

function PrecMat = PrecMatrix( Mjd_1 , Mjd_2 )

T = ( Mjd_1 – 51544. 5e0)/36525

dT = ( Mjd_2 – Mjd_1)/36525

Arcs = 180 * 3600/pi

% 岁差角

zeta = ( (2306. 2181d0 + (1. 39656d0 – 0. 000139d0 * T) * T) + ...

    ( (0. 30188d0 – 0. 000344d0 * T) + 0. 07998d0 * dT) * dT) *

    dT/Arcs

z = zeta + ( (0. 79280d0 + 0. 000411d0 * T) + 0. 000205d0 * dT) * dT * dT/Arcs

theta = ( (2004. 3109d0 – (0. 85330d0 + 0. 000217d0 * T) * T) – ...

    ( (0. 42665d0 + 0. 000217d0 * T) + 0. 041833d0 * dT) * dT) *

    dT/Arcs

$$Rz1 = \begin{bmatrix} \cos(z) & \sin(z) & 0; \dots \\ -\sin(z) & \cos(z) & 0; \dots \\ 0 & 0 & 1 \end{bmatrix};$$

$$Rth = \begin{bmatrix} \cos(theta) & 0 & -\sin(theta); \dots \\ 0 & 1 & 0; \dots \\ \sin(theta) & 0 & \cos(theta) \end{bmatrix};$$

$$Rz2 = \begin{bmatrix} \cos(zeta) & \sin(zeta) & 0; \dots \\ -\sin(zeta) & \cos(zeta) & 0; \dots \\ 0 & 0 & 1 \end{bmatrix};$$

PrecMat = Rz1 ' * Rth * Rz2 ;

```
function[ dpsi , deps ] = NutAngles( Mjd_TT)
% 算章动角
% 本程序计算章动角,可用于计算章动矩阵,见函数 NutMatrix,或潮汐摄动
% Author: YI Weiyong
% Zhengzhou,            8 Dec 2008
% Munich,               8 May 2009 revision
  rev = 360. 0 * 3600. 0d0 ;             % arcsec/rcvolution
  T = ( Mjd_TT − 51544. 5d0 )/36525 ;
  T2 = T * T ;
  T3 = T2 * T ;
  N_coeff = 106 ;
  Arcs = 180 * 360/pi ;


% Mean arguments of luni − solar motion
%
% 1    mean anomaly of the Moon
% 1'   mean anomaly of the Sun
% F    mean argument of latitude
% D    mean longitude elongation of the Moon from the Sun
% Om mean longitude of the ascending node


%
% 1 1' F D Om   dpsi   * T   deps   * T   #
%


  C_Coef = [
  0,   0,   0,   0,   1, − 1719960,  − 1742, 920250,   89 ; . . .   %   1
  0,   0,   0,   0,   2,    20620,       2,  − 8950,    5 ; . . .   %   2
 − 2,   0,   2,   0,   1,      460,       0,  − 240,     0 ; . . .   %   3
  2,   0, − 2,   0,   0,      110,       0,     0,      0 ; . . .   %   4
 − 2,   0,   2,   0,   2,     − 30,       0,    10,      0 ; . . .   %   5
  1, − 1,   0, − 1,   0,     − 30,       0,     0,      0 ; . . .   %   6
```

91

| | | | | | | | | | | |
|---|---|---|---|---|---|---|---|---|---|---|
| 0, | −2, | 2, | −2, | 1, | −20, | 0, | 10, | 0;... | % | 7 |
| 2, | 0, | −2, | 0, | 1, | 10, | 0, | 0, | 0;... | % | 8 |
| 0, | 0, | 2, | −2, | 2, | −131870, | −16, | 57360, | −31;... | % | 9 |
| 0, | 1, | 0, | 0, | 0, | 14260, | −34, | 540, | −1;... | % | 10 |
| 0, | 1, | 2, | −2, | 2, | −5170, | 12, | 2240, | −6;... | % | 11 |
| 0, | −1, | 2, | −2, | 2, | 2170, | −5, | −950, | 3;... | % | 12 |
| 0, | 0, | 2, | −2, | 1, | 1290, | 1, | −700, | 0;... | % | 13 |
| 2, | 0, | 0, | −2, | 0, | 480, | 0, | 10, | 0;... | % | 14 |
| 0, | 0, | 2, | −2, | 0, | −220, | 0, | 0, | 0;... | % | 15 |
| 0, | 2, | 0, | 0, | 0, | 170, | −1, | 0, | 0;... | % | 16 |
| 0, | 1, | 0, | 0, | 1, | −150, | 0, | 90, | 0;... | % | 17 |
| 0, | 2, | 2, | −2, | 2, | −160, | 1, | 70, | 0;... | % | 18 |
| 0, | −1, | 0, | 0, | 1, | −120, | 0, | 60, | 0;... | % | 19 |
| −2, | 0, | 0, | 2, | 1, | −60, | 0, | 30, | 0;... | % | 20 |
| 0, | −1, | 2, | −2, | 1, | −50, | 0, | 30, | 0;... | % | 21 |
| 2, | 0, | 0, | −2, | 1, | 40, | 0, | −20, | 0;... | % | 22 |
| 0, | 1, | 2, | −2, | 1, | 40, | 0, | −20, | 0;... | % | 23 |
| 1, | 0, | 0, | −1, | 0, | −40, | 0, | 0, | 0;... | % | 24 |
| 2, | 1, | 0, | −2, | 0, | 10, | 0, | 0, | 0;... | % | 25 |
| 0, | 0, | −2, | 2, | 1, | 10, | 0, | 0, | 0;... | % | 26 |
| 0, | 1, | −2, | 2, | 0, | −10, | 0, | 0, | 0;... | % | 27 |
| 0, | 1, | 0, | 0, | 2, | 10, | 0, | 0, | 0;... | % | 28 |
| −1, | 0, | 0, | 1, | 1, | 10, | 0, | 0, | 0;... | % | 29 |
| 0, | 1, | 2, | −2, | 0, | −10, | 0, | 0, | 0;... | % | 30 |
| 0, | 0, | 2, | 0, | 2, | −22740, | −2, | 9770, | −5;... | % | 31 |
| 1, | 0, | 0, | 0, | 0, | 7120, | 1, | −70, | 0;... | % | 32 |
| 0, | 0, | 2, | 0, | 1, | −3860, | −4, | 2000, | 0;... | % | 33 |
| 1, | 0, | 2, | 0, | 2, | −3010, | 0, | 1290, | −1;... | % | 34 |
| 1, | 0, | 0, | −2, | 0, | −1580, | 0, | −10, | 0;... | % | 35 |
| −1, | 0, | 2, | 0, | 2, | 1230, | 0, | −530, | 0;... | % | 36 |
| 0, | 0, | 0, | 2, | 0, | 630, | 0, | −20, | 0;... | % | 37 |
| 1, | 0, | 0, | 0, | 1, | 630, | 1, | −330, | 0;... | % | 38 |
| −1, | 0, | 0, | 0, | 1, | −580, | −1, | 320, | 0;... | % | 39 |
| −1, | 0, | 2, | 2, | 2, | −590, | 0, | 260, | 0;... | % | 40 |
| 1, | 0, | 2, | 0, | 1, | −510, | 0, | 270, | 0;... | % | 41 |
| 0, | 0, | 2, | 2, | 2, | −380, | 0, | 160, | 0;... | % | 42 |
| 2, | 0, | 0, | 0, | 0, | 290, | 0, | −10, | 0;... | % | 43 |
| 1, | 0, | 2, | −2, | 2, | 290, | 0, | −120, | 0;... | % | 44 |

| | | | | | | | | | |
|---|---|---|---|---|---|---|---|---|---|
| 2, | 0, | 2, | 0, | 2, | − 310, | 0, | 130, | 0;... % | 45 |
| 0, | 0, | 2, | 0, | 0, | 260, | 0, | − 10, | 0;... % | 46 |
| − 1, | 0, | 2, | 0, | 1, | 210, | 0, | − 100, | 0;... % | 47 |
| − 1, | 0, | 0, | 2, | 1, | 160, | 0, | − 80, | 0;... % | 48 |
| 1, | 0, | 0, | − 2, | 1, | − 130, | 0, | 70, | 0;... % | 49 |
| − 1, | 0, | 2, | 2, | 1, | − 100, | 0, | 50, | 0;... % | 50 |
| 1, | 1, | 0, | − 2, | 0, | − 70, | 0, | 0, | 0;... % | 51 |
| 0, | 1, | 2, | 0, | 2, | 70, | 0, | − 30, | 0;... % | 52 |
| 0, | − 1, | 2, | 0, | 2, | − 70, | 0, | 30, | 0;... % | 53 |
| 1, | 0, | 2, | 2, | 2, | − 80, | 0, | 30, | 0;... % | 54 |
| 1, | 0, | 0, | 2, | 0, | 60, | 0, | 0, | 0;... % | 55 |
| 2, | 0, | 2, | − 2, | 2, | 60, | 0, | − 30, | 0;... % | 56 |
| 0, | 0, | 0, | 2, | 1, | − 60, | 0, | 30, | 0;... % | 57 |
| 0, | 0, | 2, | 2, | 1, | − 70, | 0, | 30, | 0;... % | 58 |
| 1, | 0, | 2, | − 2, | 1, | 60, | 0, | − 30, | 0;... % | 59 |
| 0, | 0, | 0, | − 2, | 1, | − 50, | 0, | 30, | 0;... % | 60 |
| 1, | − 1, | 0, | 0, | 0, | 50, | 0, | 0, | 0;... % | 61 |
| 2, | 0, | 2, | 0, | 1, | − 50, | 0, | 30, | 0;... % | 62 |
| 0, | 1, | 0, | − 2, | 0, | − 40, | 0, | 0, | 0;... % | 63 |
| 1, | 0, | − 2, | 0, | 0, | 40, | 0, | 0, | 0;... % | 64 |
| 0, | 0, | 0, | 1, | 0, | − 40, | 0, | 0, | 0;... % | 65 |
| 1, | 1, | 0, | 0, | 0, | − 30, | 0, | 0, | 0;... % | 66 |
| 1, | 0, | 2, | 0, | 0, | 30, | 0, | 0, | 0;... % | 67 |
| 1, | − 1, | 2, | 0, | 2, | − 30, | 0, | 10, | 0;... % | 68 |
| − 1, | − 1, | 2, | 2, | 2, | − 30, | 0, | 10, | 0;... % | 69 |
| − 2, | 0, | 0, | 0, | 1, | − 20, | 0, | 10, | 0;... % | 70 |
| 3, | 0, | 2, | 0, | 2, | − 30, | 0, | 10, | 0;... % | 71 |
| 0, | − 1, | 2, | 2, | 2, | − 30, | 0, | 10, | 0;... % | 72 |
| 1, | 1, | 2, | 0, | 2, | 20, | 0, | − 10, | 0;... % | 73 |
| − 1, | 0, | 2, | − 2, | 1, | − 20, | 0, | 10, | 0;... % | 74 |
| 2, | 0, | 0, | 0, | 1, | 20, | 0, | − 10, | 0;... % | 75 |
| 1, | 0, | 0, | 0, | 2, | − 20, | 0, | 10, | 0;... % | 76 |
| 3, | 0, | 0, | 0, | 0, | 20, | 0, | 0, | 0;... % | 77 |
| 0, | 0, | 2, | 1, | 2, | 20, | 0, | − 10, | 0;... % | 78 |
| − 1, | 0, | 0, | 0, | 2, | 10, | 0, | − 10, | 0;... % | 79 |
| 1, | 0, | 0, | − 4, | 0, | − 10, | 0, | 0, | 0;... % | 80 |
| − 2, | 0, | 2, | 2, | 2, | 10, | 0, | − 10, | 0;... % | 81 |
| − 1, | 0, | 2, | 4, | 2, | − 20, | 0, | 10, | 0;... % | 82 |

```
    2,   0,   0,  -4,   0,      -10,    0,     0,   0;... %  83
    1,   1,   2,  -2,   2,       10,    0,   -10,   0;... %  84
    1,   0,   2,   2,   1,      -10,    0,    10,   0;... %  85
   -2,   0,   2,   4,   2,      -10,    0,    10,   0;... %  86
   -1,   0,   4,   0,   2,       10,    0,     0,   0;... %  87
    1,  -1,   0,  -2,   0,       10,    0,     0,   0;... %  88
    2,   0,   2,  -2,   1,       10,    0,   -10,   0;... %  89
    2,   0,   2,   2,   2,      -10,    0,     0,   0;... %  90
    1,   0,   0,   2,   1,      -10,    0,     0,   0;... %  91
    0,   0,   4,  -2,   2,       10,    0,     0,   0;... %  92
    3,   0,   2,  -2,   2,       10,    0,     0,   0;... %  93
    1,   0,   2,  -2,   0,      -10,    0,     0,   0;... %  94
    0,   1,   2,   0,   1,       10,    0,     0,   0;... %  95
   -1,  -1,   0,   2,   1,       10,    0,     0,   0;... %  96
    0,   0,  -2,   0,   1,      -10,    0,     0,   0;... %  97
    0,   0,   2,  -1,   2,      -10,    0,     0,   0;... %  98
    0,   1,   0,   2,   0,      -10,    0,     0,   0;... %  99
    1,   0,  -2,  -2,   0,      -10,    0,     0,   0;... % 100
    0,  -1,   2,   0,   1,      -10,    0,     0,   0;... % 101
    1,   1,   0,  -2,   1,      -10,    0,     0,   0;... % 102
    1,   0,  -2,   2,   0,      -10,    0,     0,   0;... % 103
    2,   0,   0,   2,   0,       10,    0,     0,   0;... % 104
    0,   0,   2,   4,   2,      -10,    0,     0,   0;... % 105
    0,   1,   0,   1,   0,       10,    0,     0,   0]  ;  % 106
```

l  = mod ( 485866.733d0  + ( 1325.0d0 * rev   + 715922.633d0 ) * T ...
+ 31.310 * T2   + 0.064 * T3 , rev );

lp = mod ( 1287099.804d0 + ( 99.0d0 * rev    + 1292581.224d0 ) * T ...
− 0.577 * T2   − 0.012 * T3 , rev );

F  = mod ( 335778.877d0  + ( 1342.0d0 * rev   + 295263.137d0 ) * T ...
− 13.257d0 * T2 + 0.011d0 * T3 , rev );

D  = mod ( 1072261.307d0 + ( 1236.0d0 * rev   + 1105601.328do ) * T ...
− 6.891 * T2   + 0.019d0 * T3 , rev );

Om = mod ( 450160.280d0  − ( 5.0d0 * rev     + 482890.539d0 ) * T ...
+ 7.455d0 * T2 + 0.008d0 * T3 , rev );


% Nutation in longitude and obliquity [ rad ]

```
deps = 0. 0d0 ;
dpsi = 0. 0d0 ;
for i = 1 : N_coeff
    arg   = (   ( C_Coef( i,1 ) ) * 1 + ( C_Coef( i,2 ) ) * lp + ( C_Coef( i,3 ) ) * F...
            + ( C_Coef( i,4 ) ) * D + ( C_Coef( i,5 ) ) * Om )/Arcs ;
    dpsi  = dpsi + (   ( C_Coef( i,6 ) ) + ( C_Coef( i,7 ) ) * T) * sin( arg ) ;
    deps  = deps + (   ( C_Coef( i,8 ) ) + ( C_Coef( i,9 ) ) * T) * cos( arg ) ;
    end
    dpsi = 1. 0D - 5 * dpsi/Arcs ;
    deps = 1. 0D - 5 * deps/Arcs ;


% - - - - - - - - - - - - - - - - - - - - - - - - - - - - - - - - - - - - -
% NutMatrix( 章动矩阵 )
%
% Purpose :
%
% Transformation from mean to true equator and equinox
%
% Input/Output :
%
% Mjd_TT      Modified Julian Date( Terrestrial Time )
% Return :    Nutation matrix
%
% - - - - - - - - - - - - - - - - - - - - - - - - - - - - - - - - - - - - -


function NutMat = NutMatrix( Mid_TT )

% Mean obliquity of the ecliptic

eps = MeanObliquity( Mjd_TT ) ;

% Nutation in longitude and obliquity
```

[dpsi,deps] = NutAngles (Mid_TT);

% Transformation from mean to true equator and cquinox
Rx1 = [1   0    0;...
        0 cos( – eps – deps) sin( – eps – deps);...
        0 – sin( – eps – deps) cos( – eps – deps)];

Rz1 = [cos( – dpsi)   sin( – dpsi)   0;...
        – sin( – dpsi) cos( – dpsi)   0;...
          0            0           1];
Rx2 = [1   0    0;...
        0 cos(eps) sin( eps );...
        0 – sin(eps) cos( eps)];
NutMat = Rx1 * Rz1 * Rx2;

% – – – – – – – – – – – – – – – – – – – – – – – – – – – – – – – – – –
% Purpose：
%
% 计算春分点运动方程
%
% Input/Output：
%
% Mjd_TT       Modified Julian Date(Terrestrial Time)
% < return >    Equation of the equinoxes
%
% Notes：
%
% 春分点方程 dpsi * cos(eps) 是平春分点相对于真赤道和真春分点的值
% 等于视恒星时和平恒星时的差,我们需要视恒星时做坐标转换
%
% – – – – – – – – – – – – – – – – – – – – – – – – – – – – – – – – – –

function EqnEqu = EqnEquinox( Mjd_TT)

% Nutation in longitude and obliquity

   [ dpsi, deps ] = NutAngles( Mid_TT ) ;

% Equation of the equinoxes

   EqnEqu = dpsi * cos( MeanObliquity( Mjd_TT ) ) ;

```
% --------------------------------------
%
% GMST
%
% Purpose:
%
% 计算格林尼治平恒星时(输出为弧度)
%
% Input/Output:
%
% Mjd_UT1        Modified Julian Date UT1
% < return >     GMST in [ rad ]
%
% --------------------------------------

function gmst = GMST ( Mjd_UT1 )

MJD_J2000 = 51544. 5d0;
DAYPERCentury = 36525. 0;
SECPERDAY = 86400;
% Mean Sidereal Time

Mid_0  = floor( Mjd_UT1 ) ;
UT1   = SECPERDAY * ( Mjd_UT1 - Mjd_0 ) ;          % [ s ]
```

```
T_0   = ( Mid_O   – MJD_J2000 )/DAYPERCentury;
T     = ( Mid_UT1 – MJD_J2000 )/DAYPERCentury;


gmst  = 24110. 54841d0 + 8640184. 812866d0 * T_0   ...
      + ( 1. 002737909350795d0 + ( 5. 9005d – 11 – 5. 9d – 15 * T ) * T ) *
        UT1   ...
      + ( 0. 093104d0 – 6. 2d – 6 * T ) * T * T;          % [ s ]
tmp   = gmst/SECPERDAY;
gmst  = pi * 2 * ( tmp – floor( tmp ) );                 % [ rad ],0. . 2pi


% – – – – – – – – – – – – – – – – – – – – – – – – – – – – – – – – – – – –
%
% GAST
%
% Purpose:
%
% 格林尼治视恒星时,用于计算地球自转矩阵
%
% Input/Output:
%
% Mjd_UT1 Modified Julian Date UT1
%  < return > GMST in [ rad ]
%
% – – – – – – – – – – – – – – – – – – – – – – – – – – – – – – – – – – – – – –
function gast = GAST ( Mjd_UT1 )
   gast = mod( GMST(Mjd_UT1) + EqnEquinox(Mjd_UT1),pi * 2 );
% – – – – – – – – – – – – – – – – – – – – – – – – – – – – – – – – – – – – – –
%
% GHAMatrix
%
% Purpose:
```

98

```
%
% 地球自转矩阵,由真赤道和真春分点坐标系转换到格林尼治坐标系
%
% Input/Output:
%
% Mjd_UT1 Modified julian Date UT1
% < return > Greenwich Hour Angle matrix
%
% ------------------------------------------------------
function GHAMat = GHAMatrix( Mjd_UT1 )
  z = GAST( Mjd_UT1 ) ;
  GHAMat = [ cos( z )   sin( z )   0;...
         - sin( z )   cos( z )   0;...
            0          0        1 ] ;
% ------------------------------------------------------
%
% PoleMatrix
%
% Purpose:
%
% 极移矩阵,由伪地固坐标系转换到地固坐标系
%
% Input/Output:
%
% Mjd_UTC Modified. Julian Date UTC
% < return > Pole matrix
%
% ------------------------------------------------------
function polMat = PoleMatrix ( xp,yp)
  Arcs      = 3600.0 * 180.0/pi;
  Ry =   [ cos( xp/Arcs)   0   sin ( xp/Arcs) ;...
              0            1      0;...
         - sin( xp/Arcs)   0   cos( xp/Arcs) ] ;
```

```
Rx =      [1    0    0;...
           0    cos( yp/Arcs)    – sin ( yp/Arcs) ;...
           0    sin( yp/Arcs)        cos( yp/Arcs) ] ;


   polMat = Ry * Rx ;
% --------------------------------------------------------
%
% EccAnom
%
% Purpose：
%
% 计算偏近点角,解开普勒方程
%
% Input/Output：
%
% M          Mean anomaly in [ rad ]
% e          Eccentricity of the orbit [ 0,1 ]
%  < return > Eccentric anomaly in rad ]
%
% --------------------------------------------------------
function Ecc = EccAnom ( M,e)

   maxit = 20 ;
   eps = 1. 0d – 13 ;
   M = mod( M,pi * 2) ;
   if ( e < 0. 8)
        Ecc = M ;
   else
        Ecc = pi :
   end

% Iteration
   i = 0 ;
```
100

```
f = 1. 0d0;
  while( abs( f) > eps)
    f = Ecc - e * sin( Ecc) - M;
    Ecc = Ecc - f/( 1. 0 - e * cos( Ecc) );
    i = i + 1;
    if ( i > = maxit)
      disp(' Warning: convergence problems in EccAnom');
       break
    end
  end


function hsky = skyplot2( azim, elev, line_style)


% ( SKYPLOT: Polar coordinate plot using azimuth and elevation data.
%           SKYPLOT( AZIM, ELEV) makes a polar plot of the azimuth
%           AZIM [ deg] versus the elevation ELEV [ deg].
%           Negative elevation is allowed.
%           Azimuth is counted clock wise from the North.
%           SKYPLOT( AZIM, ELEV, S) uses the linestyle, specified
%           in the string S ( Default: ' * ').
%           See PLOT for a description of legal linestyles. )
%               根据方位角和高度角画星空图
% SKYPLOT2 is identical to SKYPLOT;
%           exceptions:
%               - FNANMAX instead of MAX ( line 57)
%               - no additional modification of the axes ( line 105)
%
%       See also POLAR
%       revised from SatSoft
% Checks and stuff
if isstr( azim)  | isstr( elev)
    error('Input arguments must be numeric. ');
end
```

```
if any( size( azim) ~ = size( elev) )
    error('AZIM and ELEV must be the same size. ') ;
end
if any( elev >90 | elev < -90)
    error('ELEV within [ -90;90] [ deg]. ')
end
if nargin <2
    error('Requires 2 or 3 input arguments. ')
elseif nargin = =2
    line_style = ' * ';
end


% get hold state
cax = newplot;
next = lower( get( cax , 'NextPlot') ) ;
hold_state = ishold;


% get x - axis text color so grid is in same color
tc = get( cax , 'xcolor') ;


% only do grids if hold is off
if ~ hold_state


% make a radial grid
    hold on;
% check radial limits and ticks
    zenmax = fnanmax( 90 - elev( :) ) ;
    zenmax = 15 * ceil( zenmax/15) ;
    elinax = 90;
% define a circle
    az    = 0:pi/50:2 * pi;
    xunit = sin( az) ;
    yunit = cos( az) ;
```

```
%  make solid circles each 30 deg,and annotate.
%  The horizon (elev = 0) is made thicker.
%  Inbetween,and below horizon only dotted lines.
   for i = [30 60]
      plot (xunit * i,yunit * i,' - ','color' ,tc ,'linewidth',1);
   end
   i = 90;plot(xunit * i,yunit * i,' - ' ,'color',tc,'linewidth',2);
   for i[15:30:75 105:15:zenmax]
      plot(xunit * i,yunit * i,':','color' ,tc,'linewidth' ,1):
   end
   for i = 30:30:zenmax
      text(0,i,[''num2str(90 - i)] ,'verticalalignment','bottom');
   end


%  plot spokes
   az = (1:6) * 2 * pi/12;                          %  define half circle
   caz = cos(az);
   saz = sin(az);
   ca = [ - caz;caz];
   sa = [ - saz;saz];
   plot (elmax * ca,elmax * sa,' - ','color' ,tc,'linewidth',1);
   if zenmax > elmax
      plot(zenmax * ca,zenmax * sa,':','color',tc,'linewidth',1);
   end


%  annotate spokes in degree
   rt = 1. 1 * elmax;
   for i = 1:length(az)
      loci = int2str(i * 30);
      if i = = length(az)
         loc2 = int2str(0);
      else
```

```
        loc2 = int2str(180 + i * 30);
    end
    text(rt * saz(i),rt * caz(i),loc1,'horizontalIalignment','center');
    text( - rt * saz(i), - rt * caz(i),loc2,'horizontalalignment','center');
  end
% brush up axes
  view(0,90);


end


% transform data to Cartesian coordinates.
yy = (90 - elev). * cos(azim/180 * pi);
xx = (90 - elev). * sin(azim/180 * pi);
% plot data on top of grid
q = plot(xx,yy,line_style);
if nargout > 0,hsky = q;end


if ˜ hold_state
  axis('equal')
  axis('off')
end


% reset hold state
if ˜ hold_state,set(cax,'NextPlot',next);end
% ------------------- end function -----------------------
% ------------------------------------------------------
%
% State
%
% Purpose:
%
%   由卫星轨道根数计算卫星位置和速度
%
```

% Input/Output:

%

% GM            Gravitational coefficient

%               (gravitational constant * mass of central body)

% Kep           Keplerian elements (a,e,i,Omega,omega,M) with

%               a       Semimajor axis

%               e       Eccentricity

%               i       Inclination [rad]

%               Omega   Longitude of the ascending node [rad]

%               omega   Argument of pericenter [rad]

%               M       Mean anomaly at epoch[rad]

% dt            Time since epoch

% <return>      State vector (x,y,z,vx,vy,vz)

%

% Notes:

% The semimajor axis a = Kep(0),dt and GM must be given in consistent units,

% e.g. [m],[s] and [m^3/s^2]. The resulting units of length and velocity

% are implied by the units of GM,e.g. [m] and [m/s].

%

% ------------------------------------------------------------

function rv = State (GM,Kep,dt)

    % Keplerian elements at epoch

a = Kep(1);

e = Kep(2);

i = Kep(3)  ;

Omega = Kep (4);

omega = Kep(5);

MO    = Kep(6);


% Mean anomaly


if (dt ==0.0d0)

    M = M0;

```
else
    n = sqrt ( GM/( a * a * a) ) ;
    M = M0 + n * dt ;
end
```

% Eccentric anomaly

Ecc = EccAnoni( M,e )  ;

cosE = cos( Ecc )  ;
sinE = sin( Ecc) ;

% Perifocal coordinates

fac = sqrt ( ( 1. 0 − e) * ( 1. 0 + e)  ) ;

R = a * ( 1. 0 − e * cosE) ;    % Distance
V = sqrt( GM * a)/R ;          % Velocity

r1 = [ a * ( cosE − e) ,a * fac * sinE ,0. 0d0] ;
v1 = [ − V * sinE  , + V * fac * cosE,0. 0d0] ;

% Transformation to reference system( Gaussian vectors)
R3Omega =    [ cos( Omega)    sin( Omega)    0;...
               − sin( Omega)    cos( Omega)    0;...
                    0                0          1] ;
R1i =    [1      0          0;...
          0    cos( i)    sin( i)  ;...
          0    − sin( i)    cos( i) ] ;
R3omega =    [ cos( omega)    sin( omega)    0;...
               − sin( omega)    cos( omega)    0;...
                    0                0          1] ;
```
```

```
PQW = R3omega' * R1i' * R3omega';

r1 = PQW * r1'
v1 = PQW * v1'

% State vector
  rv(i:3) = r1;
  rv(4:6) = v1;

function inc = sunsync(semax,ec)
```

% SUNSYNC(semax,ecc) 由轨道长半轴和离心率计算太阳同步卫星轨道的倾角.

```
%
% yiweiyong
% Munich
% May 01,2009


% Defaults and checks
if nargin == 1, ecc = 0; end              % Default: circular orbit
if isscalar(ecc), ecc = ecc * ones(size(semax)); end
if size(semax) ~ = size(ecc), error('Input arrays don''t match'), end


% Initializations
year  = 365. 25 * 24 * 60 * 60;           % 'Definition' of year.
radot = 2 * pi/year;          % Sun - synchronous ang. freq.
GM = 398600. 5e9;
J2 = 0. 00108263;
ae = 6378000;


n      = sqrt(GM./semax.^3);          % Kepler's 3rd
factor = -3/2 * J2 * n. * (ae./semax).^2./(1 - ecc.^2).^2;
cosi   = radot./factor;
```

inc　　= acos( cosi) * 180/pi;

function [ Az,El,r] = topocent( X,dx)
% TOPOCENT　　将坐标差 dx 转换到当地水平坐标系
%　　　　　　　原点位于 X.
%　　　　　　　输入参数为 3 × 1 向量.
%　　　　　　　Output：r　　　dx 的长度
%　　　　　　　　　　　Az　　方位角(度)
%　　　　　　　　　　　El　　高度角(度)
% YI Weiyong
% Munich,2009

dtr = pi/180;
[ phi,lambda,h] = ecef2llh( X(1),X(2),X(3));
cl = cos( lambda * dtr);sl = sin( lambda * dtr);
cb = cos( phi * dtr);sb = sin( phi * dtr);
F =　　[ – sl　　– sb * cl　　cb * cl;
　　　　　cl　　– sb * sl　　cb * sl;
　　　　　0　　　　cb　　　　sb];
local_vector = F' * dx;
E = local_vector(1);
N = local_vector(2);
U = local_vector(3);
hor_dis = sqrt( E^2 + N^2);
if hor_dis < 1. e – 20
　　Az = 0;
　　El = 90;
else
　　Az = atan2 (E,N) /dtr;
　　El = atan2( U,hor_dis)/dtr;
end
if Az < 0

```
    Az = Az + 360 ;
end
r = sqrt( dx( 1 )^2 + dx( 2 )^2 + dx( 3 )^2 ) ;
% % % % % % % %  end topocent. m % % % % % % % %

function [ p,dp,ddp ] = pdpddp ( lmax,m,th )

% SUBROUTINE pdpddp( dat,LMAX,m,W,ct,st,p,dp,ddp )
% 计算球谐函数,用于计算卫星摄动力等其它相关量
%
% Input：
%        lmax  – 最大阶数
%        m     – 谐函数次数
%        th    – 纬度( 弧度 )
%
% Output：p – matrix with size LMAX + 1 x nt
%              p( 0:m,: ) contains the P_xx from P_00 to P_mm
%              p( m + 1:LMAX,: ) contains P from P_m + 1,m to P_lm
%        dp – first derivatives of p
%        ddp – second derivatives of p

% ! variables
p   = zeros( length( th ),lmax + 1 ) ;
dp  = zeros( length( th ),lmax + 1 ) ;
ddp = zeros( length( th ),lmax + 1 ) ;
p( :,1 ) = 1 ;

st = sin( th ) ;
ct = cos( th ) ;

% ! calculation up to Pmm
for l = 1 :m
  if ( l == 1 )  W( 2 ) = sqrt( 3 ) ; else W( 1 + 1 ) = sqrt( ( 2. 0 * 1 + 1 )/2. 0/
```

1 ) ; end
  p( : ,l + 1 ) = W( l + 1 ) * st. * p( : ,1 ) ;
  dp( : ,l + 1 ) = W( l + 1 ) * ( ct. * p( : ,1 ) + st. * dp( : ,1 ) ) ;
  ddp( : ,l + 1 ) = W( l + 1 ) * ( st. * ( ddp( : ,1 ) − p( : ,1 ) ) + 2. D0 * ct. * dp
( : ,1 ) ) ;
end
% ! calculation of Pm + 1 ,m
if ( lmax > m ) ,
  W( m + 2 ) = sqrt ( 2. 0 * m + 3. 0 ) ;
  p( : ,m + 2 ) = W( m + 2 ) * ct. * p( : ,m + 1 ) ;
  dp( : ,m + 2 ) = W( m + 2 ) * ( − st. * p( : ,m + 1 ) + ct. * dp( : ,m + 1 ) ) ;
  ddp( : ,m + 2 ) W( m + 2 ) * ( ct. * ( ddp( : ,m + 1 ) − p( : ,m + 1 ) ) − 2. D0
* st. * dp( : ,m + 1 ) ) ;
end
% ! calculation up to Plm
if ( lmax > m + 1 )
  for l = m + 2 ; lmax
    W( l + 1 ) = sqrt( ( 2. 0 * l + 1 ) * ( 2. 0 * l − 1 )/( l + m )/( l − m ) ) ;
    p( : ,l + 1 ) = W( l + 1 ) * ( ct. * p( : ,l ) − p( : ,l − 1 )/W( l ) ) ;
    dp( : ,l + 1 ) = W( l + 1 ) * ( − st. * p( : ,l ) + ct. * dp( : ,l ) − dp( : ,l −
1 )/W( l ) ) ;
    ddp( : ,l + 1 ) = W( l + 1 ) * ( ct. * ( ddp( : ,l ) − p( : ,l ) ) − 2. D0 * st. * dp
             ( : ,l )
             − ddp( : ,l − 1 )/W( l ) ) ;
  end
end
% end of function

% 近点角演示 ————— kepler. m —————

% Revision: 2008 − 03 − 05. By YI Weiyong
function res = kepler( arg1 ,arg2 ,arg3 )
e = 0. 7 ;

110

```
if exist('arg1') && arg1 > = 0 && arg1 < 1
    e = arg1 ;
end
N = 250 ;
if exist('arg2') && arg2 > = 110 && arg2 < 333
    N arg2 ;
end
loop 5 ;
if exist('arg3') && arg3 > = 0 && arg3 < 11
    loop = arg3 ;
end

close all
a. 5 ;
c = a * e ;
b = sqrt( a^2 - c^2 ) ;
M = linspace (0,2 * pi,N) ;
Ef = inline( 'M - E + e * sin( E )','E','e','M') ;
clear E
warning off

E(1) = fsolve( Ef,M(1),eps,e,M(1)) ;              % for sake of compability
for i = 2:N
    E(i) = fzero( Ef,E(i - 1),eps,e,M(i)) ;       % for sake of compability
end
warning on
theta = unwrap (2 * atan (sqrt ( (1 + e)/(1 - e) ) * tan (E/2))) ;

hold on
outstop = uicontrol('style','toggle','string','pause') ;

plot( a * cos( E ),a * sin( E ))
plot( a * cos( E ),b * sin( E ))
```

111

```
plot( - c,0,'rx',c,0,'rx')
plot([ - a   a],[0   0],'g:')
h[ ];
axis(.5 * [ -1   1   -1   1])
axis square
for j = 1:loop
  for i = 1:length(M)
    delete (h)
    r = a * (1 - e^2)./(1 + e * cos(theta(i)));
    x = r * cos(theta(i)) ;y = r * sin(theta(i));
    h = plot(c + [0   x],[0   y],'k',...          % true anomaly
      c + x,y,'ko',...
      c + .05 * cos(theta(1:i)),.05 * sin(theta(1 :i)),'b',..
      [0   a * cos(E(i))],[0   a * sin(E(i))],'k',... % eccentric anomaly
      a * cos(E(i)) * [1   1],[a * sin(E(i)) 0],'k:',...
      .05 * cos(E(1:i)),.05 * sin(E(1:i)),'b',...
      [0   a * cos(M(i))],[0   a * sin(M(i))],'r',...% mean anomaly
      .08 * cos(M(1:i)),.08 * sin(M(1:i)),'m');
    drawnow
    pause (0.05);
    if get(outstop,'value') == 1
      pause
    end
  end
end
figure,plot(M,theta,M,E),xlabel M,legend('\theta','E')
% end of script = = = = = = = = = = = = = = = =
```

# 练 习 题

1. 编写程序 kep2cart. m,功能是实现由开普勒根数计算卫星位置和速度。

2. 用本书提供的 matlab 文件画出各种卫星的星下点轨迹图。

3. 假设 GPS 卫星轨道为圆轨道,其高度为 20200km,地球半径为 6371km,试计算 GPS 卫星的速度和周期。如果高度为 500km,卫星速度和周期又为多少?

4. 画图说明二体问题轨道根数的物理意义和几何意义。

5. 如何由卫星的位置和速度向量计算开普勒轨道根数,写出计算过程和公式?

6. 假设现在要设计一颗半长轴为 687138m,离心率为 0.013 的太阳同步轨道,其倾角应为多少?

# 第四章 GNSS 信号

GPS 卫星发射两个用于导航定位的载波信号，即 $f_{L1} = 10.23 \times 154\,\text{MHz}$ 和 $f_{L2} = 10.23 \times 120\,\text{MHz}$。在 GPS 现代化后将有第三个用于导航定位的载波信号，即 $f_{L5} = 10.23 \times 115\,\text{MHz}$。另外，GPS 卫星还发射 $f_{L3} = 10.23 \times 135\,\text{MHz}$，$f_{L4} = 1379.913\,\text{MHz}$ 两个频率的信号，用于探测地面核爆。由于我们只考虑单频导航的情况，因此这里只对 L1 载波上的 C/A 码进行研究。

GPS 发射的信号包含了如下三个部分：

（1）载波信号，即 L1 和 L2；

（2）导航电文（D），包含了卫星轨道和卫星钟的信息，电离层以及卫星的粗略历书信息；

（3）扩频码序列，每颗卫星有两个扩频码序列。其一为粗捕获码（Coarse Acquisition Code，C/A 码），另一个为加密的精密测距码（P（Y）码）。C/A 码每个码周期为 1023 个码元，每个周期对应 1ms。P 码码长为 $2.3547 \times 10^{14}$，其周期约为 266 天，略多于 38 个星期。

随着 GNSS 技术的发展以及导航系统的增加，用于卫星导航的频段非常拥挤，如何利用有限的频段实现尽可能多的导航信号是信号设计要解决的问题。

## 第一节 GPS 信号

卫星发射的信号都是由一个基准频率 10.23MHz 产生的，如图 4.1 所示。卫星钟信号的基准频率为 10.23MHz。为了消除广义相对论的影响，卫星钟的实际基准频率调整为

114

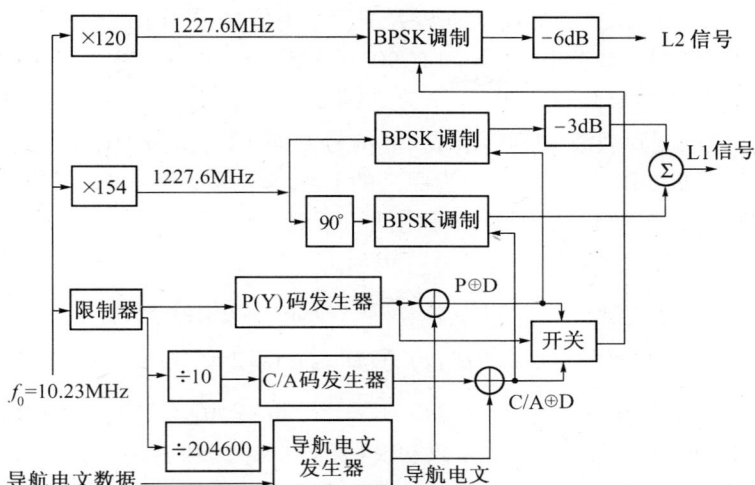

图 4.1 GPS 卫星信号产生的原理图

10.2299999954MHz。经 154 倍频和 120 倍频后,产生了 L1 载波和 L2 载波。限制器用于稳定码发生器的频率。导航电文发生器产生导航电文。伪随机码和导航电文利用 P(Y)码发生器的 X1 信号实现同步。50b/s 的数据首先同时与 C/A 码和 P(Y)码叠加,然后才调制 L1 载波频率和 L2 载波频率。这个叠加过程是一个异或(模 2 和)运算过程,记为 $\oplus$。

码发生器产生的伪随机码与导航电文进行模 2 和。其运算规则如表 4.1 所列。

表 4.1 模 2 和运算与乘法运算

| 模 2 和运算 | | 输出 | 乘法运算 | | 输出 |
|---|---|---|---|---|---|
| 输入 | | 输出 | 输入 | | 输出 |
| 0 | 0 | 0 | 1 | 1 | 1 |
| 0 | 1 | 1 | 1 | −1 | −1 |
| 1 | 0 | 1 | −1 | 1 | −1 |
| 1 | 1 | 0 | −1 | −1 | 1 |

由表 4.1 可看出,模 2 和运算与乘法运算是对应的,在软件接收机中很多情况下采用乘法运算代替模 2 和运算。

　　C/A 码信号和导航数据以及 P(Y)码信号采用 BPSK 调制方式调制在 L1 载波上,相互间有 90°的相位差。P(Y)码与相应导航电文的功率降低 3dB 后,与 C/A 码信号及对应的导航电文相加,再调制到载波 L1 上,形成 L1 信号。而 L2 上的 P(Y)码的功率则降低 6dB,及功率降低为原来的 1/4,这就是为什么 L2 信号的信噪比相对于 L1 信号的信噪比低的原因。

　　从而,卫星 $k$ 发射的信号可表示为

$$s^k(t) = \sqrt{P_C}C^k(t) \oplus D^k(t)\cos(2\pi f_{L1}t) +$$
$$\sqrt{P_{PL1}}P^k(t) \oplus D^k(t)\sin(2\pi f_{L1}t) +$$
$$\sqrt{P_{PL2}}P^k(t) \oplus D^k(t)\sin(2\pi f_{L2}t), \qquad (4.1)$$

式中: $P_C$、$P_{L1}$ 和 $P_{L2}$ 为 C/A 码和 P 码的功率; $C^k$ 和 $P^k$ 分别为卫星 $k$ 的 C/A 码和 P 码序列; $D^k$ 为导航电文。

　　载波和伪随机码信号以及导航电文调制的示意图如图 4.2 所示。

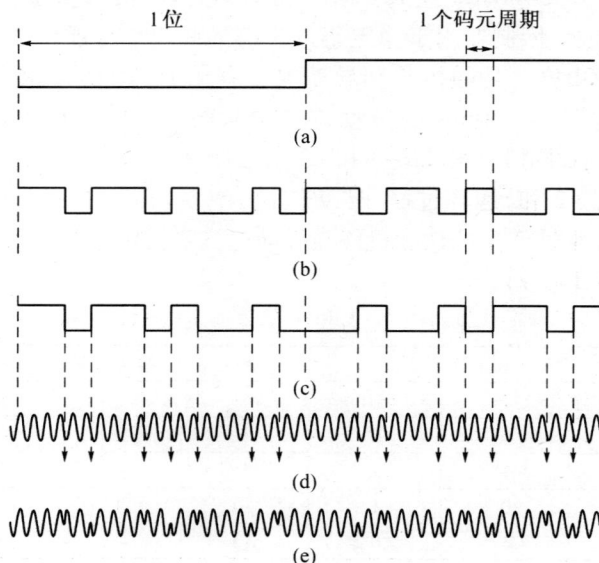

图 4.2　信号示意图

(a) 数据位;(b) C/A 码序列;(c) 数据位 ⊕ C/A 码;(d) 载波;(e) 调制后的载波。

C/A 码与导航电文进行摸 2 和后,调制到载波上,调制后的载波经卫星天线发射给用户。GPS 卫星的 C/A 码、P(Y)码和导航电文以及载波的相位是锁定在一起的,即由同一个振荡器驱动。

## 1. C/A 码

GPS 卫星发射的伪随机码信号是具有噪声统计特性的确定性信号。C/A 码是调制在 L1 载波上的测距码,属于 Gold 码序列族。由于其类似噪声的特性,有时又称为伪随机噪声序列(PRN)。Gold 码由线性反馈移位寄存器产生。对于长度为 $n$ 的寄存器,可产生周期为 $N = 2^n - 1$ 的伪随机码。

Gold 码是两个最长码序列之和。GPS 采用的寄存器长度为 $n = 10$,一个周期内有 $2^n - 1 = 1023$ 个码元,一个码周期为 1ms,所以,一个码元对应的时间为 1ms/1023 = 977.5ns,约为一个 μs,对应的无线电波传播的距离约为 300m。

如图 4.3 所示,Gold 码由 X1 和 X2 两个长度均为 10 的移位寄存器输出的模 2 和产生。不同的卫星在 X2 寄存器上选择不同

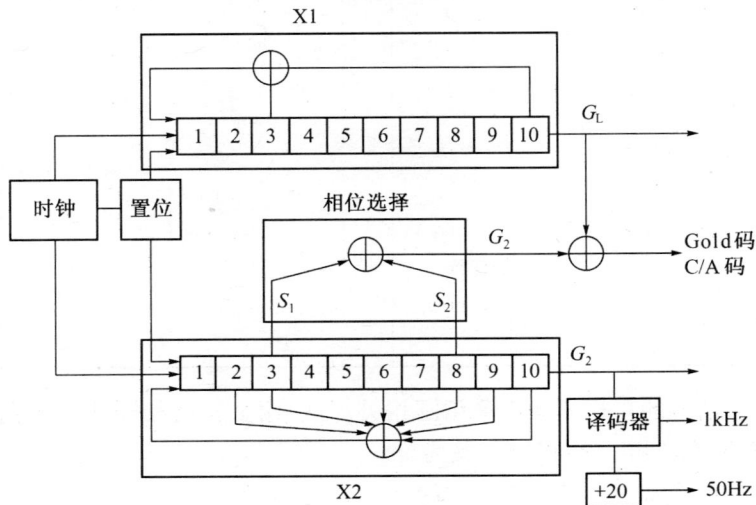

图 4.3 C/A 码产生过程

的相位。

由 1.023MHz 的时钟脉冲驱动两个移位寄存器,寄存器内部的数据向右移位。X1 寄存器的第 1 位由第 3 位和第 10 位的模 2 和来填充,用多项式表示为 $f(x) = 1 + x^3 + x^{10}$。而 X2 寄存器的第 1 位由第 2 位、第 3 位、第 6 位、第 8 位、第 9 位、第 10 位的模 2 和来填充,用多项式表示为 $f(x) = 1 + x^2 + x^3 + x^6 + x^8 + x^9 + x^{10}$。在 X2 寄存器中选择两个位的模 2 和作为其输出,与 X1 寄存器进行模 2 和运算,其输出作为 C/A 码。

寄存器输出的序列在一个周期内有 512 个 1 和 511 个 0,并且程随机分布的状态,这样产生的伪随机码是确定性的、可重复的并且具有噪声的统计特性的信号。其重要的特性即自相关和互相关特性。表 4.2 列出了位数为 $n$ 的寄存器产生的伪随机码相关运算可能取得的值。

表 4.2　Gold 码互相关和自相关输出及概率

| 码周期 | 寄存器位数 | 互相关正规化输出 | 概率 |
|---|---|---|---|
| $P = 2^n - 1$ | $n$ 为奇数 | $-\dfrac{2^{(n+1)/2} + 1}{P}$ | 0.25 |
| | | $-\dfrac{1}{P}$ | 0.5 |
| | | $\dfrac{2^{(n+1)/2} + 1}{P}$ | 0.25 |
| $P = 2^n - 1$ | $n$ 为偶数 | $-\dfrac{2^{(n+2)/2} + 1}{P}$ | 0.125 |
| | | $-\dfrac{1}{P}$ | 0.75 |
| | | $\dfrac{2^{(n+2)/2} + 1}{P}$ | 0.125 |

信号的自相关运算采用圆相关算法,两个长度相同的码序列信号 $x(n)$ 和 $y(n)$ 的圆相关为

$$z(n) = \sum_{m=0}^{N-1} x(m)y(m+n) \tag{4.2}$$

圆相关的计算过程示意图如图 4.4 所示。其计算过程可想象为,将两个信号分别卷成两个圆,计算两个圆上的数据的乘积并取和,旋转其中一个圆,重复乘积和取和运算,直到旋转的那个圆旋转了 1 周。

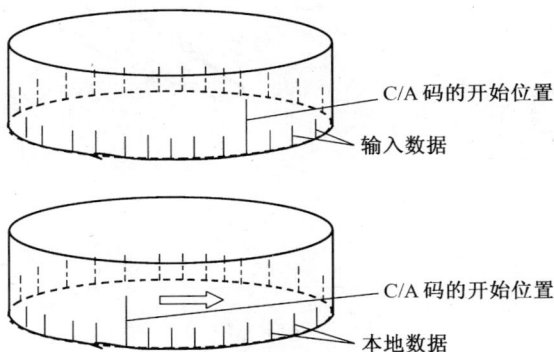

图 4.4 圆相关过程示意图

C/A 码的自相关和互相关结果如图 4.5 所示。

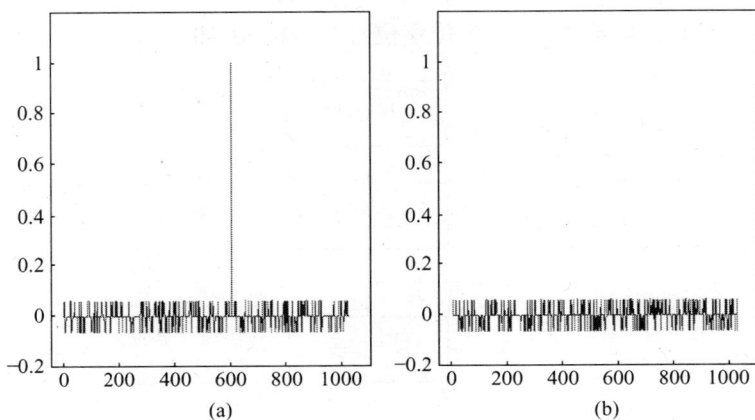

图 4.5 C/A 自相关和互相关的结果

(a) PRN 序列的自相关结果;(b) PRN 序列的互相关结果。

C/A 码信号的功率谱如图 4.6 所示,可见其功率主要分配在 0Hz ~ 1MHz 之间,不像正弦信号那样只分布在某一个频率上,这就是扩频通信定义的由来。

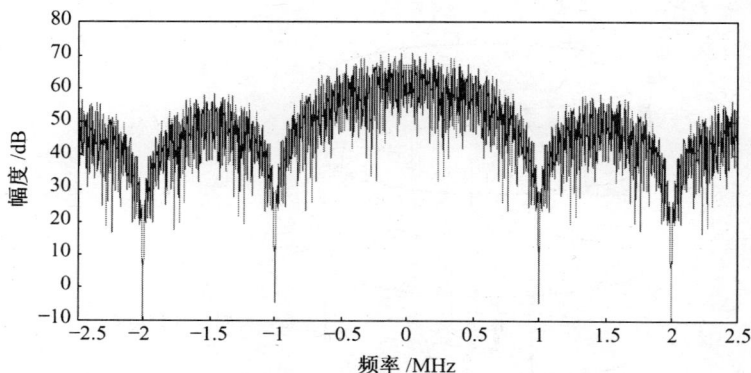

图 4.6　C/A 码的功率谱($f_s = 5\text{MHz}$)

## 2. P 码

P 码发生器由两个 12 位移位寄存器构成,如图 4.7 所示。

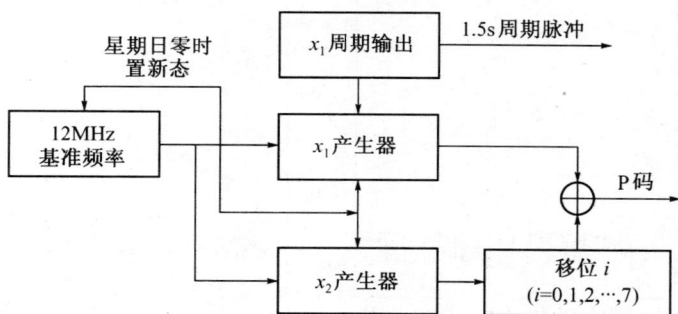

图 4.7　P 码产生原理

12 位移位寄存器产生两个 m 序列。将其分别截短为 4092 位的 $x_{1a}$ 和 4093 位的 $x_{1b}$。再将两个截短码进行模 2 和得到周期为

4092X4093 位的长周期码。对这个结果再进行截短,截出周期为
1.5s、长度为 $N_1 = 15.345 \times 10^6$ 的 $x_1$ 序列。

用类似的方法产生长度为 $N_2 = 15.345 \times 10^6 + 37$ 的 $x_2$ 序列。

由 $x_1$ 与 $x_2$ 的乘积码构成 P 码,其码长为

$$N = N_1 \times N_2 = 235469592765000$$

相应的周期为

$$T = \frac{N}{10.23 \times 10^6 \times 86400} = 266.4 \text{ 天} \approx 38 \text{ 星期}$$

乘积码 $x_1(t)x_2(i + it_0)$ 中,$i$ 的取值可为 $0,1,\cdots,36$ 共 37 种数值,所以,共可得到 37 种乘积码。截取乘积码中长度为 1 星期的一段,可得到 37 种不同结构、周期为 1 星期的 P 码。对 GPS 中的每颗卫星采用其中一种 P 码,则每颗卫星使不同的 P 码,实现了对卫星的码分多址。每周子夜零时将两个序列置为新态。

由于 P 码周期长,若对每个码元逐对依次搜索,当搜索速度为 50 码元/s 时,则需要 $14 \times 10^5$ 天。所以,对 GPS 信号都是先捕捉 C/A 码,然后再捕捉 P 码。随着技术的发展,目前已有可以直接捕获 P 码的方法和技术。

P 码的码元宽度为 $t_0 = 1/10.23 \times 10^6 \approx 0.097752\mu s$,相应的距离为 $ct_0 \approx 29.31m$。若两个码元对齐后的误差为码元宽度的 $1/100 \sim 1/10$,则利用 P 码的测距误差为 0.293m ~ 2.93m。可见,利用 P 码定位的精度比 C/A 高,因此又称为精码。

### 3. 导航电文

GPS 导航电文格式如图 4.8 所示。第 1 行为 1ms 的 C/A 码,1 个码元对应 0.977$\mu s$。第 2 行为数据率为 50Hz 的导航电文位,从而,1 个导航电文位对应 20ms 的 C/A 码信号。导航电文的 1 个字为 30 位,对应的长度为 600ms,如第 3 行所示。10 个字组成 1 个子帧,对应的时间是 6s,如第 4 行所示。第 5 行为

5 个子帧组成 1 个页(帧),需要的发送时间为 30s。25 个页(帧)形成一个超帧,需要 12.5min 才能发送一个完整的超帧,如第 6 行所示。

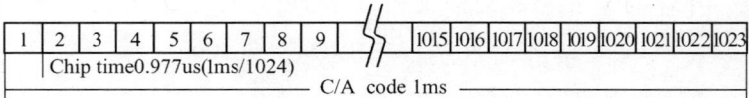

(a)

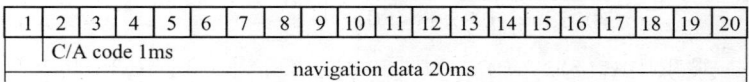

(b)

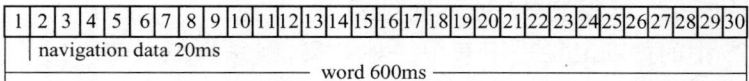

(c)

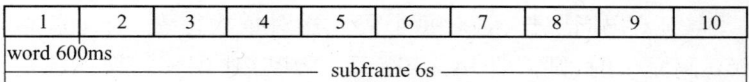

(d)

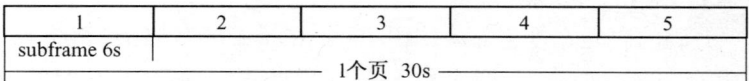

(e)

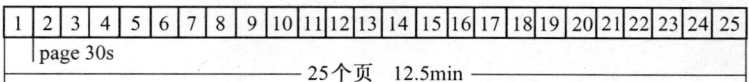

(f)

图 4.8 导航电文数据格式

第 1、第 2、第 3 子帧包含了与卫星钟和卫星星历有关的数据。第 4、第 5 子帧为电离层和卫星星座历书等信息。要进行导航定位,必须要解调出第 1 ~ 第 3 子帧的导航电文,即理论上接收机开机后至少要等 18 s 才能进行导航定位,但不同卫星的信号一般不会同时到达接收机,另外,一般也不会开机时刻就是第一子帧到达的时刻,因此,要进行导航定位,至少需要接收 30 s 的信号。

　　导航电文各子帧和超帧所包含的信息如图 4.9 所示。

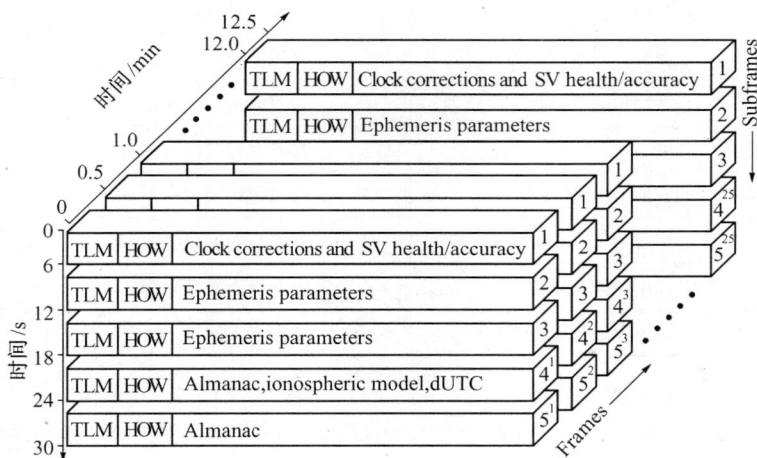

图 4.9　导航电文示意图

　　每个子帧的开头为遥测字(TLM),头 8 位为帧头,其值为 10001011,作为帧同步的标志位,为各子帧提供一个同步的起点,是捕获导航电文的前导,使用户便于解译电文数据;紧接开头的遥测字为交接字(HOW),主要是向用户提供捕获 P 码的 Z 计数。Z 计数是从每星期六/星期日子夜 0 时起算的时间计数,它表示下一子帧开始瞬间的 GPS 时。通过交接字,可以实时的了解观测瞬时在 P 码周期中所处的准确位置,以便迅速的捕获 P 码。

　　第 1 子帧包含了卫星钟有关的信息,如钟差和钟漂等,这些信息对计算导航电文的发射时刻非常重要,另外还有卫星的健康状况，即卫星发射的信号是否可信。

第 2 子帧和第 3 子帧为星历信息，用于计算卫星的位置，各参数如表 4.3 所列。

表 4.3　星历参数及其意义

| 参数 | 意　义 | 参数 | 意　义 |
|------|--------|------|--------|
| $\sqrt{A}$ | 轨道半长轴平方根 | $C_{rc}$ | 轨道半径余弦改正 |
| $M_0$ | 参考时刻平近点角 | $C_{is}$ | 轨道倾角正弦改正 |
| $\Delta n$ | 平均角速度变化率改正项 | $C_{ic}$ | 轨道倾角余弦改正 |
| $e$ | 离心率 | $i_0$ | 参考时刻倾角 |
| $\omega$ | 近地点辐角 | $\dot{i}$ | 轨道倾角变化率 |
| $C_{us}$ | 纬度辐角正弦改正 | $\Omega_0$ | 升交点赤经（GPS 周起始时刻） |
| $C_{uc}$ | 纬度辐角余弦改正 | $\dot{\Omega}$ | 升交点赤经变化率 |
| $C_{rs}$ | 轨道半径正弦改正 | $t_{oe}$ | 星历参考时刻 |

第四和第五子帧每 12.5min 重复一次。这两个子帧中包含了星座的历书信息，即精度比星历要低的卫星位置信息。另外，还包含了 UTC 参数、卫星健康状况参数以及电离层参数。

卫星导航电文的第 1 数据块是位于第 1 子帧的第 3 字 ~ 第 10 字，它的主要内容包括以下几部分：

（1）时延差改正 $T_{gd}$。时延差改正 $T_{gd}$ 就是载波 L1、L2 的电离层时延差。当使用单频接收机时，为了减小电离层效应影响，提高定位精度，要用 $T_{gd}$ 改正观测结果；双频接收机可通过 L1、L2 两项频率的组合来消除电离层效应的影响，不需要此项改正。

（2）数据龄期 IODC。卫星时钟的数据龄期 IODC 是时钟改正数的外推时间间隔，它指明卫星时钟改正数的置信水平，即

$$IODC = t_{0c} - t_i$$

式中：$t_{0c}$ 为数据块 I 的参考时刻；$t_i$ 是计算时钟改正参数所用数据的最后观测时间。

（3）星期序号 WN。WN 表示从 1980 年 1 月 6 日子夜 0 时

（UTC）起算的星期数，即 GPS 星期数。

（4）卫星时钟改正。GPS 时间系统是以地面主控站的主原子钟为基准。由于主控站主原子钟的不稳定性，使得 GPS 时间和 UTC 时间之间存在差值。地面监控通过监测确定出这种差值，并用导航电文播发给广大用户。

GPS 卫星的时钟相对 GPS 时间系统存在着差值，需加以改正，这便是卫星时钟改正，即

$$\Delta t_s = \alpha_0 + \alpha_1 (t - t_{0c}) + \alpha_2 (t - t_{0c})^2$$

式中：$\alpha_0$ 为卫星钟差（s）；$\alpha_1$ 为卫星钟速（s/s）；$\alpha_2$ 为卫星钟速变率（s/s²）。

卫星导航电文的第 2 数据块是位于第 2 子帧和第 3 子帧的第 3 字～第 10 字，它的主要内容如表 4.3 所列。

另外，还有 IODE（Issue of Ephemeris Data），指星历信号的龄期。这个参数用来判断星历在发送过程中是不是产生了跨周的现象。

第 3 数据块包括第 4 和第 5 两个子帧，其内容包括了所有 GPS 卫星的历书数据（或称为卫星日程表）和电离层延迟参数以及卫星工作状态和卫星识别码等信息。当接收机捕获到某颗 GPS 卫星信号后，根据第 3 数据块提供的其他卫星的历书、时钟改正、卫星工作状态等数据，用户可以选择工作正常、位置适当的可见卫星，并较快地捕获到所选择的卫星。

### 4. 多普勒频移

由于 GPS 卫星与用户接收机之间的相互运动，使得接收到的载波信号频率和伪随机码信号频率与名义上的值不一致，造成多普勒频移现象。卫星信号的多普勒频移为

$$\Delta f_d = \frac{v_r}{c} f_0 \tag{4.3}$$

式中：$f_0$ 为卫星发射信号的频率；$v_r$ 为卫星与接收机之间的相对

运动速度;$c$ 为光速;$\Delta f_d$ 为多普勒频移的值。

多普勒频移对信号的捕获和跟踪都会造成影响。在接收机的设计过程中,必须根据接收机的应用对频率捕获范围和频率跟踪能力作出估计。如现假设静态接收机 GPS 卫星高度为 20200km,对于 L1 为 1575.4MHz,最大多普勒频移为 ±5kHz。而对于高动态接收机,多普勒频移可高达 ±10kHz。

C/A 码的多普勒频移相对较小,因为其码频率比载波频率要小得多。C/A 码频率为 1.023MHz,比 L1 载波频率低 1575.4/1.023 = 1540 倍。相应的多普勒频移也比载波要小 1540 倍,即对于静态和高动态的情况分别为 4.2Hz 和 6.4Hz。

虽然 C/A 码的多普勒频移小,但也会造成本地码与接收到的 C/A 码信号的对齐不准,对于码跟踪来说,码信号的多普勒频移也非常重要,需要予以考虑。

### 5. 信号的功率

信号到达接收机时的功率强度必须不低于表 4.4 中所列的要求,这些功率非常低,不能直接接收。而且采用放大器放大后,也无法获得这些伪随机码信号,因为噪声的功率比信号的功率还要大。

表 4.4　GPS 信号到达接收机时的最小功率

|  | P | C/A |
|---|---|---|
| L1 | −133dB | −130dB |
| L2 | −136dB | −136dB* |
| *目前,L2 上还没有 C/A 码 | | |

在地面上不同地方,接收到的 GPS 信号功率有不同的值。最大的功率(在星下点)比最小功率(在卫星高度角为零度的位置)相差大约 2.1dB。为了使地面接收到的信号功率均匀分布在地面,降低信号在天线中心部分的功率,以补偿边界部分波束的功率。考虑了这种补偿,接收机接收到的信号的最大功率在

高度角大约为 40°附近。当然,接收机天线也会增强接收到的信号强度。通常在天顶方向,接收机天线的增益更大。这可减小多路径效应的影响,但同时也减小了低高度角卫星的增益。如图 4.10 所示,覆盖地球的最小波束宽度为 14.9°,卫星发射的实际信号宽度为 21.3°,这样有利于航空和航天应用。

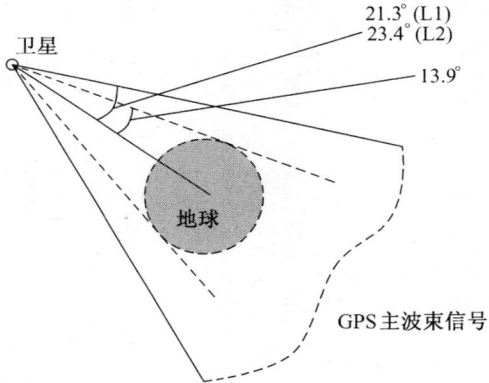

图 4.10　GPS 卫星发射的信号强度分布示意图

# 第二节　Galileo 系统信号

Galileo 系统发射的各种信号频谱如图 4.11 所示。

Galileo 系 统 的 信 号 可 分 为 E5a ( 1176.45MHz ), E5b ( 1207.14MHz )、Eb ( 1278.75MHz ), $E_2 - L_1 - E_1$ ( 1575.42MHz )。需要指出的是,图 4.9 中 L1 上实际的 Galileo 系统信号为 Boc (1,1)而不是图中的 Boc(2,2)。Galileo 系统一共提供 10 种服务,如表 4.5 所列。

Galileo 系统某些通道的信号没有调制导航电文,这样对于弱信号或信噪比低的信号来说,可增加积分时间,得到相关峰值。针对本书所进行的软件接收机的研究,这里重点介绍 L1 载波上的 OS,其他通道的信号处理与 OS 类似。

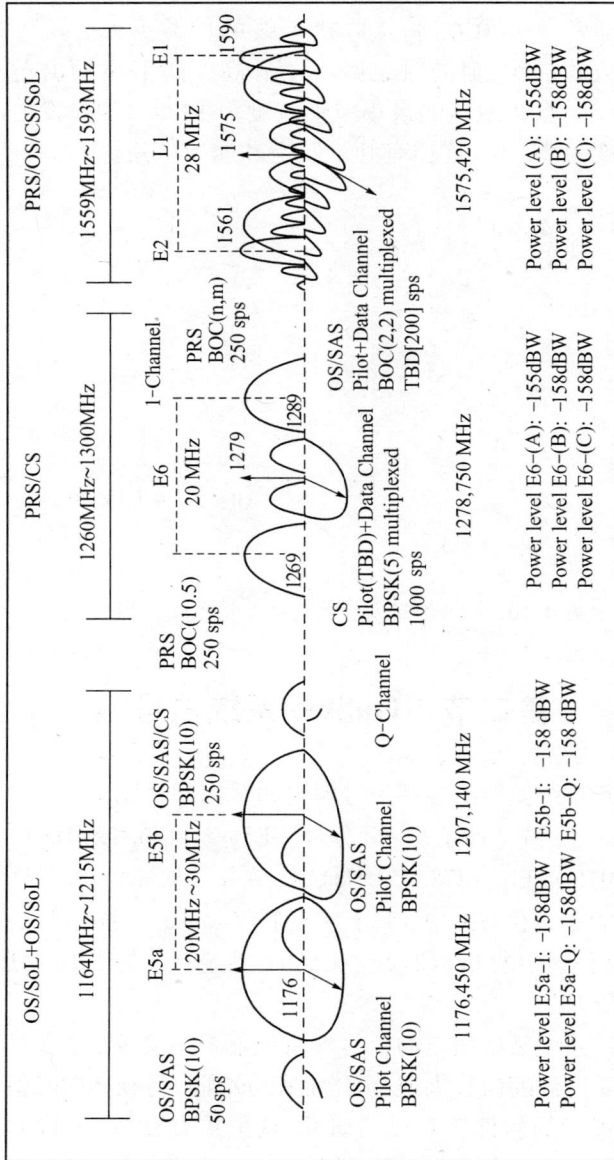

图 4.11　Galileo 系统信号频谱分布

表 4.5　Galileo 系统信号

| 信号ID | 信号 | 调制方式 | 码频率 | 码是否加密 | 数据率 | 数据是否加密 |
|---|---|---|---|---|---|---|
| 1 | E5a($I$支路, OS/SAS) | BPSK(10) | 10Mcps | 否 | 50sps/25bps | 否 |
| 2 | E5a($Q$支路, OS/SAS) | BPSK(10) | 10Mcps | 否 | 无导航电文 | 无数据 |
| 3 | E5b($I$支路, OS/SAS/CS) | BPSK(10) | 10Mcps | 否 | 250sps/125bps | 否 |
| 4 | E5b($Q$支路, OS/SAS/CS) | BPSK(10) | 10Mcps | 否 | 无导航数据 | 无数据 |
| 5 | E6(A通道,PRS) | BOC(10,5) | 5Mcps | 政府授权 | 250sps/125bps | 是 |
| 6 | E6(B通道,CS) | BPSK(5) | 5Mcps | 商业应用加密 | 1000sps/500bps | 加密 |
| 7 | E6(C通道,CS) | BPSK(5) | 5Mcps | 商业应用加密 | 无数据 | 无数据 |
| 8 | L1(A通道,PRS) | BOC(n,m) | m Mcps | 政府授权 | 250sps/125bps | 加密 |
| 9 | L1(B通道, OS/SAS/CS) | BOC(1,1) | 1Mcps | 否 | 200sps/100bps | 否 |
| 10 | L1(C通道, OS/SAS/CS) | BOC(1,1) | 1Mcps | 否 | 无数据 | 无数据 |

　　开放式服务信号调制在 L1 载波上,频率为 $f_1 = 1575.42\text{MHz}$,由 A、B、C 三个通道组成。L1 – A 指是 L1 上的公共规范服务(PRS),是限制获得信号。L1 – B 通道为数据通道,即该通道既有测距码,又有导航电文,L1 – C 通道为导频通道,在这个通道上只有测距码,没有导航电文,这就使得该通道的信号可进行长时间的积分而不需考虑由导航电文引起的相位翻转,有利于捕获和跟踪弱信号,实现室内导航。

　　L1 上的 OS 信号测距码的长度为 4092 个码元,码率为

1.023MHz，其周期为 4092/1.023 = 4ms。在导频信号上，码的长度增加了 25 倍，从而使得该信号的重复时间间隔为 100ms。OS 定位平面精度可达 15m，高程精度为 35m，速度精度和授时精度分别可达 50cm/s 和 100ns。增强到双频后，上面各项精度分别可达 7m、15m、20cm/s 和 100ns。

在某些情况下，很难滤掉不需要的信号而只获得需要的信号，不需要的信号通常为某颗需要的卫星信号与另一颗卫星信号的互相关。这个问题可采用加长的伪随机码解决。然而，长的伪随机码将增加捕获时间，延迟捕获过程。在捕获卫星信号过程中，相关器须每隔半个码元搜索一次，做一次相关运算，从而，OS 信号需要做 4092 × 2 = 8184 次相关运算。从而，搜索更长的测距码将非常费时，难以实现实时捕获。解决这个问题的办法是采用分层码，当信号强时，采用上层的码信号，可缩短捕获时间，当信号很弱时，则采用整个长度的伪随机码。

对于 BPSK 的调制方式来说，最小带宽为码频率的两倍，而对于 BOC 调制方式来说，其带宽为子载波和测距码频率的两倍。对于 L1 上的 OS 信号，其调制方式为 BOC(1,1)，因此其最小带宽为 4MHz。为了精确跟踪码信号，需要采用更大的带宽。

Galileo 系统的 L1 上的 OS 信号为载波、扩频测距码、子载波（或者叫二进偏移码，即 BOC）和导航数据的乘积。对于 BOC(1,1)调制的信号，BOC 部分即可作为是扩频测距码的一部分，用于跟踪和定位，也可认为是载波的一部分，在捕获和跟踪前移除。另外，与 BPSK 调制的信号不同，BOC(1,1)信号有三个自相关峰值，必须找到正确的峰值，才能得到正确的导航结果。

OS 信号的传输带宽为 40 × 1.023MHz = 40.92MHz，在高度角为 10° ~ 90° 的范围内，接收机能接收到的信号功率不低于 −157dBW。OS 信号的码元长度与 GPS 的 C/A 码相同，为

$$T_{c,L1-B} = T_{c,L1-C} = \frac{1}{1.023}\text{M 字符}/\text{s} = 977.5\text{ns}, \quad (4.4)$$

Galileo 系统卫星发射的伪随机码信号为截短的 Gold 码。高

码频率可得到高精度定位结果。长码则可减小互相关的影响,当然,长码也会增大捕获的时间。

L1 上的测距码频率为

$$\begin{cases} R_{c,L1-A} = 2.5 \times 1.023M \text{ 字符}/s, \\ R_{c,L1-B} = 1/T_{c,L1-B} = 1.023M \text{ 字符}/s \\ R_{c,L1-C} = 1/T_{c,L1-C} = 1.023M \text{ 字符}/s \end{cases}$$

子载波的频率为

$$R_{sc,L1-B} = R_{sc,L1-C} = 1.023M \text{ 字符}/s$$

C 通道信号包含码长为 4092 的主码和码长为 25 的次码。主码为截短的 Gold 码,因此,每隔 4092 个码元后,寄存器将被重置。我们知道,Gold 码由两个寄存器输出的模 2 和产生。在初始状态第一个寄存器的所有位都为 1,而第 2 个寄存器的状态则与特定的子载波和特定的卫星有关,即不同的卫星,第 2 个寄存器数据位的初始状态是不同的。

次码将主码调制为 25 个重复周期。所有卫星产生相同的次码,并且其八进制的值为 34 012 662。总的码长为 4902 × 25。在 Galileo 系统使用的术语中,称这样产生的测距码为分层码。设主码的频率为 $R_p$,次码的码频率为 $R_s = R_p/N_p$,其中 $N_p$ 为主码码长。具体的产生过程如图 4.12 所示。

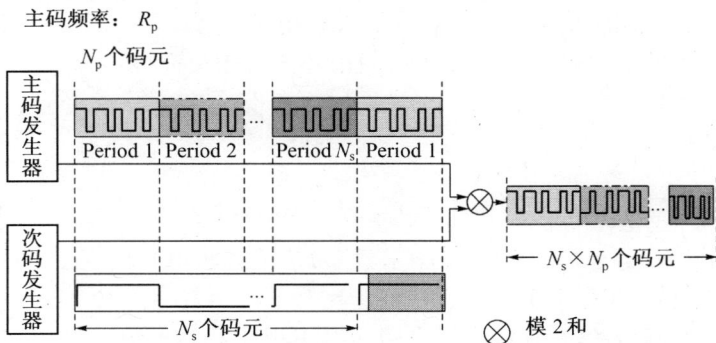

图 4.12　通道 C 码信号的产生过程

Galileo 系统在 L1 载波上的调制方式如图 4.13 所示。由图中可看出，B 通道的信号调制有导航数据（可称为数据通道），而 C 通道为导频通道，没有导航数据。发射导频信号是 Galileo 系统的一个重大创新，因为在导频通道上没有导航电文，可实现长时间的相关积分，从而为实现弱信号的捕获和跟踪提供了可能。

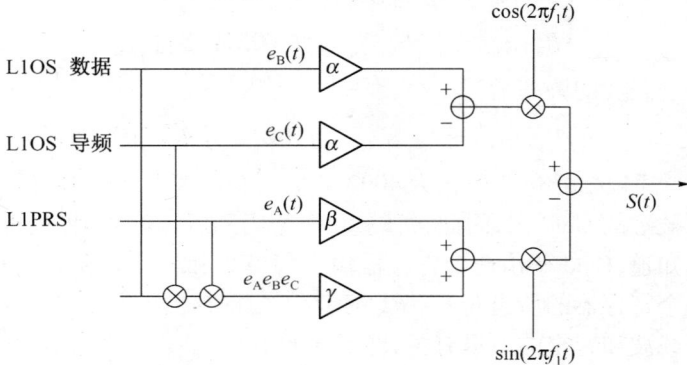

图 4.13　L1 载波上的信号调制方式示意图

目前，还没有 A 通道的信号，而通道 B 和通道 C 已有了可用的信号。B 通道的信号为导航电文数据流 $D_{L1-B}$、伪随机码序列 $C_{L1-B}$ 以及 B 通道上的子载波 $SC_{L1-B}$ 的模 2 和。最后 B 通道上的信号表示为 $e_B(t)$。类似地，C 通道的信号为伪随机码序列 $C_{L1-C}$ 以及 C 通道上的子载波 $SC_{L1-C}$ 的模 2 和，结果表示为 $e_C(t)$。这几个通道的信号可表示为（$e_A(t)$ 目前还没有相关资料）

$$e_B(t) = D_{L1-B}(t)C_{L1-B}(t)SC_{L1}(t) \tag{4.5}$$

以及

$$e_C(t) = C_{L1-C}(t)SC_{L1}(t) \tag{4.6}$$

式中：$D_{L1-B}(t)$ 为导航数据；$C_{L1}(t)$ 为伪随机测距码；$SC_{L1}(t)$ 为子载波信号 BOC(1,1)。

调制后的信号 $S(t)$ 可采用功率正规化后的复数基带包络表示。用同相和正交两部分（$I$、$Q$ 支路）表示为

$$S_{L1}(t) = \sqrt{2P_{L1}}(s_{L1,I}(t)\cos(2\pi f_{L1}t) - s_{L1,Q}(t)\sin(2\pi f_{L1}t))$$

$$(4.7)$$

而基带信号为

$$s(t) = s_{L1,Q}(t) + js_{L1,Q}(t) \qquad (4.8)$$

L1 上的 OS 信号采用多路复用的方式,调制产生了 $e_A(t)$、$e_B(t)$、$e_C(t)$ 三路信号,其调制方式为相干自适应子载波调制(CASM)。这是一个多通道的调制方式,又称为三码六相调制或内部复用调制。

采用 CASM 确保卫星发射信号的为不变的功率包络,即总传输功率不随时间变化。从而,传输的信息与信号的振幅无关,信号的振幅不是很关键的量。这个特性可保持信号的波形,采用功率放大器放大信号,也不影响信息的传输。

L1 OS 数据和导频信号调制在载波的同相部分,而 PRS 信号调制在正交部分。如图 4.11 中所示,从而在 L1 上传输的信号为

$$S(t) = (\alpha e_B(t) - \alpha e_C(t))\cos(2\pi f_{L1}t) -$$

$$(\beta e_A(t) + \gamma e_A(t)e_B(t)e_C(t))\sin(2\pi f_{L1}t) \quad (4.9)$$

式中:$\alpha$、$\beta$ 和 $\gamma$ 为放大因子,这几个参数决定了通道 A、B、C 的功率分布。

这里,B 通道和 C 通道的功率相等。

为了按照设计的功率分配给不同的通道,需要计算这几个放大因子。假定 A 通道的功率为总信号功率的50%,B 通道和 C 通道的功率都为总功率的25%。

第一个条件:$I$ 支路和 $Q$ 支路相对功率的和必须为1,即

$$\sqrt{(a-a)^2 + (\beta+\gamma)^2} = 1$$

第二个条件:$I$ 支路和 $Q$ 支路有相同功率,即

$$(a^2 + a^2) = \beta^2$$

第三个条件：总功率为 1，即

$$a^2 + a^2 + \beta^2 + \gamma^2 = 1$$

综合以上三个条件，可得

$$\beta + \gamma = 1$$
$$2\alpha^2 = \beta^2$$
$$2\alpha^2 + \beta^2 + \gamma^2 = 1$$

上面的方程组有四个解，其中一个可用的解为

$$\alpha = \frac{\sqrt{2}}{3}, \quad \beta = \frac{2}{3}, \quad \gamma = \frac{1}{3}$$

由以上参数，可得发射的 L1 信号可表达为

$$S(t) = \frac{\sqrt{2}}{3}(e_B(t) - e_C(t))\cos(2\pi f_{L1}t) - \frac{1}{3}(2e_A(t) +$$

$$e_A(t)e_B(t)e_C(t))\sin(2\pi f_{L1}t) \qquad (4.10)$$

乘积 $e_A(t)e_B(t)e_C(t)$ 是为了确保发射的信号的包络为一个常数，是在 CASM 调制方式下，为了确保信号的包络为一个常数而附加上的辅助部分，在实际的信号处理中这部分没有任何作用，这部分信号称为 L1 Int。从而发射功率的分布为

$$\text{L1 OS,B}, \quad \alpha^2 = \left(\frac{\sqrt{2}}{3}\right)^2 = 22.22\%$$

$$\text{L1 OS,C}, \quad \alpha^2 = \left(\frac{\sqrt{2}}{3}\right)^2 = 22.22\%$$

$$\text{L1 PRS,A}, \quad \beta^2 = \left(\frac{2}{3}\right)^2 = 44.44\%$$

$$\text{L1 Int}, \quad \gamma^2 = \left(\frac{1}{3}\right)^2 = 11.11\%$$

由于只利用 A、B、C 三个通道，从而利用到的信号其功率为总功率的 88.88%，而 L1 Int 的功率则浪费掉了。这是我们要确保信号的常值包络特性须付出的代价。

　　L1 上的调制方式要确保接收机在处理 OS 信号和 PRS 信号互相之间没有干扰,即具有独立性。当要用到 PRS 服务时,只需要考虑处理正交信号,而同相部分则不含 PRS 信号。同时,由于在正交部分发射的内调制的乘积信号没有传递任何信息,从而对于 L1 OS 信号处理来说,只需考虑同相部分。

　　表 4.6 所列为码信号 $e_A(t)$、$e_B(t)$、$e_C(t)$ 的八个组合,以及信号的实部和虚部(对应为信号的同相和正交部分)以及 $I$、$Q$ 向量的模。

表 4.6　L1 上的码信号组合

| L1 PRS | L1 OS D | L1 OS P | Re(S(t)) | Im(S(t)) | $\mid$ S(t) $\mid$ |
|--------|---------|---------|----------|----------|--------|
| 1 | 1 | 1 | 0 | 1 | 1 |
| 1 | 1 | −1 | 0.9428 | 0.3333 | 1 |
| 1 | −1 | 1 | −0.9428 | 0.3333 | 1 |
| 1 | −1 | −1 | 0 | 1 | 1 |
| −1 | 1 | 1 | 0 | −1 | 1 |
| −1 | 1 | −1 | 0.9428 | −0.3333 | 1 |
| −1 | −1 | 1 | −0.9428 | −0.3333 | 1 |
| −1 | −1 | −1 | 0 | −1 | 1 |

　　可看出信号 S(t) 的 $I$、$Q$ 向量的长度总是为 1。三个伪随机码产生的可能相位为 6 个,因此这种调制方式也为三码六相调制方式。发射的 PRS 码总是与正交部分的符号一致。另外,在相部分只有三个可能的值,即 0、0.9428 和 −0.9428,因此,要识别在相部分的信号还存在模糊度的问题。当数据通道和导频通道(即 B 和 C 通道)不相等时,B 通道与同相信号的符号一致,当两者相等时,则同相信号的功率为 0,即此时发射的功率(或能量)集中在正交部分。

　　与 GPS 信号不同,Galileo 系统的 L1 − B 和 L1 − C 通道采用二进偏移载波调制(Binary Offset Carrier Modulation, BOC)方式。GPS 也将在其现代化后,对其信号部分采用 BOC 调制方式。BOC

调制引入了两个参数：

（1）子载波的频率 $f_s$，单位为 MHz；

（2）扩频码频率 $f_c$，单位为 M 字符/s。

合理设置和选定这两个参数可使信号的功率集中在某一个频带，并减少信号之间的干扰。并且，BOC 调制在高低频带的的冗余参数可方便信号的捕获、码和载波的跟踪、数据解调等处理。

Galileo 系统卫星的很多信号都是成对发送的：即带导航数据的信号和导频信号。这些成对信号在相位上是对齐的，因此，有相同的多普勒频移。

BOC$(m,n)$ 信号为 PRN 扩频信号和子载波的模 2 和并调制在正弦信号上，如图 4.14 所示。参数 $m$ 为子载波频率与参考频率 $f_0 = 1.023$ MHz 的比值，而 $n$ 为码频率与参考频率的比值。如 BOC$(10,5)$ 表示频率为 10.23 MHz 的子载波和码频率为 5.115 MHz 的扩频码。子载波调制的结果是将 BPSK 调制方式的功率谱分裂为两个对称的部分，而在载波的中心频率上信号的功率很小，如图 4.15 所示。采用 BOC 方式，将使功率谱偏离中心频率，偏离的距离为子载波的频率。从而使得 Galileo 系统与 GPS 可共享 L1 载波频率。这里，由于 Galileo 系统的 L1 – OS 服务将采用 BOC$(1,1)$，我们以 BOC$(1,1)$ 为例进行说明。

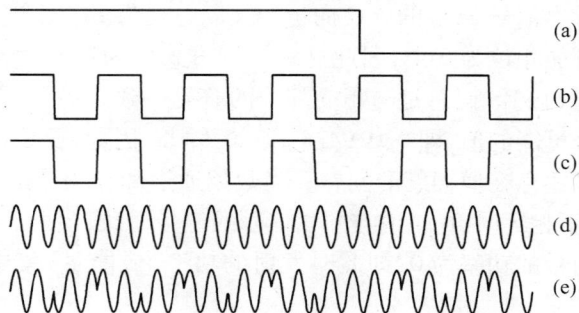

图 4.14　BOC 调制示意图

（a）伪随机码；（b）子载波；（c）伪随机码 + 子载波；
（d）载波；（e）调制后的载波。

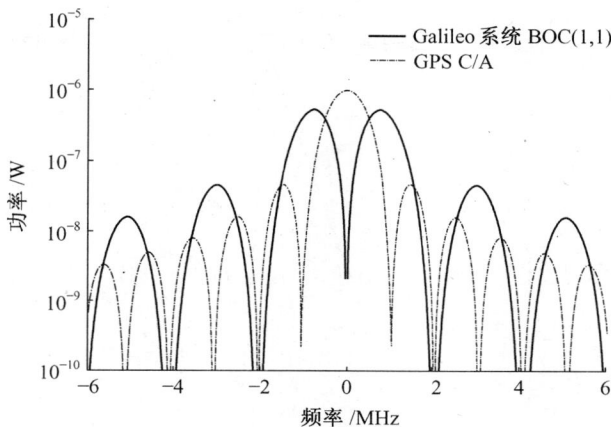

图 4.15　BOC 和 BPSK 信号的功率谱比较

BOC($pn$,$n$)信号的自相关结果为[8]

$r(\tau) =$

$$
\begin{cases}
(-1)^{k+1}\left(\dfrac{1}{p}(-k^2+2kp+k-p)-(4p-2k+1)\dfrac{|\tau|}{T_{\mathrm{c}}}\right) & |\tau| \leqslant T_{\mathrm{c}} \\
0, & \text{其他}
\end{cases}
$$

$$(4.11)$$

式中：$k$ 为码延迟；$T_{\mathrm{c}}$ 为扩频码在一个周期内的码元个数。

由式（4.11）可知，BOC 信号的自相关函数有多个峰值，如图 4.16 所示。确保接收机跟踪的是主峰值对于跟踪 BOC 信号来说非常重要。因此，需要更多的相关器才能给出相关结果的形状。如果早发码或迟发码的相关输出比当前码还大，则很有可能跟踪环路跟踪的是次相关峰值，而不是主相关峰值，需要进行必要的改正。

当 $p=1$ 时，BOC 信号的自相关函数为

$r(\tau) =$

$$
\begin{cases}
(-1)^{k+1}\left(-k^2+2k+k-1-(5-2k)\dfrac{|\tau|}{T_{\mathrm{c}}}\right), & |\tau| \leqslant T_{\mathrm{c}} \\
0, & \text{其他}
\end{cases}
$$

$$(4.12)$$

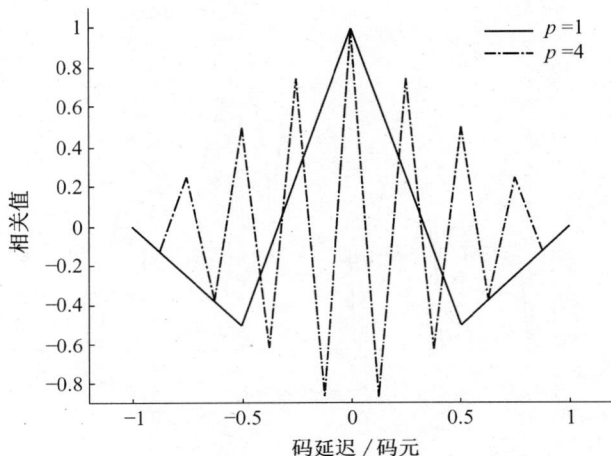

图 4.16　BOC($pn,n$)信号相关结果示意图

Galileo 系统导航电文结构如图 4.17 所示,导航电文由帧组成。

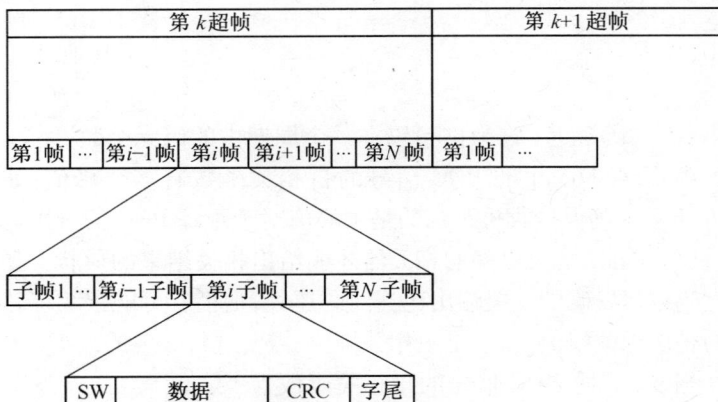

图 4.17　Galileo 系统导航电文结构示意图

帧由多个子帧组成,而子帧由多个页组成。页是导航电文信息的基本结构,包含了如下几个字段:

（1）同步字（Synchronization Word, SW）；

（2）数据部分；

（3）用于误差检测的圆冗余检校位（Circular Redundancy Check, CRC）；

（4）字尾部分为前向误差修正编码。

L1 上的 OS 信号，导航电文的同步字长度为 10 个位，检校位和误差修正编码可增强信号和数据的完好性。领外，所有的数据都采用如下的位和字节顺序编排和发送：

（1）最高有效位（或字节）为第 0 位（或第 0 字节）；

（2）先发送最高有效位（或字节）。

CRC 的产生原理如下：

（1）左移输入帧的数据 r 位并除以多项式 P（参考下面的例子）；

（2）检校位为与上面相除的结果的余，且长度为 r 的二进制向量；

（3）将检校位添加在数据的后面，为这一个帧的输出。

现采用二进制向量表示一个由高次到低次的二进制多项式，来说明检校位的计算过程。如向量 $[1\ 0\ 1\ 1]$ 表示多项式 $x^3 + x + 1$。现假设某一个帧的输入数据为 $[1\ 1\ 0\ 0\ 1\ 1\ 0]$，对应的多项式为 $M = x^6 + x^5 + x^2 + x$，假设生成多项式为三次多项式 $P = x^3 + x^2 + 1$。首先将输入多项式 $M$ 左移 3 位，可得 $Mx^3 = x^9 + x^8 + x^5 + x^4$，这个多项式与多项式 $P$ 相除后，得到的剩余项为 $x$，即 $Mx^3 = P(x^6 + x^3 + x) + x$，从而检校位为 $[0\ 1\ 0]^T$。由于检校位的长度为 3，因此，在左边补 0。

Galileo 系统广播星历的参数与 GPS 类似，如表 4.7 所列。

L1 上的 OS 中的导航电文包含了计算卫星位置和速度的参数、计算钟差的参数、Galildo 系统时间与 UTC 以及 GPS 时间的转换参数，以及历书和电离层参数。

Galileo 系统星历参数如表 4.7 所列，共有 17 个。单位为半周或半周每秒的参数需要乘以 $\pi$，以转换为弧度单位。在 4h 内，Galileo 系统的星历为有效星历（即确保在设计的精度内）。每 3h

表 4.7　Galileo 系统导航参数

| 参数 | 位数/位 | 尺度因子 | 单位 |
|---|---|---|---|
| $M_0$ | 32 | $2^{-31}$ | 半周 |
| $\Delta n$ | 16 | $2^{-43}$ | 半周/s |
| $e$ | 32 | $2^{-33}$ | |
| $\sqrt{a}$ | 32 | $2^{-19}$ | $\mathrm{m}^{1/2}$ |
| $\Omega_0$ | 32 | $2^{-31}$ | 半周 |
| $i_0$ | 32 | $2^{-31}$ | 半周 |
| $\omega$ | 32 | $2^{-31}$ | 半周 |
| $\dot{\Omega}$ | 24 | $2^{-43}$ | 半周/s |
| $\dot{i}$ | 14 | $2^{-43}$ | 半周/s |
| $C_{uc}$ | 16 | $2^{-29}$ | rad |
| $C_{us}$ | 16 | $2^{-29}$ | rad |
| $C_{rc}$ | 16 | $2^{-6}$ | m |
| $C_{rs}$ | 16 | $2^{-6}$ | m |
| $C_{ic}$ | 16 | $2^{-29}$ | rad |
| $C_{is}$ | 16 | $2^{-29}$ | rad |
| $t_{oe}$ | 14 | 60 | s |
| $\mathrm{IOD_{nav}}$ | 9 | | |

上传一次星历。Galileo 系统卫星的星历计算过程与 GPS 的星历计算完全相同,可参考 GPS 卫星星历的计算过程。

Galileo 系统有自身的时间系统,称为 GST(Galileo System Time)。其起始时刻还没有最后确定。与 GPST 类似,GST 包含两部分:星期数(Week Number,WN)和 1 周中的秒数(Time of Week,TOW)。GPS 导航电文中用 10 位来表示星期数,因此最大为 1024 星期,超过 1024 就重新复位。而 Galileo 系统用 12 位表示星期数,因此最大星期数为 4096 星期,超过 4096 就重新复位为 0。

一星期有 $7 \times 24 \times 86400 = 604800\text{s}$，TOW 从 0 到 604800，起始时刻设在每星期的星期天 0 时。从而 GST 为一个长度为 32 位的二进制数据串，分为 WN 和 TOW 两个部分，如表 4.8 所列。

表 4.8　Galileo 时间参数

| 参数 | 位数/位 | 尺度因子 | 单位 |
|------|---------|----------|------|
| WN | 12 | 1 | 星期 |
| TOW | 20 | 1 | s |

由于 Galileo 系统卫星钟的误差，引入钟差参数，其定义与 GPS 的钟差一致，如表 4.9 所列。

表 4.9　Galileo 系统钟差参数

| 参数 | 位数/位 | 尺度因子 | 单位 |
|------|---------|----------|------|
| $t_{oc}$ | 14 | 60 | s |
| $a_0$ | 28 | $2^{-33}$ | s |
| $a_1$ | 18 | $2^{-45}$ | s/s |
| $a_2$ | 12 | $2^{-65}$ | s/s$^2$ |

Galileo 系统的钟差改正计算与 GPS 相同，不再赘述。为了与 GPS 兼容，便于实现多系统组合导航，需要将时间统一在某一个时间系统下。因此，需要在 GPST 和 GST 以及 UTC 之间进行转换。

GST 与 UTC 的转换通过国际原子时（TAI）来进行。在 2003 年 1 月 1 日，UTC 与 TAI 相差一个整数秒，其大小为

$$\text{TAI} - \text{UTC}_{2003} = +32\text{s}$$

假设在某一计算历元的 GST 为 $t_E$（相对当前星期的起始时刻）。$A_0$ 表示 GST 与 TAI 在 $t_E$ 时刻的偏差，其变化率为 $A_1$。TAI 与 UTC 的差值为 $\Delta t_{LS}$，UTC 偏置参数为 $t_{0t}$。通常跳秒发生在 1 月 1 日或 7 月 1 日，Galileo 系统发送跳秒发生的日期，为某一星期的天数，用 DN 表示，大小为 1 ~ 7，1 表示星期日，以此类推。如表4.10 所列。

表 4.10　Galileo 系统时间与 UTC 转换参数

| 参数 | 位数/位 | 尺度因子 | 单位 |
|---|---|---|---|
| $A_0$ | 32 | $2^{-30}$ | s |
| $A_1$ | 24 | $2^{-50}$ | s/s |
| $\Delta t_{LS}$ | 8 | 1 | s |
| $t_{0t}$ | 8 | 3600 | s |
| $WN_t$ | 8 | 1 | 星期 |
| $WN_{LSF}$ | 8 | 1 | 星期 |
| DN | 3 | $1 \cdots 7$ | 天 |
| $\Delta t_{LSF}$ | 8 | 1 | s |

UTC 与 GST 的时间差值为

$$\Delta t_{UTC} = \Delta t_{LS} + A_0 + A_0(t_E - t_{0t} + 604800(WN - WN_t))$$

$$(4.13)$$

UTC 的计算分三种不同的情况:

(1) 当 $t_E > WN_{LSF}$ 且 $t_E > DN + \dfrac{3}{4}$ 且 $t_E < DN + \dfrac{5}{4}$,则

$$t_{UTC} = \mathrm{mod}(t_E - \Delta t_{UTC}, 86400)$$

(2) 当 $DN + \dfrac{5}{4} > t_E > DN + \dfrac{3}{4}$,则

$$W = \mathrm{mod}(t_E - \Delta t_{UTC} - 43200, 86400) + 43200$$

$$t_{UTC} = \mathrm{mod}(W, 86400 + \Delta t_{LSF} - \Delta t_{LS})$$

(3) 当 $t_E < WN_{LSF}$ 且 $t_E < DN$,则

$$t_{UTC} = \mathrm{mod}(t_E - \Delta t_{UTC}, 86400)$$

GPST 与 GST 的转换比较简单。设 $t_{Gal}$ 为接收机估计的当前历元的 GST,则 GPST 与 GST 的差值为

$$\Delta t_{system} = A_{0G} + A_{1G}(t_{Gal} - t_{0G})$$

GPST 与 GST 之间的转换参数在导航电文中的格式如表 4.11 所列。

表 4.11　Galileo 系统时间与 GPST 转换参数

| 参数 | 位数/位 | 尺度因子 | 单位 |
|------|---------|----------|------|
| $A_{0G}$ | 16 | $2^{-35}$ | s |
| $A_{1G}$ | 12 | $2^{-51}$ | s/s |
| $T_{0G}$ | 8 | 3600 | s |

另外还有电离层和历书信息,具体参考 Galileo 系统的 ICD 文档。

# 第三节　利用伪随机码确定伪距

正如第三章指出,GNSS 导航定位采用测距的方式。卫星到接收机的距离通过伪随机码传播延迟计算,传播时间的测量过程如图 4.18 所示。卫星在 $t_1$ 时刻产生的特定的码相位于 $t_2$ 时刻到达接收机。传播时间用 $\Delta t$ 表示。在接收机中,相对于接收机时钟在 $t_2$ 时刻产生一个相同的测距码信号。这个复制码在时间轴上移动,一直到与卫星产生的测距码信号相关并得到最大相关输出为止。如果卫星钟和接收机钟是完全同步的,相关过程将得到真的传播时间。将这个传播时间 $\Delta t$ 乘以光速,便可计算出卫星到接收机的几何距离。

接收机时钟通常与系统时钟之间存在一个偏移误差。此外,卫星的信号也是由其内部的原子钟振荡而产生,卫星内部的时间也存在偏移误差。这样,由相关过程所确定的距离记为伪距 $P$,因为其包含了以下内容:

（1）卫星到用户接收机的几何距离;

（2）由系统时与接收机钟面时之间的差异而造成的偏移;

（3）系统时和卫星时钟之间的偏移。图 4.19 为钟差与信号延迟的关系以及伪距的关系示意图。

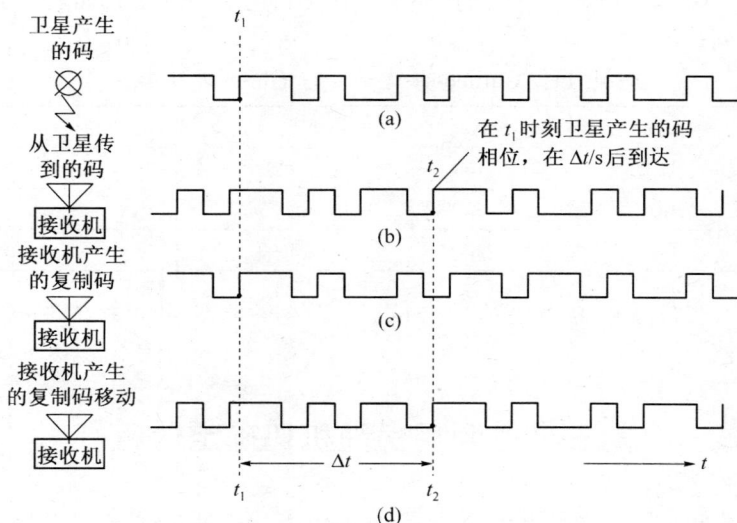

图 4.18 传播时间的测量过程

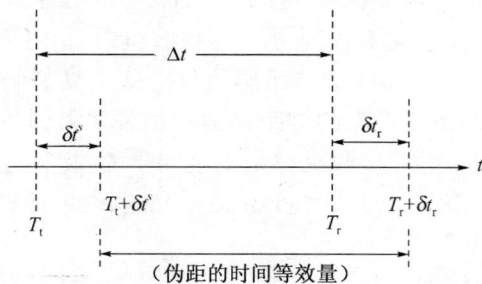

图 4.19 距离测量与伪距的关系示意图

$T_t$—信号发射时刻的系统时(或称为真实时间);

$T_r$—信号到达接收机时刻的系统时(或称为真实时间);

$\delta t^s$—卫星钟钟面时与系统时之间的偏差,超前为正,延迟为负;

$\delta t_r$—接收机钟钟面时与系统时之间的偏差,超前为正,延迟为负;

$T_t + \delta t^s$—信号发射时刻卫星钟的钟面时;

$T_r + \delta t_r$—信号到达接收机时刻接收机的钟面时。

144

从而,卫星到接收机的几何距离为

$$\rho = c(T_r - T_t) = c\Delta t \qquad (4.14)$$

伪距为

$$P = c\big[ (T_r + \delta t_r) - (T_t + \delta t^s) \big] =$$

$$c\big[ (T_r - T_t) + (\delta t_r - \delta t^s) \big] =$$

$$\rho + c(\delta t_r - \delta t^s) \qquad (4.15)$$

则式(3.16)可写为

$$P = \| s - u \| + c(\delta t_r - \delta t^s) \qquad (4.16)$$

即可得到观测方程,如何求解观测方程并估计参数将在第八章讨论。

# Matlab 程序

```
% p4_1. m
% ***** CA – Code Correlation *****
% 计算 CA 码信号的自相关和互相关
% 25/06/2008


clear all


delay = 600;    % 码延迟
PRN1 = PRNgen(1);
PRN1 = [PRN1 PRN1];
PRN2 = PRNgen(2);
PRN2 = [PRN2 PRN2];


%% PRN3 为接收到的卫星信号(即原始信号加上噪声)
%% 尝试设置噪声 sigma 的大小,体会噪声很大时仍然可以得到最大相关
```

145

峰值

```
sigma = 0;
PRN3 = PRN1 + randn(size(PRN1)) * sigma;

% ***** Calculate auto - and cross - correlation *****
for n = 1: 1023
    Corr11(n) = PRN3(delay: 1022 + delay) * PRN1(n: 1022 + n)';
    Corr12(n) = PRN3(delay: 1022 + delay) * PRN2(n: 1022 + n)';
end

% ***** Plot auto - correlation and cross - correlation *****
figure(1)
subplot(121)
plot(Corr11/1023);
axis([ -50 1100  -0.2 1.2]);
title('PRN 序列的自相关结果', 'fontsize', 14);
subplot(122)
plot(Corr12/1023);
axis([ -50 1100  -0.2 1.2]);
title('PRN 序列的互相关结果', 'fontsize', 14);

% ----------------- PRNgen.m -----------------
function [PRN_out] = PRNgen(prn_num)
% 生成 PRN 码序列

switch prn_num
case 1
    tap1 = 2; tap2 = 6;
case 2
    tap1 = 3; tap2 = 7;
case 3
    tap1 = 4; tap2 = 8;
case 4
```

146

```
    tap1 = 5; tap2 = 9;
case 5
    tap1 = 1; tap2 = 9;
case 6
    tap1 = 2; tap2 = 10;
case 7
    tap1 = 1; tap2 = 8;
case 8
    tap1 = 2; tap2 = 9;
case 9
    tap1 = 3; tap2 = 10;
case 10
    tap1 = 2; tap2 = 3;
case 11
    tap1 = 3; tap2 = 4;
case 12
    tap1 = 5; tap2 = 6;
case 13
    tap1 = 6; tap2 = 7;
case 14
    tap1 = 7; tap2 = 8;
case 15
    tap1 = 8; tap2 = 9;
case 16
    tap1 = 9; tap2 = 10;
case 17
    tap1 = 1; tap2 = 4;
case 18
    tap1 = 2; tap2 = 5;
case 19
    tap1 = 3; tap2 = 6;
case 20
    tap1 = 4; tap2 = 7;
```

```
case 21
    tap1 = 5; tap2 = 8;
case 22
    tap1 = 6; tap2 = 9;
case 23
    tap1 = 1; tap2 = 3;
case 24
    tap1 = 4; tap2 = 6;
case 25
    tap1 = 5; tap2 = 7;
case 26
    tap1 = 6; tap2 = 8;
case 27
    tap1 = 7; tap2 = 9;
case 28
    tap1 = 8; tap2 = 10;
case 29
    tap1 = 1; tap2 = 6;
case 30
    tap1 = 2; tap2 = 7;
case 31
    tap1 = 3; tap2 = 8;
case 32
    tap1 = 4; tap2 = 9;
otherwise
    PRN = 0;
    disp(['Error: not valid PRN number (1 - 32)'])
    return
end

% ***** Initialize variables *****
register1 = ones(1,10);
register2 = ones(1,10);
```

```
check = zeros(1,10);
count = 0;

% ***** 循环到所有位都为1 *****
while sum(check) ~ = 10

    % ***** 计数器递增 *****
    count = count + 1;

    % ***** 第一个寄存器的异或逻辑 *****
    o1 = xor(register1(3), register1(10));

    % ***** 第二个寄存器的异或逻辑 *****
o2 = xor(register2(2),xor(register2(3),xor(register2(6),xor(register2(8), ···
    xor(register2(9),register2(10))))));

    PRN(count,:) = xor(register1(10), xor(register2(tap1), register2
                (tap2)));

    % ***** 移位操作 *****
    for i = 9: -1:1
        register1(i + 1) = register1(i);
        register2(i + 1) = register2(i);
    end
    register1(1) = o1;
    register2(1) = o2;
    check = register2;
end

% ***** 0 1 to -1 and 1 *****
for i = 1:length(PRN)
    if PRN(i) == 0
        PRN_out(i) = -1;
```

```
    else
        PRN_out(i) = 1;
    end
end
```

```
% - - - - - - - - - - - - - - - - - - - -p4_2. m - - - - - - - - - - - - - - - -
% 计算 CA 码信号的功率谱
% 25/06/2008

clear all
close all

PRN1 = PRNgen(1);

indx = (1:length(PRN1));
indx2 = [indx indx indx indx indx];
n1 = length(indx2);

indx2 = reshape(indx2,length(PRN1),5);
indx2 = reshape(indx2',1,n1);
PRN2 = PRN1(indx2) * 1e6;

[p,f] = psdgra(PRN2, 1/5e6);
n2 = length(f);
f = f(:)';
p = p(:)';
f = [-f(n2:-1:1) f];
p = [p(n2:-1:1) p];

plot(f/1e6, 10 * log10(p));

title('PRN1 序列的功率谱(f_s = 5MHz)','fontsize',14);
```

```
xlabel('频率(MHz)')
ylabel('Amplitude（dB）')


% – – – – – – – – – – – – – – – – p4_3. m – – – – – – – – – – – – – – – – – –
% BOC 调制演示
phi = 0:1/60:10 – 1/60;


figure(1);
% Spreading Code
chips = [ones(1, 400), – 1 * ones(1, 200)];


plot(phi, chips + 10)
text( – 3,10,'伪随机码', 'fontsize',14)
hold on


% Sub – carrier
subCarrier = square(phi * pi);
plot(phi, subCarrier + 7)
text( – 3,7,'子载波', 'fontsize',14)


% BOC signal, no carrier
plot(phi, (subCarrier. * chips) + 4)
text( – 3,4,'伪随机码 + 子载波', 'fontsize',14)
% Carrier wave
carrier = sin(phi * 4 * pi);
plot(phi, carrier + 1)
text( – 3,1,'载波', 'fontsize',14)
% 调制载波
signal = carrier. * subCarrier . * chips;
plot(phi, signal – 2)
text( – 3, – 2,'调制后的载波', 'fontsize',14)
axis([ – 1 13 – 4 11])
```

```
% - - - - - - - - - - - - - - - - p4_4. m - - - - - - - - - - - - - - - - -
% p3_4. m    BOC 功率谱

% YI Weiyong
% Zhengzhou China,
% 07/01/2008

alpha = 1 ;
beta = 1 ;

f0 = 1. 023e6 ;

delta_f = linspace( - 15e6 ,15e6 ,999) ; % difference with respect to L1
fs = alpha * f0 ;
fc = beta * f0 ;
n = 2 * fs/fc ;
r = rem( n,2) ;

if r = = 0
    G = fc *
(    tan( pi * delta_f/( 2 * fs)). * sin( pi * delta_f/fc). /( pi * delta_f + eps)    )
    . ^2 ;
else
    G = fc *
(    tan( pi * delta_f/( 2 * fs)). * cos( pi * delta_f/fc). /( pi * delta_f + eps)    )
    . ^2 ;
end

figure( 1) ;
h1 = semilogy( delta_f,G, 'linewidth',1) ; % BOC 调制
hold on
h2 = semilogy( delta_f. * pi/2, ( sinc( pi * delta_f/( 2 * fc))). ^2. /fc,' r' , ···
    ' linewidth' , 1. 5 ,'linestyle' ,' - . ') ; % GPS BPSK
```

```
set( gca , 'XTick' , [ -6 * 1e6   -4 * 1e6 -2 * 1e6 0 2 * 1e6   4 * 1e6   6 *
    1e6 ] )
set( gca , 'XTickLabel' , { ' -6 ' , ' -4 ' , ' -2 ' , '0' , '2' , '4' , '6' } )


legend( 'Galileo BOC( 1 ,1 )' , 'GPS C/A' )
xlabel( '频率 [ MHz ]' , 'FontSize' ,18 )
ylabel( '功率' , 'Fontsize' ,18 )
title( 'BOC( 1 ,1 )功率谱(中心频率为 1575. 42 MHz )' , 'FontSize' ,18 )
axis( [ -6e6 6e6 1e -10 1e -5 ] ) ;
box off
legend( 'boxoff' )
hold off
set( gca , 'FontSize' ,18 )


function [ s , Param ] = boc( m , n , fc , T , fs , f0 )
% 计算 BOC 调制信号
% m ,子载波频率,相对参考频率的倍数
% n ,子载波频率,相对参考频率的倍数
% s 输出信号
% Param , 窗口宽度和主伪随机码
%% 检查输入参数是否正确
if nargin < 2
    disp( '/n Boc 调制,输入参数不正确 ,Type help boc' ) ;
    return
end
if nargin < 6
    f0 = l. 023e6 ;       % 参考频率: 1. 023 MHz
end
if nargin < 5
    fs = 30e6 ;          % 采样频率
end
if nargin < 4
    T = 1e -5 ;           % 窗宽度
```

```
end
if nargin == 2
    fc = 5 * 1.023e6;    % 载波频率;
end
t3 = T * fs;
%% BOC 频率计算:
fsc = m * f0;        % 子载波    [Hz]
fco = 0.5 * n * f0;  % PRN 码频率      [Hz]

s = zeros(1, t3);
a = 2 * pi;

nbhp = ceil((T - 1/fs) * 2 * fco);
% 产生伪随机数
co = 2 * round(rand(1, nbhp)) - 1;

hp = 1;  % 码索引
for it = 1:t3 - 1

    t = [it - i, it]/fs;

    car = cos(2 * pi * fc * t(i));       % 正弦载波信号

    % 频率为 fn 的子载波
    sc = 2 * (mod(a * fsc * t(1), a) < pi) - i;

%% 码频率为 fm 的扩频码
sw = 2 * (mod(a * fco * t, a) < pi) - 1;

if abs(sw(2) - sw(1)) == 2        % +/-180 度相位变化
    hp = hp + 1;    %% 下一个半周期
    end
```

%% BOC – 调制后的信号

s(1, it) = car(1). * sc(1). * sw(1) * co(hp);

end

% BOC – modulated signal

Parain(1,i). co = co：

Param. t3 = t3；

% end of function

# 练 习 题

1. GPS 导航信号为采用线性移位寄存器产生的伪随机噪声码序列。考虑一5 位寄存器，其生成的伪随机码序列逻辑为 $b_{1,\text{new}} = b_3 \oplus b_5$ 和码序列，如图 4.20 所示。

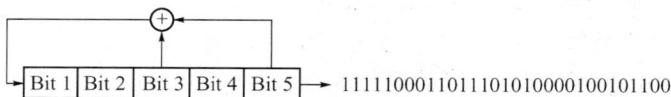

图 4.20  练习 1 用图

问题 1，为什么长度为 $n$ 的寄存器生成的最大码周期为 $2^n - 1$？

问题 2，采用如图 4.20 所示的生成逻辑，写出一个周期内生成的码序列。

问题 3，为什么表 4.12 所列的结果称为"伪随机码"？

问题 4，如果寄存器采用第 1 位和第 2 位的模 2 和填充到第 1 位，即 $b_{1,\text{new}} = b_1 \oplus b_2$，且初值为 11011，将会产生什么样的码序列？

表 4.12　练习 1 用表

| Bit 1 | Bit 2 | Bit 3 | Bit 4 | Bit 5 | Out |
|-------|-------|-------|-------|-------|-----|
| 1 | 1 | 1 | 1 | 1 | 1 |
| 0 | 1 | 1 | 1 | 1 | 1 |
| ⋮ | ⋮ | ⋮ | ⋮ | ⋮ | ⋮ |

2. 采用 5 位的移位寄存器,不同的反馈逻辑,分别生成两个长度为 $N=31$ 的码序列,如表 4.13 所列。

表 4.13　练习 2 用表

| PRN | 反馈逻辑 | 码序列 |
|-----|---------|--------|
| A | $b_{1,new} = b_3 \oplus b_5$ | 1111100011011010100001001011100 |
| B | $b_{1,new} = b_1 \oplus b_2 \oplus b_3 \oplus b_5$ | 1111101110001010110100001100100 |

问题 1,确定伪随机码 A 与 $S^1 A$ 的自相关结果,$R(A, S^1 A)$($S^k$ 为线性移位算子,表示右移 $k$ 位);

问题 2,证明相关操作的对称性,即 $R(A, S^k A) = R(A, S^{-k} A)$;

问题 3,对于一个 Gold 码族,其最大互相关功率为移位寄存器长度 $n$ 的函数。如果需要一个互相关最大输出比自相关最大输出低 40dB 的 Gold 码序列,需要长度为多少的移位寄存器。

问题 4,给出 A 和 B 的圆相关结果。

3. 用 Matlab 函数计算 PRN 码的自相关和互相关结果,比较不同噪声水平下的输出,体会 GPS 如何实现接收功率比噪声还低的信号的原理。

4. 某卫星信号频率为 1575.4MHz,卫星的高度 $h = 23616$km,假设地面站处于静止状态,求最大多普勒频移（$GM = 398600.4415 \times 10^9$,地球半径 $R = 6371$km,$c = 3 \times 10^8$m/s）。

5. 假设某一个帧的输入数据为 [1 1 1 0 0 1 0],生成多项式为三次多项式 $P = x^3 + x^2 + 1$,计算检校位,并给出数据和检校输出结果。

# 第五章　天线和前端

软件接收机的硬件部分包括天线、前端、模数转换模块,其功能结构如图5.1所示,功能是实现将模拟射频信号转换为中频数字信号。针对单频 GNSS 接收机,接收 GPS 的 L1 为 1575.42MHz 的信号。

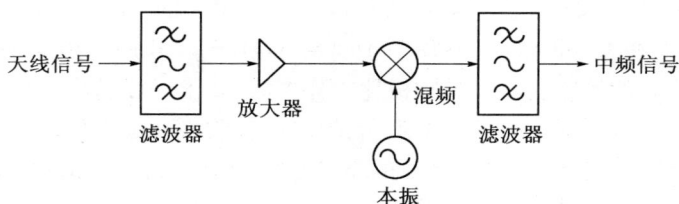

图 5.1　硬件部分功能结构图

本章主要介绍软件接收机的硬件部分,包括天线和前端,以及需要考虑到的主要问题。对于模数转换部分,不作详细论述。

## 第一节　天　　线

尽管本书讨论研究的是软件接收机,但如何将卫星信号从模拟信号转化到数字信号也是非常关键的问题。本章的主要内容就是介绍卫星信号的混频、滤波以及下变频,并进行模数转换,得到数字信号,为软件接收机的信号处理提供数据源。

GPS 软件接收机模拟部分的功能,是将 GPS 的载波频率(射频)(Radio Frequency,RF)信号,转换成较低的频率,即中频(IF),从而易于进行放大与处理。这种变换通常称为混频,是将天线送来的输入信号,经过低噪声放大器(LNA)的滤波和放大,与本机振荡器产生的正弦波信号进行混频,形成中频信号。大部分 GPS 接收机的本振采用的是精密的石英晶体振荡器为基准的频率综合器。中频信号除了在载波频率上变低以外,RF 信号的所有调制的信号信息都转移到中频信号上。由于到达接收机的 GPS 信号一般都比较微弱,所以往往采用有源天线,所谓有源天线,是指天线中装有 RF 前置放大器或低噪声放大器。

GPS 接收天线的作用,是将卫星来的无线电信号的电磁波能量变换成接收机电子器件可摄取应用的电流。天线的大小和形状十分重要,因为这些特征决定了天线能获取微弱的 GPS 信号的能力。根据需要,天线可设计成可以工作在单一的 L1 频率上,也可以工作在 L1 和 L2 两个频率上。由于 GPS 信号是圆极化波,所以,所有的接收天线都是圆极化工作方式,要求天线的作用范围为整个上半球,天顶处不产生死角,保障能接收来自天空任何方向的卫星信号。尽管有多种多样的条件限制,仍然有许多不同的天线类型存在,如单极、双极、螺旋形四臂螺旋以及微带天线,如图 5.2 所示。

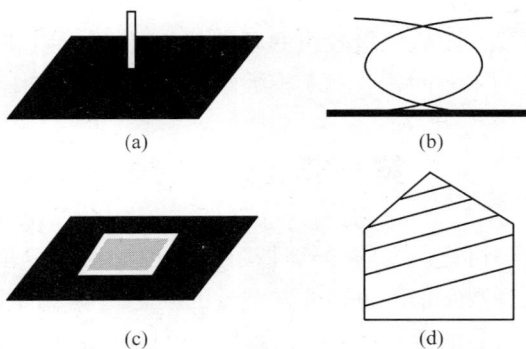

图 5.2　天线类型

(a) 单极天线;(b) 双端接螺旋形天线;(c) 微带天线;(d) 螺旋形天线。

(1) 单极天线。这种天线属单频天线,具有结构简单、体积小的优点。需要安装在一块基板上,以利于减弱多路径的影响。

（2）螺旋形天线。这种天线频带宽,全圆极化性能好,可接收来自任何方向的卫星信号。但也属于单频天线,不能进行双频接收,常用作导航型接收机天线。

（3）微带天线。微带天线是在一块介质板的两面贴以金属片,其结构简单且坚固,重量轻、高度低。既可用于单频机,也可用于双频机,目前,大部分测量型天线都是微带天线。微带天线由于其耐用性和相对地容易制作,所以,成了应用最为普遍的一类天线。其形状可以是圆的也可以是方的或长方的,如同一块敷铜的印制电路板,通常有接地平板作为地网。它由一个或多个金属片构成,所以 GPS 天线最常用的形状是块状结,像个烧饼。由于天线可以做得很小,因此适合于航空应用和个人手持应用,广泛用于飞机、火箭等高速飞行物上。

（4）锥形天线。这种天线是在介质锥体上,利用印制电路技术在其上制成导电圆锥螺旋表面,也称盘旋螺线形天线。这种天线可同时在两个频道上工作,主要优点是增益性好。但由于天线较高,而且螺旋线在水平方向上不完全对称,因此天线的相位中心与几何中心不完全一致。所以,在安装天线时要仔细定向,使之得以补偿。

（5）带扼流圈的振子天线,也称扼流圈天线。这种天线的主要优点是,可以有效地抑制多路径误差的影响。但目前这种天线体积较大且重,应用不普遍。这两种天线如图 5.3 所示。

图 5.3　锥形天线与扼流圈天线

天线的一个主要特性,是其的增益模式,即方向性。利用天线的方向性可以提高其抗干扰和抗多径效应能力。在精确定位中,天线的相位中心的稳定性是个很重要的指标。但是,普通的导航应用中,人们希望用全向天线,但由于 GNSS 接收机只能接收地平线以上的信号,因此采用全向天线并没有多少意义,而且更大的问题是,来自地面或高度角接近或小于 0 的信号多为多路径的影响,正是我们希望消除的。因此,对天线的一般要求是,至少能接收天线地平以上 5°或 10°以上视野内所有天空中的可见卫星信号。这虽然可减少多路径效应的影响,但同时也降低了卫星的可用性,即高度角小的卫星可能就忽略掉了。GNSS 天线研究的一个重要方向是采用天线阵列,或多个天线元组件进行组合。这样的设计将大大增强 GNSS 的导航性能。

天线能够接收信号的频段和带宽是一个很重要的特性,对于单频软件接收机来说,要求天线能接收 GNSS 的 L1 频率,即 1575.42MHz。并且在设计过程中,要考虑覆盖一定的带宽,以满足接收扩频信号的要求。这一要求可用两个参数来描述:电压驻波比和阻抗。一般阻抗典型的值是 $50\Omega$;电压驻波比描述了输入信号的吸收和反射的比值,一般这个值为 2:1,相当于 90% 的能量被通过带通滤波器后被吸收。

GNSS 信号一般为圆极化信号,从而天线也必须为圆极化天线。GPS 采用右旋极化的方式发送导航定位信号,因此 GPS 接收机的天线一般也采用右旋极化天线,当然某些特殊的应用,如需要接收 GPS 反射信号实现遥感的情况下,也有采用左旋极化天线的情况。

综上所述,接收机天线的三个重要的参数为频率/带宽、极化、增益模式。

接收机接收信号的过程:卫星天线发射的信号,引起电磁场的变化,并在空间传播,到达接收机天线,引起天线内部的线圈产生电流。由于信号经空间路径传播以及大气吸收等原因引起衰减,到达接收机后信号已经非常微弱,如 GPS 的 L1 信号到达接收机时,信号功率为 $-160\text{dBW}$。考虑热噪声在带宽 $2\text{MHz}$ 的功率,可看出信号的功率比环境噪声的功率还要低,如图 5.4 所示。

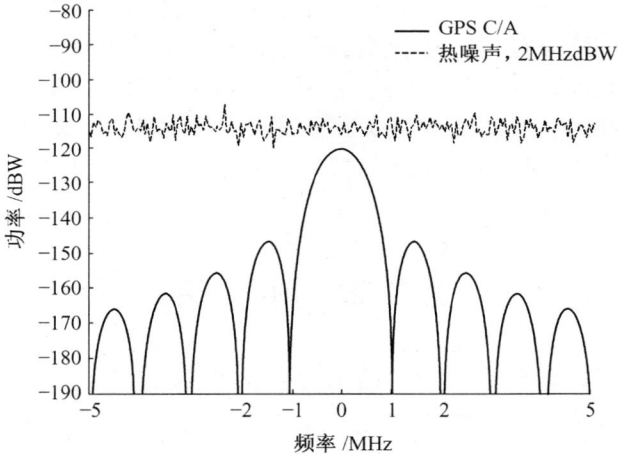

图 5.4 GPS 信号的功率谱与热噪声功率谱(中心频率为 L1)

对于无线电通信来说,信号的功率比噪声还低的情况是非常特殊的情况,只有采用扩频通信技术才能够实现。信号的能量是分配在一个比较宽的频带内,通过接收机端的相关处理,把信号从噪声中"捡"出来。

噪声总线伴随着信号同时出现,尽可能提高噪声背景下输出端的信噪比是改善接收机灵敏度的重要措施。GPS 接收机天线单元接收并提供给射频单元的信号频率很高而信道带宽又很窄,要直接滤出所需信道,则需 $Q$ 值非常大的滤波器,目前的技术水平难以满足这一指标;另外,高频电路在增益、精度和稳定性等方面的问题,在高频范围直接对 GPS 卫星信号进行解调很不现实。为此,在射频单元设计中采用"超外差"式多级变频配合区配滤波器的电路结构,以消除噪声干扰,解决高频信号处理中所遇到的困难。

GNSS 接收机是由多个元件按级联的方式组合起来的,假设第 $k$ 个元件的噪声系数为 $F_k$,增益为 $G_k$,则最后系统总的噪声系数为

$$F_{\text{system}} = F_1 + \frac{F_2 - 1}{G_1} + \frac{F_3 - 1}{G_1 G_2} + \cdots + \frac{F_N - 1}{G_1 G_2 \cdots G_{N-1}} \quad (5.1)$$

可见,GPS 接收机中各级单元电路的内部噪声对级联后总噪声系数的响应有所不同,级数越靠前的单元电路的噪声系数对总噪声系数的影响越大。因此,总噪声系数主要取决于最前面几级单元电路的噪声系数,其中天线热噪声对接收机性能影响最大,故设计时采用接收天线、射频频段选择带通滤波器及高频低噪放大器等器件组成天线单元。

# 第二节　前　端

如图 5.5 所示,接收机的结构为天线,接收射频信号 $s_{\text{ant}}(t)$,经前端处理,变成中频信号 $s_{\text{IF}}(t)$,经信号处理过程,得到接收机位置和其他导航信息。

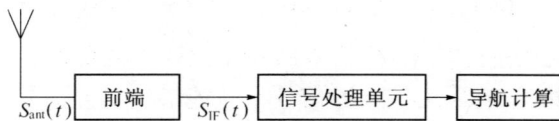

$S_{\text{ant}}(t)$　前端　$S_{\text{IF}}(t)$　信号处理单元　导航计算

图 5.5　接收机信号处理流程

天线感应到空间的电磁波信号,将这个信号转化为电信号。这个电信号包含了 GNSS 信号以及其他与 GNSS 无关的信号,如太阳辐射等。前端的功能如下:

(1)将射频信号转化为中频信号;

(2)选择 GNSS 工作频带,由于无关的频带会使 GNSS 信号产生失真,这一步也很重要;

(3)将 GNSS 信号放大到理想的水平,并尽量减小接收机内部电子元件的干扰,便于信号处理。

前端要尽量保持信号的形状,减小信号的失真。但由于前端中的元件并非完全的线性元件,难免会带来一些失真,影响信号的质量。

天线接收到的信号通常包含了很多不需要的信息。图 5.6 为简化的频谱应用的分布示意图,由国际无线电联合会(International Telecommunication Union,ITU)将不同的频率分配给不同的应用领域。

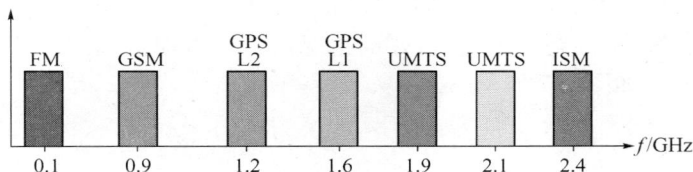

图 5.6　无线电频率和应用示意图

FM 为广播无线电调频信号。GSM 和 UMTS 用于移动通信。ISM 用于短距离通信和微波炉等。GPS 表示该频带用于卫星导航的频段。

天线终端接收到的信号有如下特征:

(1)通常,接收到的信号为期望的信号和其他无关信号的叠加;

(2)期望的信号可能会很弱,一些相邻的信号强度比期望接收到的导航信号更强。

天线接收到的信号为

$$s_{\mathrm{ant}}(t) = \sum_{n=1}^{N} \left\{ I_n(t)\cos(2\pi f_0 t + \phi_0) + Q_n(t)\sin(2\pi f_0 t + \phi_0) \right\} +$$

$$W(t) + N(t) \tag{5.2}$$

式中:$I_n(t)$、$Q_n(t)$ 分别为第 $n$ 颗卫星的同相和正交信号;$f_0$ 为射频信号载波频率;$\phi_0$ 为初始相位;$W(t)$ 为由其他频段引起的干扰;$N(t)$ 为由太阳黑子辐射、宇宙背景辐射引起的噪声信号。

$I_n(t)$ 和 $Q_n(t)$ 是我们期望接收到的信号,其平均功率会随着卫星与接收机的几何关系的变化而变化。

如果前端工作在理想状况下,同相和正交信号可被分离为

163

$$\begin{cases} I(t) = k\sum_{n=1}^{N} I_n(t) \\ Q(t) = k\sum_{n=1}^{N} Q_n(t) \end{cases} \tag{5.3}$$

式中: $k$ 为增益因子, 一般大于 1。

前端无法分离每一颗卫星的信号, 这是后端 GNSS 信号处理需要解决的问题。因此, 最好的情况就是前端能输出式(5.3)中的信号, 如图 5.7 所示。

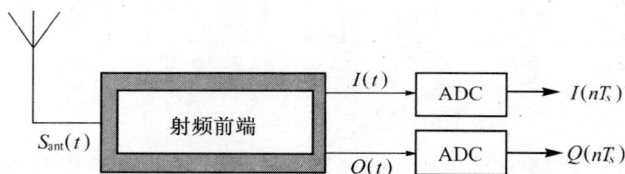

图 5.7　前端的输出信号(包括天线、前端和模数转换三部分)

前端由多种元件组成, 主要有放大器、混频器、滤波器以及模/数(A/D)转换模块。放大器的功能是将信号放大到期望的强度, 同时尽量减小信号的失真, 其示意图如图 5.8 所示。

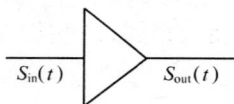

图 5.8　放大器示意图

理想状况下, 放大器将输入信号放大, 即输出信号为输入信号的 $k$ 倍, 即

$$s_{\text{out}}(t) = ks_{\text{in}}(t) \tag{5.4}$$

式中: $k$ 为实数且大于 1。

在实际的工作过程中, 有多个输入信号, 其放大器的输出是其输入信号的多项式, 再加上噪声。输出为

$$s_{\text{out}}(t) = \sum_{i=0}^{N-1} k_i s_{\text{in}}^{i}(t) + n(t) \tag{5.5}$$

即其中, $k_i$ 为实数且大于 1, $n(t)$ 为噪声信号。从而造成信号的失

164

真,另外由于放大器自身的热辐射,将产生噪声。

放大器可能不是一个理想的线性元件。如某个放大器的输入/输出关系可能为

$$s_{out}(t) = a_1 s_{in}(t) + a_3 s_{in}^3(t) \tag{5.6}$$

假设 $a_1 = 2, a_3 = -0.3$,则放大器输入/输出关系示意图如图 5.9 所示。

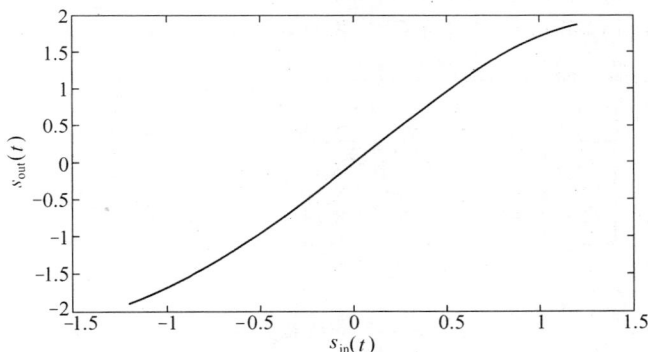

图 5.9 非线性放大器输入/输出示意图

另外,由于输入信号本身受噪声影响,使得放大器不仅放大了信号,同时还放大了噪声。从而放大器不仅本身会在其输出信号中引入噪声,同时也放大了输入信号的噪声。

混频器是一个典型的乘法器,其作用是根据不同的应用,实现将高频信号转化为低频信号,或将低频信号转换为高频信号(当然,单独混频器无法实现这个功能,需要与滤波器配合使用),其示意图如图 5.10 所示。

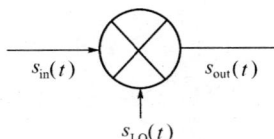

图 5.10 混频器示意图

混频器实现输入信号 $s_{in}(t)$ 与本振信号 $s_{LO}(t)$ 相乘,得到输出信号 $s_{out}(t)$。其输入/输出关系为

$$s_{out}(t) = a_{1,1}s_{in}(t)s_{LO}(t) \qquad (5.7)$$

在非理想状况下,输入/输出关系为

$$s_{out}(t) = \sum_{i=1}^{N} \sum_{j=1}^{M} a_{i,j}s_{in}^{i}(t)s_{LO}^{j}(t) + n(t) \qquad (5.8)$$

从而,混频器的输出并不仅仅是输入信号与本振信号的乘积,而是一个多项式,并且产生噪声。这样会造成信号的失真。

在前端的设计以及在所有的电器设备中,滤波器的作用非常重要。滤波器用于选择或舍弃一定的频段,其符号示意图如图5.11 所示。

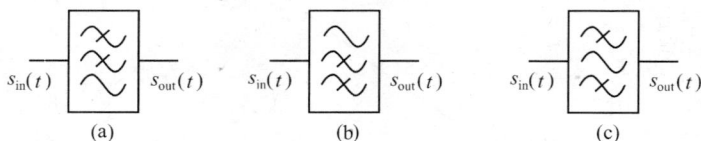

图 5.11　滤波器示意图

(a) 低通滤波器;(b) 高通滤波器;(c) 带通滤波器。

滤波器可看作是一种特殊的放大器,不过其放大的信号与频率有关。这意味着某一频率可能倍放大2 倍而另一频率则可能放大了0.2 倍。

滤波器可在频域表示,也可在时域表示。在时域中,滤波器的输入/输出关系为

$$s_{out}(t) = \int_{-\infty}^{+\infty} h(t-\tau)s_{in}(\tau)d\tau \qquad (5.9)$$

在频域中的表示形式为

$$S_{out}(f) = H(f)S_{in}(f) \qquad (5.10)$$

式中:$H(f)$ 为滤波器的傅里叶变换,称为传递函数,通常为一个复函数。

滤波器的冲激响应的传递函数为一个复函数意味着滤波器不仅改变了信号在不同频率的功率,还改变了信号的相位。很多应用要求滤波器有线性相位,即信号通过滤波器后,相位的变化对所

有频率来说都是相同的,这部分内容可参考数字信号处理的相关文献。这里我们只考虑 $H(f)$ 的大小,即 $|H(f)|$。

正交下变频器是现代通信设备中非常基本也是非常重要的模块。图 5.12 为正交下变频器的框图和功能模块图。

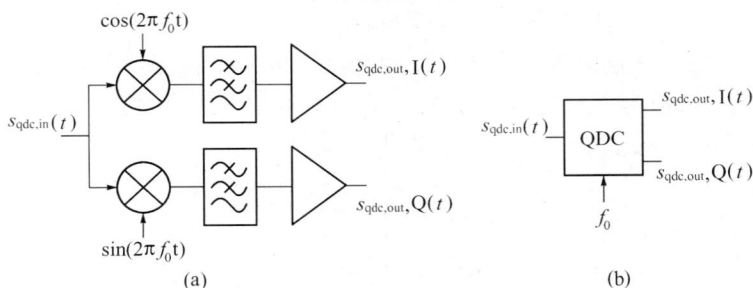

图 5.12 正交下变频示意图

(a)框图;(b)功能模块图。

为了便于读者理解正交下变频的工作过程,现假定为理想情况,即噪声为可加白噪声,且不考虑各元件的非线性问题。

设输入信号为

$$s_{qdm,in}(t) = I(t)\cos(2\pi f_0 t) + Q(t)\sin(2\pi f_0 t) \quad (5.11)$$

现考虑 $I$ 支路的情况。理想的混频器将输入信号乘以本地的 $I$ 支路参考信号,可得

$$
\begin{aligned}
s_{out,mix,I}(t) &= s_{qdm,in}(t)\cos(2\pi f_0 t) = \\
&(I(t)\cos(2\pi f_0 t) + Q(t)\sin(2\pi f_0 t))\cos(2\pi f_0 t) = \\
&I(t)\cos^2(2\pi f_0 t) + Q(t)\sin(2\pi f_0 t)\cos(2\pi f_0 t) = \\
&\frac{1}{2}I(t) + \frac{1}{2}I(t)\cos(4\pi f_0 t) + \frac{1}{2}Q(t)\sin(4\pi f_0 t)
\end{aligned}
$$

$$(5.12)$$

不失一般性,假设混频器的增益为 1。从上式可看出,混频后,可直接获得信号 $I(t)$,其它部分为高频部分。混频器的输出并没有

直接给出期望的 $I(t)$ 和 $Q(t)$ 信号,但几乎是给出了期望的信号了,不过还含有高频部分。

混频后,信号还需要进行滤波,以滤掉高频分量。滤波器设计要满足以下条件:

(1) 可通过低频信号 $I(t)$ 和 $Q(t)$;

(2) 有效消除频率大于 $f_0$ 的信号,事实上要滤除频率为 $2f_0$ 的信号,但为了避免信号失真,要求低通频率为 $f_0$,而且,带宽小一些有利于减小噪声。经低通滤波后,信号为

$$s_{\text{out,filter,I}}(t) = \frac{1}{2}I(t) \tag{5.13}$$

(3) 还需要增加信号电平,即对信号进行放大。由于要放大的是一个低频信号,对放大器的设计和制造来说比高频信号放大器更简单。从而,从放大器输出的信号就是正交下变频器的输出,即

$$s_{\text{qdc,out,I}}(t) = \frac{k}{2}I(t) \tag{5.14}$$

对于 $Q$ 支路,采用的也是相同的原理。从而,最后 $I$ 支路、$Q$ 支路的信号都经变频器而获得。

根据前端设计的理念和功能,可分为直接变频和超外差两类。直接变频在原理上与正交下变频器很接近。其功能模块图如图 5.13 所示。

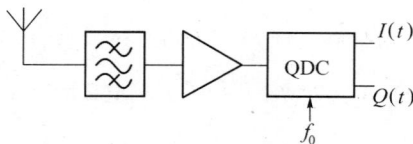

图 5.13　直接变频接收机示意图

对 L1 和 L2 的参考频率 $f_0$ 分别为 1575.42MHz 和 1227.60MHz。可看出这样的接收机前端与正交变频器非常相似。

超外差接收机已发展和应用了很多年,目前在通信方面的应

用的也非常多。其功能模块图如图 5.14 所示。

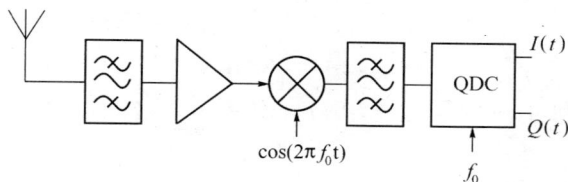

图 5.14　超外差接收机示意图

超外差接收机的工作流程较为复杂,具体如下所述:

天线接收到的信号为式(5.11)。首先,对输入信号进行带通滤波。考虑成本、外观大小以及性能等因素,这个带通滤波器的带宽通常比信息带宽宽得多。这个滤波器是为了减小干扰信号和噪声的平均功率。经过这个滤波器的输出信号为

$$s_{\text{out,filter},1}(t) = a_{\text{filter},1}I(t)\cos(2\pi f_0 t) + a_{\text{filter},1}Q(t)\sin(2\pi f_0 t)$$

$$(5.15)$$

式中:$a_{\text{filter},1}$ 为放大因子。

事实上,滤波器要吸收部分干扰和噪声信号,放大因子 $0 < a_{\text{filter},1} < 1$,并且不能造成信号的失真。

然后,信号经放大器放大。这个放大器的增益需要是可调整和改变的,因为输入信号的功率很可能发射变化,另外干扰信号和噪声信号如果比较强的话,会造成放大器饱和,因此需要降低增益。放大器输出的信号为

$$s_{\text{out,amp}}(t) = a_{\text{amp}}a_{\text{filter},1}I(t)\cos(2\pi f_0 t) +$$
$$a_{\text{amp}}a_{\text{filter},1}Q(t)\sin(2\pi f_0 t) \qquad (5.16)$$

这里,信号和噪声都被放大了。

信号放大后,经混频器混频。由本振产生一个正弦信号 $\cos(2\pi f_1 t)$,其中假定 $f_0 > f_1$。从而混频器的输出为

$$s_{\text{out,mix}}(t) = s_{\text{out,mix}}(t)\cos(2\pi f_1 t) = a_{\text{amp}}a_{\text{filter},1}\{I(t)\cos(2\pi f_0 t) +$$

169

$$Q(t)\sin(2\pi f_0 t)\} \cos(2\pi f_1 t) =$$

$$\frac{a_{\mathrm{af1}}}{2}\{I(t)\cos(2\pi(f_0 - f_1)t) + Q(t)\sin(2\pi(f_0 - f_1)t)\} +$$

$$\frac{a_{\mathrm{af1}}}{2}\{I(t)\cos(2\pi(f_0 + f_1)t) + Q(t)\sin(2\pi(f_0 + f_1)t)\}$$

$$(5.17)$$

式中：$a_{\mathrm{af1}} = a_{\mathrm{amp}}a_{\mathrm{filter},1}$。

从而，调制在 $f_0$ 上的信号现在转换到了两个新的载波频率上，即 $f_0 - f_1$ 和 $f_0 + f_1$。现在需要滤掉高频部分，即 $f_0 + f_1$，留下低频部分，即 $f_0 - f_1$。留下的这个频率的信号称为中频信号。过去，由于硬件技术的限制，一般中频的频率 $f_0 - f_1$ 约为射频 $f_0$ 的 10%。因此，对于 L1 和 L2 载波，中频为 120MHz ~ 150MHz。随着技术的发展和高性能滤波器的出现，这个频率可大大降低，如本书中用到的中频数据，中频频率为 3.563MHz 和 9.598MHz。

混频器混频后，信号再经过一个滤波器，其目的是滤掉混频信号的高频部分，获得中频信号，经第二个滤波器后的输出信号为

$$s_{\mathrm{out,filter2}}(t) = \frac{a_{\mathrm{af1f2}}}{2}\{I(t)\cos(2\pi(f_0 - f_1)t) +$$

$$Q(t)\sin(2\pi(f_0 - f_1)t)\} \qquad (5.18)$$

式中：$a_{\mathrm{af1f2}} = a_{\mathrm{af1}}a_{\mathrm{f2}}$，$a_{\mathrm{f2}}$ 为滤波器的放大因子。然后将第二个滤波器的输出输送到正交变频器，得到 $I$、$Q$ 支路的信号为

$$\begin{cases} s_{\mathrm{qdc,out,I}}(t) = \dfrac{1}{4}ka_{\mathrm{af1f2}}I(t) \\[2mm] s_{\mathrm{qdc,out,Q}}(t) = \dfrac{1}{4}ka_{\mathrm{af1f2}}Q(t) \end{cases} \qquad (5.19)$$

直接变频接收机的优点是简单，有利于芯片的制作，因为这里不需要高质量的滤波器。但由于没有被充分放大，没有滤波的信号进行放大容易产生失真，另外由于信号没有被充分放大，这类接

收机不易接收弱信号。

　　超外差接收机则相反,这类接收机可达到很高的灵敏度,并且能减小信号的失真,但由于其复杂性,很难组合成一个集成芯片。

　　两种接收机都可达到很高的观测质量和观测效果。现在接收机发展的趋势是采用直接变频接收机,因为这类接收机容易进行进行集成,先进的自适应方法可减小或消除这类接收机的缺点。另一方面,如果需要高灵敏度的接收机,超外差接收机的优势还是非常明显。

　　在 GNSS 接收机模拟部分与数字部分之间必须有个 A/D 转换器,有的直接采样接收机面对的不是中频信号,而是直接对 RF 信号进行 A/D 采样。这在低价位的混合 A/D 芯片中,直接对射频信号采用并没有带来明显优势,直接采样非但要高速 A/D 转换器,更重要的是增加了后面数字部分的处理工作量。D/A 转换的详细内容,请查阅相关文献。

# Matlab 程序

```
% - - - - - - - - - - - - - - - - - p5_1. m - - - - - - - - - - - - - - - -
% 热噪声频域的功率与 GPS 信号功率比较

% YI Weiyong
% Zhengzhou
% 07/04/2008

close all
clear all

% difference with respect to f 0
delta_f = - 15e6;3. 0060e4;15e6;
noise_floor = 2 * randn(1,length(delta_f)) + db(2 * 1e - 6);
f 0 = 1. 023e6;
```

```
h1 = plot( delta_f. * pi/2, db( ( sinc( pi * delta_f/( 2 * f0))). ^2. /f0), ···
    'linewidth', 1. 5, 'linestyle', ' - ');
hold on
h2 = plot( delta_f. * pi/2, noise_floor, 'r', 'linewidth', 1. 5, 'linestyle', ' - - ');
hleg = legend( 'GPS C/A', '热噪声,2MHz BW');
set( gca, 'XTick', [ - 5 * 1e6    - 2e6  - 1e6 0 1e6 2e6 5 * 1e6 ])
set( gca, 'XTickLabel', {' - 5', ' - 2', ' - 1', '0', '1', '2', '5'})
axis( [ - 5 * f0 5 * f0  - 190  - 80 ]);
set( gca, 'FontSize', 16)
hold off
ylabel( '功率  [ dBm ]')
xlabel( '频率  [ MHz ]')
box off
legend( 'boxoff')
title( ' 热噪声功率谱与 GPS 信号功率谱 ')


% - - - - - - - - - - - - - - - - - - p5_2. m - - - - - - - - - - - - - - - - - -
% 混频器示意图
% 07/01/2008
% 郑州
% YI Weiyong


clear all
close all
fs = 4;
t = 0: 1/fs: 200;
f1 = 0. 0312;
f2 = 0. 0389;


s1 = sin( 2 * pi * f1 * t);
s2 = 2 *  sin( 2 * pi * f2 * t);
ss = s1. * s2;
ss2 = s1. * s2 + 0. 2 * s1. * s2. ^2;
```

```
h1 = plot( t, s1) ;
hold on

h2 = plot( t, s2, 'r - - ') ;
h3 = plot( t, ss, 'k : ') ;
xlabel( '时间  [ s]', 'fontsize', 18)
ylabel( '振幅', 'fontsize', 18)
legend( '{\its_{in}(t)}', '{\its_{LO}(t)}', '{\its_{out}(t)}')
set( gca, 'FontSize', 12)
axis( [ -1   201  -3 5] )
% box off
% legend( 'boxoff')
hold off

figure
plot( t, ss)
hold on
plot( t, ss2, 'r')
title( 'nonlinear effect') ;

% - - - - - - - - - - - - - - - - - p5_3. m - - - - - - - - - - - - - - - - -
% 滤波器演示

% 07/01/2008
% YI Weiyong

clear all ;               % Clear all variables
N = 100000 ;              % Number of data samples
fs = 100E6 ;              % Sampling rate
OF = 6 ;                  % Order of filter
n = randn( 1, N) ;        % Gaussian noise, variance 1
DF = [ 5E6 7E6]/( fs/2) ; % Normalized frequencies
```

```
[b,a] = butter(OF,DF);          % Design filter
y = filter(b,a,n);              % Process n data by filter
figure(1); clf;                 % Make figure window
subplot(3,1,1);                 % Create subplot 1
plot(n(N-199:N),'b');           % Plot the last part of n
ylabel('{\it n(t)}');           % Put on y-label title
subplot(3,1,2);                 % Create subplot 2
plot(y(N-199:N),'r');           % Plot the last part of y
ylabel('{\it y(t)}');           % Put on y-label title
subplot(3,1,3);                 % Create subplot 3
plot(y(1:200),'g');             % Plot the first part of y
ylabel('{\it y(t)}');           % Put on y-label title
xlabel('{\it t}');              % Put on x-label title
```

# 练 习 题

1. 用 Matlab 仿真直接下变频器的工作过程,理解接收机前端的工作原理。现设置仿真器的参数:采样率 $f_s = 2^{21} = 2.097152\text{MHz}$,数据长度为 $L = 2^{20} = 1048576$ 。

首先,生成两个信号 $I(t)$ 和 $Q(t)$。然后,进行如下工作:

(1) 用伪随机数生成方差为 1,均值为零的随机信号,作为信号 $I(t)$ 和 $Q(t)$。

(2) 这两个信号中含有不需要的带宽信号,用 9 阶的 Butterworth 低通滤波器滤除高频部分,截止频率为 $B = 25\text{kHz}$。

(3) 画出并比较信号 $I(t)$ 和 $Q(t)$ 的最后 600 个采样点。

(4) 计算并画出 $I(t)$ 和 $Q(t)$ 的功率谱密度(采用对数尺度,频率范围为 0Hz ~ 50kHz)。用本书提供的函数

```
[PI,FI] = psdgra(I,1/fs);
plot(FI/1E3,10 * log10(PI));
```

(5) 确定 $I(t)$ 和 $Q(t)$ 的平均功率,提示 $2\sigma^2 B/f_s$。

现在,带有信息的 $I(t)$ 和 $Q(t)$ 信号已就绪,试完成如下工作:

（1）计算理想的天线信号 $s_{\mathrm{ant,ideal}}(t)$，载波频率为 125kHz。画出功率谱密度并计算平均功率。比较实际数值计算结果与理论计算的结果是否一致。

（2）画出天线信号 $s_{\mathrm{ant,ideal}}(t)$ 的最后 250 个采样以及振幅包络。

（3）在天线信号 $s_{\mathrm{ant,ideal}}(t)$ 上加上标准差为 0.03，均值为 0 的随机信号，即 $s_{\mathrm{ant}}(t) = s_{\mathrm{ant,ideal}}(t) + n(t)$。计算并画出信号的谱密度，并与 $s_{\mathrm{ant,ideal}}(t)$ 的谱密度比较，解释结果。

采用天线滤波器，由于仿真过程中的频率相当低，这里可采用低通滤波器，而不必采用带通滤波器。截止频率为 850kHz（为了避免降低信号的质量，这个频率设的比较高）。采用 1 阶的 Butterworth 低通滤波器进行滤波。画出功率谱密度（频率为 0MHz ~ 1MHz），解释结果。并计算信号的平均功率。

为了简化问题，现假定放大器的增益为 1，没有噪声并且完全线性。

现将信号送入正交下变频器。$I$ 支路和 $Q$ 支路的混频信号分别为 $\cos(2\pi f_s t)$ 和 $\cos(2\pi f_s t)$。用 3 阶的 butterworth 低通滤波器，截止频率为 50kHz，对信号滤波。滤波器后的放大器增益为 1，无误差且完全线性。

画出下变频后的 $I(t)$ 和 $Q(t)$ 信号以及理想的 $I(t)$、$Q(t)$ 信号（原始输入信号），解释结果。

原始的 $I(t)$ 和 $Q(t)$ 信号由于滤波器的作用，输出信号有一定时间的延迟，并且输出信号和原始输入信号电平相差也比较大。现延迟原始信号 14 个采样点，并修正输出信号的振幅，再画出原始的 $I(t)$ 和 $Q(t)$ 信号和修正后的输出信号，比较其结果（提示：使两个要比较信号具有相同的平均功率）。

# 第六章 捕 获

卫星信号到达接收机天线,信号经前端处理后,变成了中频数字信号。中频信号送入接收机的各通道,进行信号的捕获。软件接收机的关键技术在信号的捕获、跟踪部分,即接收机的数字部分。GNSS 接收机的数字部分要完成跟踪和解码工作,必须从采样信号中将不同卫星的信号区分开来,此时信号的搜索、捕获、锁定和跟踪先后要一步步实现。一旦找到信号,要估计两个重要参数:一个是 C/A 码周期的开始,另一个是输入信号的载波频率。因为不同的卫星信号,具有不同的 C/A 码、起始时间以及不同的多普勒频率。得到了 C/A 码的起始时间,便可以利用这一信息,实现扩频,输出就变成连续波信号,并获得其载波频率。随后便可以由搜索捕获过程,进入锁定跟踪程序。

捕获 GNSS 信号需要搜索所有可能的多普勒频移范围。对于地面静止目标,最大多普勒频移为 ±5kHz。对于高速飞行的飞机(速度 $Ma = 6$,即 6 倍声速,大约为 2km/s),最大多普勒频移可达 ±10kHz。可见,对于高动态接收机,需要搜索更多的频率范围,计算量将增加很多。

捕获(Acquisition)是一个二维搜索过程,不仅要搜索码相位,还要搜索多普勒频移。即捕获的目的是确定能观测到的卫星,并估计出粗略的码相位和载波多普勒频移。GNSS 信号的捕获方法有串行捕获和并行捕获两种。传统的硬件接收机采用串行捕获技术,即将接收到的信号与本地产生的参考信号进行自相关,以一定步长搜索所有可能的多普勒频移与所有可能的码相位,当搜索到最大相关输出大于阀值时即判断捕获到该卫星。串行捕获技术运算简单,容易用硬件实现,但由于运算量非常大,在软件接收机中采用这种技术实现起来很困难。因此,软件接收机需要采用并行捕获技术。并行捕获算法是利用傅里叶变换(Fourier Transform)的特性,将时域信号转换到频域,将时域相关运算转换到频域的乘法运算,大大减少了计算机的运算负担。

在软件接收机中,不仅要生成卫星对应的伪随机码信号,还要生成载波信号,而且由于多普勒频移的影响,载波信号是在不断变化的。由于载波信号是采用三角函数计算出来的,用软件计算三角函数非常费时,因此在设计过程中,采用一个三角函数表实现载波信号的生成。三角函数表保存在全局变量 SinTab 中(见 REC_Const. h 文件)。[0 2π]周期内的正弦函数值共有 8192 个采样点。这样,任何相位的三角函数值可在 SineTab 变量中查找出来,如假设计算相位为 7π/2 的正弦值,则在 SinTab 中的位置为 mod(7π/2 × 8192/(2π), 8192),对 8192 求余相当于对 8191 求"并",因此在生成正弦信号的函数中用"& 0x1ffff"代替求余运算(见 REC_signal. cpp 中的 Sine 函数)。而余弦信号为正弦信号超前了 π/2,很容易实现余弦函数的查找。另外,由于要实现整数运算,三角函数表中的值与真实的三角函数值相差一个尺度因子,即真实三角函数值放大一定倍数后取整的结果。

伪随机码信号的生成根据第三章给出的 C/A 码产生过程。与硬件接收机不同,软件接收机将 C/A 码生成后保存在一个变量中,而不是每毫秒都产生伪随机码信号。生成伪随机码后在根据输入信号的采样率对产生的 PRN 码重新采样,使采样率与输入信号的采样率一致。在跟踪过程中,当输入信号的码相位发生变化时,只需要在圆相关运算过程中进行延迟操作,而不需重新生成伪随机码信号。

由于捕获算法运算量非常大,如何提高捕获计算的速度非常关键。有几个办法可提高捕获速度。一是重新采样,减少计算的数据个数;二是增加搜索频率的步长。这两个办法都将降低信噪比,但采用非相干方法捕获,最后还是可以找出相关峰值。另外,由于计算量的限制,在搜索信号时,一次只有一个通道进行捕获,即不能同时所有通道都捕获卫星。这样做目的是实现信号处理和跟踪的实时性,因为捕获占用的计算机资源多,如果多个通道都在进行捕获卫星信号,可能会造成无法实时跟踪,换句话说,1ms 的数据没有在 1ms 内处理完。

频率搜索步长的设定也是非常重要的。由前面的内容可知,需要搜索的频率范围在 ±10kHz,选用多大的步长来搜索这 20kHz 的频率对于捕获来说非常关键,步长太小的话运算量增加,步长太大则有可能捕获不到卫星信号。频率步长的选择与捕获采用的数据长度有关。如果输入信号和本地产生的信号相差大于等于 1 个载波周期,则两信号之间没有相关性;如果小于 1 个载波周期,则两信号之间有部分相关性;如果数据长度为 1ms,步长为 1kHz 的信号在这 1ms 内最多可引起 1 周的误差。因此,1ms 的数据进行捕获运算,最大频率步长为 1kHz。如果数据长度为 10ms,则频率步长最大为 100Hz,才能满足相位误差不超过 1 周的要求。

由以上讨论可知,如果捕获的信号长度为 1ms,则频率步长为 1kHz。如果信号长度为 10ms,则频率步长为 100Hz。很显然,捕获运算量与数据的长度没有线性正比关系。当数据长度从 1ms 增加到 10ms,捕获运算量增加了不止 10 倍,而且,需要搜索的频率更多了,每 100Hz 需要进行一次搜索。因此,如果需要进行快速捕获,数据的长度应当尽量小。

# 第一节　串行捕获

串行捕获技术经常用于码分多址通信系统中,易于硬件实现。其原理如图 6.1 所示。

串行捕获算法是基于用输入卫星信号乘以本地产生的伪随机码序列和本地载波。由于不同的卫星对应不同的 C/A 码,本地产生的伪随机码信号对应某一颗要捕获的卫星。调制生成的伪随机码序列的码相位为 0 ~ 1023。然后,由于输入信号还带有载波,需

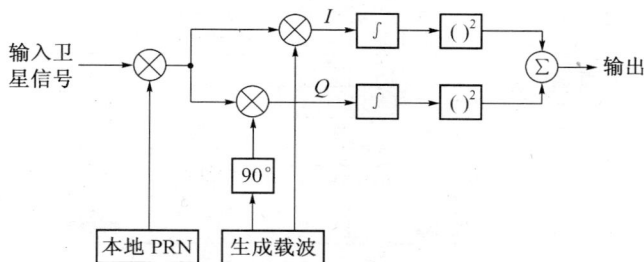

图 6.1 捕获算法示意图

要把载波移除,即乘以本地产生的载波信号,调制本地载波信号的频率,进行搜索。本地载波信号分为两路,一路为 $I$ 支路,另一路为 $Q$ 支路,两支路之间相位差为 90°。

通常,输入信号的长度为 1ms,对应一个 C/A 码周期,因此本地产生的载波信号和 C/A 码信号也通常为 1ms。输入信号乘以本地伪随机码信号和载波信号后,再进行积分(即求和),然后计算 $I$、$Q$ 两支路的平方和。理论上,C/A 码应该在 $I$ 支路上,但由于还不知道载波信号的初始相位,在 $Q$ 支路上同样有要跟踪的 C/A 码信息。因此这里需要求解 $I$、$Q$ 两支路的平方和。如果这两个支路输出的平方和大于一个阀值,即可判断捕获到了某一颗卫星。并根据码相位的延迟和本地载波的频率给出粗略的码相位和多普勒频移估值,进行下一步的跟踪。

串行捕获需要搜索不同的码相位和载波频率。以 500Hz 为步长搜索 10kHz 范围内的卫星载波信号(多普勒频移),以及 1023 个码相位,如图 6.2 所示。每一个方格代表一个特定的多普勒频移和码相位。串行捕获要搜索所有的方格,找出对应的 $I$、$Q$ 支路输出的平方和的最大值。可计算出图 6.2 中方格的个数,即不同多普勒频移与码相位的组合个数:

$$\underbrace{1023}_{\text{码相位}} \underbrace{\left( 2\frac{10000}{500} + 1 \right)}_{\text{频率}} = 1023 \times 41 = 41943$$

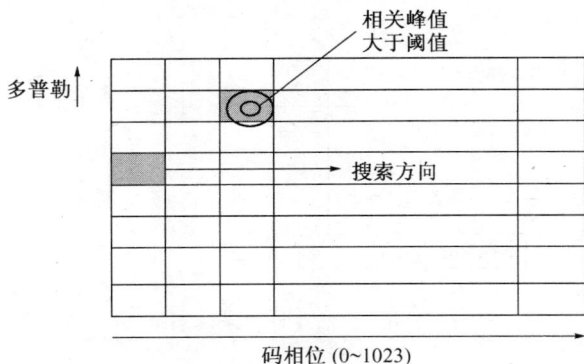

图 6.2 串行捕获算法示意图

要进行串行捕获,共有 41943 个相关运算。每个相关运算都需要多个乘法运算和加法运算,非常耗费计算资源。

进行相关运算后,需要分别计算 $I$、$Q$ 支路的积分,然后取平方和。积分就是将所有采样点的相关值累加。图 6.3 所示为卫星 1 和卫星 3 的捕获结果,可看出卫星 1 的相关峰值特别明显,而卫星 3 的峰值不明显。可以确定接收到了卫星 1 的信号,而卫星 3 的信号则有可能没有或者很弱。

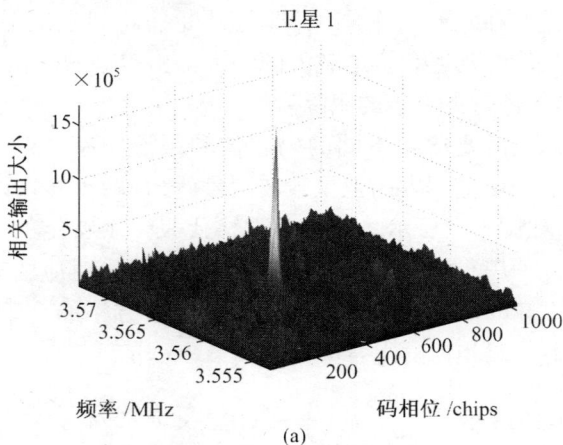

(a)

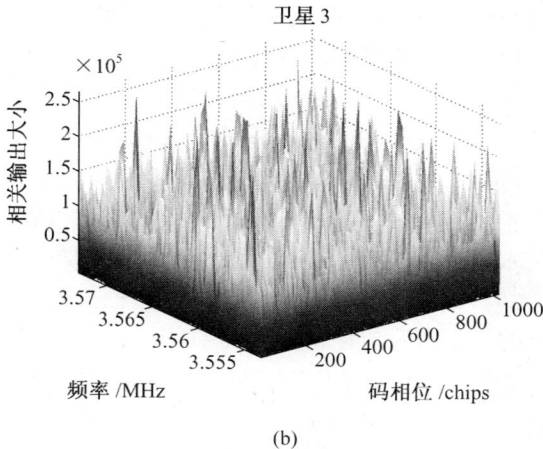

(b)

图 6.3 卫星 1 和卫星 3 的捕获结果

（a）捕获 PRN1 信号；（b）没有捕获 PRN3 信号或该信号很弱。

## 第二节 并行频率捕获

由于串行捕获需要进行很多码相位和载波频率的组合,使得串行捕获非常耗费计算时间。如果载波频率和码相位中的某一个可实现并行计算,则将大大提高捕获性能。并行频率捕获将时域的运算转换为频率的运算,从而一次可将最大相关峰值对应的载波频率估计出来。图 6.4 为并行频率捕获的框图。

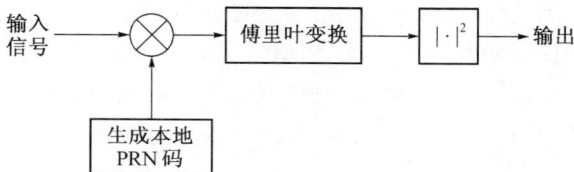

图 6.4 并行频率捕获框图

输入信号与本地产生的伪随机码相乘,并延迟本地产生的伪随机码相位为 0~1023,当输入的信号伪随机码与本地伪随机码对齐时,可恢复载波信号。然后对恢复的载波信号进行离散傅里叶变换或快速傅里叶变换,找出峰值,峰值所在位置对应的频率即为载波的频率。其原理是纯净载波信号为一个三角函数序列,其傅里叶变换的最大模所在的索引值对应的频率为该载波的频率。

图 6.5 为输入信号与本地 PRN 信号相乘的示意图。当本地 PRN 与输入信号的 PRN 对齐时,两者的乘积为载波信号,通过乘积可恢复输入信号的载波。然后对恢复后的载波进行傅里叶变换,找出模为最大的位置对应的频率。其原理是正弦信号的傅里叶变换的模的最大值对应该信号的频率。

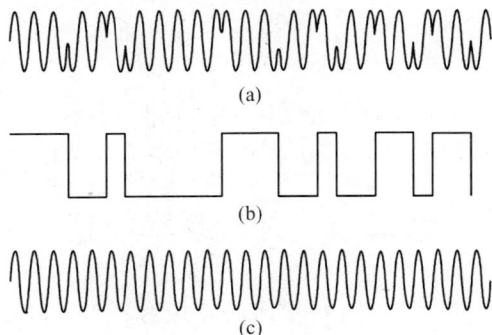

图 6.5  输入信号与本地 PRN 信号相乘恢复载波

(a) 输入信号;(b) 本地 PRN;(c) 输入信号与本地 PRN 的乘积。

这种方法确定的频率的精度依赖于傅里叶变换的长度,即运算的采样点个数。如果要分析 1ms 的数据,则采样点的个数为采样频率的 1/1000。例如,采样频率为 $f_s = 10\text{MHz}$,则采样点个数为 $N = 10000$ 个。用这 10000 个采样点作傅里叶变换,前 $N/2$ 个输出对应 0 到 $f_s/2\text{Hz}$ 的频率。即输出的频率分辨率为

$$\Delta f = \frac{f_s/2}{N/2} = \frac{f_s}{N} \qquad (6.1)$$

采用并行频率捕获,若采样频率为 $f_s = 10\text{MHz}$,则 1ms 的数据对应的频率分辨率为

$$\Delta f = \frac{10\,\mathrm{MHz}}{10000} = 1\,\mathrm{kHz} \tag{6.2}$$

即分辨率为 1000 Hz, 比串行捕获的分辨率要低。要增加这种方法的频率分辨率, 需增大采样点个数, 即增加计算的时间长度, 如采用 5 ms 甚至更长的数据进行傅里叶变换。相对串行捕获方法, 由于不需要进行串行搜索, 并行频率捕获方法可以提高运算速度。

图 6.6 为载波的傅里叶变换后的示意图。可看出对齐后的傅

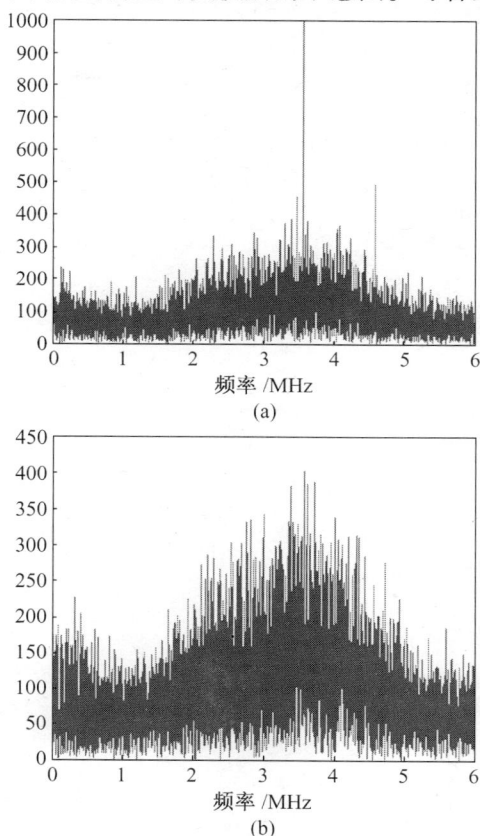

(a)

(b)

图 6.6 载波傅里叶变换示意图

(a) 码对齐后的傅里叶变换; (b) 没有对齐的傅里叶变换。

里叶变换有一个明显的峰值,而没有对齐时则峰值不明显。

图 6.7 为并行频率捕获的结果示意图。在图 6.7(a) 中没有最大峰值,表示不存在卫星 SVN3 的信号,而图 6.7(b) 中存在一个明显的峰值,表示捕获到了 SVN20 的信号。

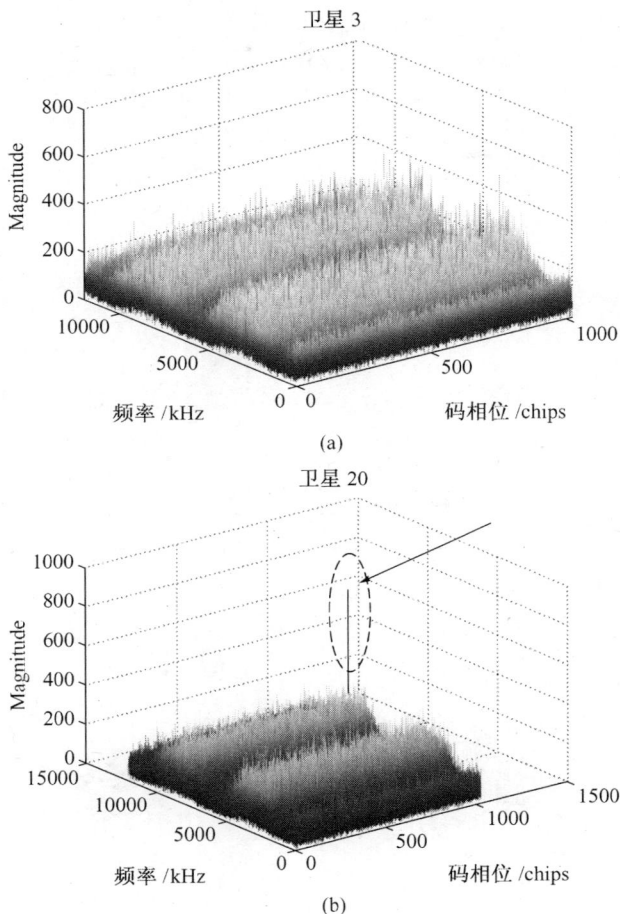

卫星 3

(a)

卫星 20

(b)

图 6.7　并行频率捕获的结果示意图

(a) 没有捕获 SVN3 的信号; (b) 捕获到 SVN20 的信号。

# 第三节 并行码相位捕获

串行捕获需要大量的相关运算,而并行频率捕获将频率的搜索转换为傅里叶变换运算。如果并行搜索码相位,将更加减少相关运算,提高运算速度。例如,并行频率捕获需要进行 1023 次频率空间搜索捕获,而采用并行码相位捕获技术,则只需要 41 次捕获运算。

并行码相位捕获算法的流程如图 6.8 所示。输入信号与本振产生的载波信号相乘,分别得到 $I$、$Q$ 支路。$I$、$Q$ 支路经傅里叶变换,得到频域信号,与伪随机码的频域复共轭相乘,再进行傅里叶逆变换,取模,可查找出最大相关峰值。

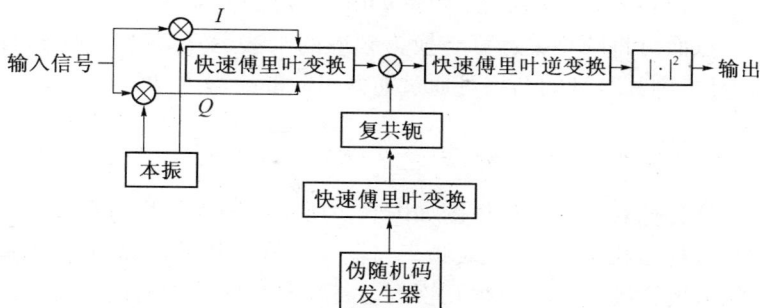

图 6.8 捕获算法示意图

捕获是将输入信号与接收机产生的本地信号进行相关运算。串行捕获方法是将输入信号与 1023 个不同码相位和多个不同载波频率的参考信号相乘,并计算相关结果。而并行码相位捕获则是采用傅里叶变换实现时域的圆相关运算变换为频域的乘积运算。由于快速傅里叶变换的浮点运算次数可减小到 O( N logN),将大大加快运算的速度。

设长度都为 $N$ 的两个信号 $x(n)$ 和 $y(n)$,其离散傅里叶变换为

$$X(k) = \sum_{n=0}^{N-1} x(n) e^{-j2\pi kn/N}, \quad Y(k) = \sum_{n=0}^{N-1} y(n) e^{-j2\pi kn/N} \qquad (6.3)$$

信号 $x(n)$ 和 $y(n)$ 的圆相关为

$$z(n) = \sum_{m=0}^{N-1} x(m) y(m+n) \qquad (6.4)$$

圆相关 $z(n)$ 的傅里叶变换为

$$Z(k) = \sum_{n=0}^{N-1} \left( \sum_{m=0}^{N-1} x(m) y(m+n) \right) e^{-j2\pi kn/N} =$$

$$\sum_{m=0}^{N-1} x(m) e^{j2\pi km/N} \sum_{n=0}^{N-1} y(m+n) e^{-j2\pi k(n+m)/N} = \qquad (6.5)$$

$$X(k) \cdot Y^*(k) = X^*(k) \cdot Y(k)$$

式中：$X^*(k)$、$Y^*(k)$ 分别为 $X(k)$ 和 $Y(k)$ 的复共轭。

从而可将圆相关运算转换为频域的乘法运算。一旦 $Z(k)$ 计算得出,则其时域的结果可通过逆傅里叶变换得到,即

$$z(n) = \sum_{k=0}^{N-1} Z(k) e^{-j2\pi kn/N} \qquad (6.6)$$

这种捕获方法流程框图如图 6.7 所示。输入信号与本地产生的载波信号相乘,如果载波频率与输入信号的载波频率一致,则输入信号的伪随机码信号得到恢复。将恢复后的伪随机码进行离散或快速傅里叶变换,得到其频域的表示。同时将本地产生的伪随机码进行傅里叶变换并取其共轭,与输入信号的频域结果相乘,在将相乘的结果取逆傅里叶变换,在取结果的模,即是时域的相关结果。如果在结果中出现一个峰值,则这个峰值的索引值对应了输入信号的码相位。

与并行频率捕获方法比较,并行码相位捕获将搜索空间从 1023 个降低到 41 个(与频率的搜索范围和搜索步长有关)。为了进一步提高速度,在实际编程过程中,将本地伪随机码与本地产生的载波相位相乘,然后进行傅里叶变换取复共轭,保存在一个查找表中。每次搜索只需将表中的数据取出,与输入信号的傅里叶变

换相乘,然后再进行逆傅里叶变换,即可得到圆相关的结果,具体如图 6.9 所示。

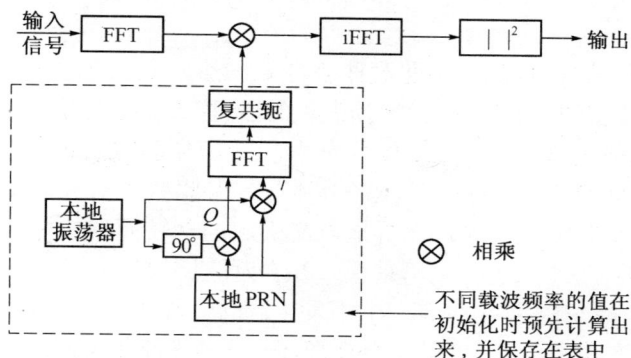

图 6.9 软件接收机中的快速并行捕获算法示意图

下面是用并行码相位捕获算法捕获某颗卫星信号的伪代码。

X = 接收到的 GNSS 信号

M = length( X )

FY = LocPRNCarrier　　　　　//本地产生的参考伪随机码与载波信号乘

　　　　　　　　　　　　　　积的傅里叶变换复共轭查找表

N = Bins of Doppler frequencies　　//要搜索的多普勒频移的个数

FX = FFT( X );

for i from 1 to N

　　IQ_F = FX * FY( i );

　　IQ = iFFT( IQ_F );

　　Result( i ) = abs( IQ );

End for

　　[ a b ] = max( Result );　　　　　//找到最大相关峰值

由前面的讨论可知,捕获的结果是一个矩阵(或二维的数组)。每一个元素对应于某一个多普勒频移和码相位延迟。如果这个矩阵中存在一个明显的峰值,则表示很有可能捕获了某颗卫星的信号。如果矩阵中的峰值不明显,则表明要捕获卫星的信号不存在。

# 第四节　捕获若干问题讨论

　　用于捕获的数据长度对捕获性能的影响很大。数据长度越长,则捕获的效果越好,但数据太长的话,将增加捕获时间。另外,由于导航电文的存在,信号会发生翻转。导航电文的数据率是50b/s,即每 20ms 可能发生一次翻转,因此数据长度不能超过10ms,超过 10ms 则会由于导航电文引起的翻转而造成捕获失败。从而,对于 GPS 的 C/A 码来说,10ms 为最长的数据长度,一般两相邻 10ms 的数据至少有一个不发生翻转。除了要考虑导航电文引起翻转外,数据长度的选择还要考虑多普勒频移的变化。一般来说,多普勒频移在 10ms 内不会影响到捕获结果,因此,10ms 为捕获的最大数据长度。当然,如果不考虑导航电文引起的翻转,还可用更长的数据进行捕获运算。

　　根据 Nyquist 定理,采样频率必须高出信号频率两倍以上,才能恢复和重构原信号。对于 GNSS 信号,由于我们不需要重构,只需要估计出码相位。因此,在设计过程中还可降低采样频率,甚至可以比信号频率更低。对信号采样率很高的情况,如由 Colorado 天文动力研究中心提供的数据,采样率为 38.192MHz,即每毫秒有38192 个采样点,这么大的数据量对于捕获运算来说很难实现实时处理。因此,我们降低了采样率,即对每毫秒的输入数据重新进行采样,取 38192 中的 1024 个或者 2046 个,进行捕获运算。这里,由于降低了采样率,将使得信噪比减小,1ms 的数据很难直接被捕获和识别出来,我们采用非相干积分技术,即每毫秒的捕获结果进行累加,由于噪声累加的结果增大不如信号累加的结果增加得快,使得经过一段时间累加后,可找出最大相关峰值。例如,如果用 2ms 的数据进行捕获,可将数据分成两个 1ms 的数据,分别进行捕获运算,然后将两个毫秒的捕获结果(对应的二维数组)相加。这样,不计捕获结果的相加运算,2ms 的数据运算量是 1ms 数据的两倍。这种算法虽然性能不如相干积分技术,但运算量小,易于实现实时。对于弱信号,采用非相干积分技术,也可有效实现捕获。

非相干处理是对每毫秒的捕获结果进行累加,这样不仅累加了信号,同时噪声也累加了。如果需要有效的提高捕获效果,需要采用相干积分技术。相干积分是指计算长数据的相关结果,其优点是显著的增加了信噪比。如 2ms 数据其傅里叶变换的频率分辨率为 500Hz,而 1ms 的数据则是 1000Hz,同时还增加 3dB 的信噪比。但由前面的分析可知,数据的长度和计算量不是呈线性增加的关系,随着数据长度的增加,计算量将成倍的增大。

对软件接收机来说,实现实时捕获非常关键。这里有两个关键指标,即虚警率和漏警率。虚警率是指没有某颗卫星的信号,而接收机误判有该卫星的信号存在。漏警率指接收到的卫星信号中有某颗卫星的信号,而接收机没有搜索到。不管是虚警还是漏警,都会降低接收机的工作性能甚至造成接收机不能正常工作。这两个参数存在着相互制约的关系(即虚警率低将会引起漏警率高,反之亦然),在接收机的研制过程中,必须最大限度地降低虚警率和漏警率。这里,本书采用非相干积分方法,利用连续 30ms 的数据进行累加实现捕获,可降低虚警率和漏警率。因为 1ms 的数据有可能出现虚警和(或)漏警,但连续 30ms 的数据,则出现虚警和漏警的概率非常低。

捕获过程中频率的分辨率低,当捕获到有某颗卫星的信号存在后,需要进行频率精化。精化后的频率误差至少要在 50Hz 内,然后将估计的频率和码相位参数输出给跟踪环路。由前面的讨论可知捕获的频率误差可达 500Hz(1kHz 步长)或 250Hz(500Hz 步长),捕获的多普勒频移还需要进行精化,以满足跟踪对频率精度的要求。与 Tsui(2000)不同,本书采用二分查找的方法进行频率精化。其具体思路是,在已经实现了捕获的基础上,由于已知了码相位,利用已知的码延迟,以一定步长在捕获频率附近查找最大相关峰值。算法的流程如图 6.10 所示。图中 $\tau_0$,$f_0$ 为捕获的初始码相位和频率,$\Delta f$ 为预先定义的频率搜索步长,每次搜索后这个步长减小 1/2,直到步长小于预期的阀值。将捕获的码相位和精化后的频率传递给跟踪模块,接收机进入跟踪工作状态。见 C++ 代码中 CChannel 类的成员函数 Confirming。

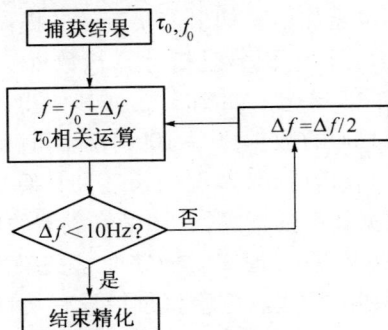

图 6.10 软件接收机频率精化示意图

过去,在 C/A 码已经捕获的基础上来捕获 P 码。在某些特殊情况下,C/A 码可能受到干扰。研究 P 码直接捕获就非常重要[4]。

# Matlab 程序

```
% --------------- p6_1. m ---------------
svnum = 1;
% 串行捕获技术
% ***** initial conditions *****
fs = 11. 999e6;    % sampling freq
ts = 1/fs;    % sampling time
n = fs/1000;    % data pt in l ms
nn = [0:n-1];    % total no. of pts
fc0 = 3. 563e6;    % center freq without Doppler

load data. mat
```

```
x = double( data') ;


%  ***** Reads code with 1024 different phases
filename = sprintf( 'gold% i. mat', svnum) ;
load( filename) ;
code = double( code) ;


y = ones( 1023 ,1) ;
xcarrier = ( y * x). * code;


%  ***** Serial Search Algorithm *****
for i = 1 :41
   fc( i) = fc0  + 0. 0005e6 * ( i - 21) ;
   expfreq = exp( j * 2 * pi * fc( i) * ts * nn) ;
   sine =  imag( expfreq) ;         % generate local sine
   cosine =  real( expfreq) ;         % generate local cosine
   I = ( y * sine). * xcarrier;
   Q = ( y * cosine). * xcarrier;
   result( i, :) = sum( I'). ^2 + sum( Q'). ^2;
end


[ peak codephase] = max( max( result) ) ;
[ peak frequency] = max( max( result') ) ;


frequency = fc( frequency) ;


figure( 1)
x_axis = 1 :1023;
y_axis = fc/1e6;
s = surf( x_axis, y_axis, result) ;
set( s, 'EdgeColor', 'none', 'Facecolor', 'interp') ;
axis( [ min( x_axis) max( x_axis) min( y_axis) max( y_axis) min( min( result) )
    max( max( result) ) ] ) ;
```

```
caxis([0 max(max(result))]);
xlabel('Code Phase [chips]');
ylabel('Frequency [MHz]');
zlabel('Magnitude');
text = sprintf('SVN %i',svnum);
title(text);


% --------------- p6_2.m --------------------
svnum = 1;
% 并行码相位捕获
% 卫星号为 svnum
% 返回码相位和频率


% ***** initial conditions *****
load data.mat
x = double(data');

fs = 11.999e6;    % sampling freq
ts = 1/fs;        % sampling time
n = fs/1000;      % data pt in 1 ms
nn = [0:n-1];     % total no. of pts
fc0 = 3.563e6;    % center freq without Doppler


% ***** Reads code with 1024 different phases
filename = sprintf('gold%i.mat',svnum);
load(filename);
code = double(code(1,:));


% ***** DFT of C/A code
codefreq = conj(fft(code));


for i = 1:41
  fc(i) = fc0 + 0.0005e6 * (i-21);
```

192

```
expfreq = exp( j * 2 * pi * fc( i) * ts * nn) ;
sine = imag( expfreq) ;        % generate local sine
cosine = real( expfreq) ;      % generate local cosine
I = sine. * x;
Q = cosine. * x;
IQfreq = fft( I + j * Q) ;
convcodeIQ = IQfreq . * codefreq;
result( i, :) = abs( ifft( convcodeIQ)). ^2;
end


[ peak codephase] = max( max( result)) ;
[ peak frequency] = max( max( result')) ;


codephase
frequency = fc( frequency)


codephaseChips = round( 1023  -  ( codephase/11999) * 1023)
gold_rate = 1. 023e6;         % Gold code clock rate in Hz
ts = 1/fs;
tc = 1/gold_rate;
b = [ 1 :n] ;
c = ceil( ( ts * b)/tc) ;


figure( 1)
x_axis = c;
y_axis = fc/1e6;
s = surf( x_axis, y_axis, result) ;
set( s, 'EdgeColor', 'none', 'Facecolor', 'interp') ;
axis( [ min( x_axis) max( x_axis) min( y_axis) max( y_axis) min( min( result))
    max( max( result))]) ;
caxis( [ 0 max( max( result))]) ;
xlabel( '码相位 [ chips]') ;
ylabel( '频率 [ MHz]') ;
```

速傅里叶变换实现,比较相关结果和耗费的时间。两信号用伪随机函数生成。

6. 用并行频率捕获方法捕获时长为 1ms 和 6ms 的数据,频率分辨率分别为多少?

7. 说明非相干积分与相干积分的原理,各有什么优缺点?

8. 思考本章中提出的频率精化技术有何优点? 还有什么其他频率精化方法?

# 第七章 跟 踪

捕获只是提供了一个粗略的多普勒频移和码相位。在接收机工作过程中，要时刻对卫星信号保持跟踪，估计精确的码相位和多普勒频移、载波相位并解调导航电文，并计算出卫星与接收机之间的伪距。跟踪是指接收机要时刻跟踪伪随机码相位、载波相位和载波频率。跟踪的精度及灵敏度是接收机的重要性能指标。在跟踪过程中，由于卫星和接收机之间相互运动，使得接收到的信号有多普勒频移，需要用锁相环来锁定和跟踪载波频率。信号的处理过程如图 7.1 所示。其过程为将输入信号乘以本地产生的载波信号，得到输入信号 PRN 与导航电文的乘积，在乘以本地 PRN，消除伪随机测距码，得到导航电文。跟踪模块要产生两个本地信号，载波和伪随机测距码。

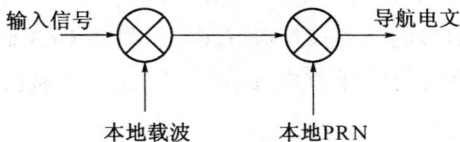

图 7.1 导航电文解调过程示意图

为了跟踪一个信号，必须针对输入信号的变化，建立一个随之而动的宽带滤波器，当输入信号的频率随着时间变化时，滤波器的中心频率也随着信号而变。实际的跟踪过程是宽带滤波器的中心频率是固定的，而本机产生的信号随着输入信号频率的变化，输入信号的相位和本机产生的信号相位通过相位比较器进行比相，相位比较器的输出通过宽带滤波器。由于跟踪电路的带宽很窄，所以对比相器的输出结果的响应灵敏度很高。对输入信号的跟踪过程的结果是得到导航数据信息。在跟踪过程中,每个通道一般有两个跟踪环路在工作,其中一个是 C/A 码跟踪环,称为码环;另一个是跟踪信号载波相位的,称为载波环。

　　接收机内部有多个通道,一个通道跟踪某一颗卫星,且每个通道内部的计算过程都是相同的。本章以一个通道为例,介绍了 GNSS 信号的跟踪过程。

# 第一节　解扩和解调原理

　　GPS 第 $k$ 颗发射的信号为

$$s^k(t) = \sqrt{2P_c}\,C^k(t)D^k(t)\cos(2\pi f_{L1}t + \phi_{0,L1}) +$$

$$\sqrt{2P_{PL1}}\,P^k(t)D^k(t)\sin(2\pi f_{L1}t + \phi_{0,L1}) +$$

$$\sqrt{2P_{PL2}}\,P^k(t)D^k(t)\sin(2\pi f_{L2}t + \phi_{0,L2}) \qquad (7.1)$$

式中: $P_c$、$P_{PL1}$、$P_{PL2}$ 分别为 C/A 码信号、L1 上的 P(Y)码信号和 L2 上的 P(Y)码信号的功率; $C^k(t)$、$P^k(t)$ 分别为 C/A 码和 P(Y)码; $D^k(t)$ 为该卫星发射的导航电文; $\phi_{0,L1}$ 和 $\phi_{0,L2}$ 为载波 L1 和 L2 的初始相位。

　　信号经卫星传播到接收机的后,由于几何与物理延迟,变为

$$s^k(t-\tau) = \sqrt{2P_c}\,C^k(t-\tau)D^k(t-\tau)\cos(2\pi f_{L1}(t-\tau) + \phi_{0,L1}) +$$

$$\sqrt{2P_{PL1}}\,P^k(t-\tau)D^k(t-\tau)\sin(2\pi f_{L1}(t-\tau) + \phi_{0,L1}) +$$

$$\sqrt{2P_{PL2}}\,P^k(t-\tau)D^k(t-\tau)\sin(2\pi f_{L2}(t-\tau) + \phi_{0,L2})$$

$$(7.2)$$

经前端滤波和下变频后,移除了 L2 上的信号,信号变为

$$s^k(t-\tau) = \sqrt{2P_c}C^k(t-\tau)D^k(t-\tau)\cos(2\pi f_{IF}(t-\tau)+\phi_{0,L1}) +$$

$$\sqrt{2P_{PL1}}P^k(t-\tau)D^k(t-\tau)\sin(2\pi f_{IF}(t-\tau)+\phi_{0,L1})$$

$$(7.3)$$

式中:$f_{IF}=f_{L1}-f_{LO}$ 为中频;$f_{LO}$ 为前端的本地振荡器产生的载波频率。

式(7.2)为该卫星经前端处理后的信号。

对式 7.3 采样并模/数转换,经窄带滤波后,仅剩下 C/A 码,P 码则成为了噪声信号。从而有

$$s^k(n-m) = C^k(n-m)D^k(n-m)\cos(2\pi f_{IF}(n-m) +$$

$$\phi_{0,L1}) + e(n) \qquad\qquad (7.4)$$

式中:$n=1/f_s$s,$m=\tau/f_s$ 为采样后的时间延迟,两者均表示信号是离散信号。

要恢复信号中的伪随机码和载波,则需要在对应通道的跟踪回路中产生频率与输入信号频率接近的本地载波信号,并与输入信号相乘。本地分别产生同相和正交两部分当地载波信号,从而同相部分($I$ 支路)为

$$s^k(n-m)\cos(2\pi f'_{IF}n) = C^k(n-m)D^k(n-m)\cos(2\pi f_{IF}(n-$$

$$m)+\phi_{0,L1})\cos(2\pi f'_{IF}n) +$$

$$e(n)\cos(2\pi f'_{IF}n) = \frac{1}{2}C^k(n-$$

$$m)D^k(n-m)(\cos[2\pi(f'_{IF}-f_{IF})n +$$

$$2\pi f_{IF}m+\phi_{0,L1}]+\cos[2\pi(f_{IF}+$$

$$f'_{IF})n+2\pi f_{IF}m+\phi_{0,L1}]) +$$

$$e(n)\cos(2\pi f'_{IF}n) \qquad\qquad (7.5)$$

正交部分($Q$ 支路)为

$$s^k(n-m)\sin(2\pi f'_{IF}n) = C^k(n-m)D^k(n-m)\cos(2\pi f_{IF}(n-m) +$$

$$\phi_{0,L1})\sin(2\pi f'_{IF}n) + e(n)\sin(2\pi f'_{IF}n) =$$

$$\frac{1}{2}C^k(n-m)D^k(n-m)(\sin[2\pi(f'_{IF} -$$

$$f_{IF})n + 2\pi f_{IF}m + \phi_{0,L1}] + \sin[2\pi(f_{IF} +$$

$$f'_{IF})n + 2\pi f_{IF}m + \phi_{0,L1}]) +$$

$$e(n)\sin(2\pi f'_{IF}n) \tag{7.6}$$

式(7.5)和式(7.6)中包含了低频部分(基带信号)和高频部分,以及噪声。如果本地产生的载波信号与输入信号的载波频率足够接近,则 $I$ 支路和 $Q$ 支路的低频部分大约分别为 $\frac{1}{2}C^k(n-m)D^k(n-m)\cos(2\pi f_{IF}m+\phi_{0,L1})$ 和 $\frac{1}{2}C^k(n-m)D^k(n-m)\sin(2\pi f_{IF}m+\phi_{0,L1})$。而 $I$ 支路和 $Q$ 支路的高频部分近似为 $\frac{1}{2}C^k(n-m)D^k(n-m)\cos(4\pi f_{IF}n+2\pi f_{IF}m+\phi_{0,L1})$ 和 $\frac{1}{2}C^k(n-m)D^k(n-m)\sin(4\pi f_{IF}n+2\pi f_{IF}m+\phi_{0,L1})$。

现假设本地产生伪随机码信号为 $C_{LO,k}(n)$ 并延迟 $m'$,即 $C_{LO,k}(n-m')$ 分别与 $s^k(n-m)\cos(2\pi f'_{IF}n)$ 和 $s^k(n-m)\sin(2\pi f'_{IF}n)$ 相乘并取和,得

$$\begin{cases} \sum_{n=0}^{N-1} C_{LO,k}(n-m')s^k(n-m)\cos(2\pi f'_{IF}n) \\ \sum_{n=0}^{N-1} C_{LO,k}(n-m')s^k(n-m)\sin(2\pi f'_{IF}n) \end{cases} \tag{7.7}$$

式中:$N$ 为数据长度,对于 C/A 码,$N$ 通常为 1ms 内的采样点个数。

对于高频和噪声信号,取和的过程等效为一个低通滤波,因此,高频信号取和后结果非常小,仅剩下低频部分。而低频部分取

和结果为

$$
\begin{cases}
\displaystyle\sum_{n=0}^{N-1} C_{\mathrm{LO},k}(n-m')s^k(n-m)\cos(2\pi f'_{\mathrm{IF}}n) = \\[2mm]
\displaystyle\frac{1}{2}\sum_{n=0}^{N-1} C_{\mathrm{LO},k}(n-m')C^k(n-m)D^k(n-m)\cos(2\pi f_{\mathrm{IF}}m + \phi_{0,\mathrm{L1}}) \\[4mm]
\displaystyle\sum_{n=0}^{N-1} C_{\mathrm{LO},k}(n-m')s^k(n-m)\sin(2\pi f'_{\mathrm{IF}}n) = \\[2mm]
\displaystyle\frac{1}{2}\sum_{n=0}^{N-1} C_{\mathrm{LO},k}(n-m')C^k(n-m)D^k(n-m)\sin(2\pi f_{\mathrm{IF}}m + \phi_{0,\mathrm{L1}})
\end{cases}
$$

$$(7.8)$$

式(7.8)右边的三角函数中的相位($2\pi f_{\mathrm{IF}}m + \phi_{0,\mathrm{L1}}$)在积分期间不变,为一个常数。$D^k(n-m)$在20ms内可能发生一次翻转,因此,在一个积分期间内也为一个常数。如果此时本地产生的伪随机码$C_{\mathrm{LO},k}(n-m')$与卫星发射的伪随机码相同且延迟非常接近,即$m'\approx m$,则相关输出的结果接近最大相关峰值。

从而,可得$I$、$Q$支路的相关结果,即

$$
\begin{cases}
I = \displaystyle\frac{1}{2}\sum_{n=0}^{N-1} C_{\mathrm{LO},k}(n-m')C^k(n-m)D^k(n- \\[2mm]
\qquad m)\cos(2\pi f_{\mathrm{IF}}m + \phi_{0,\mathrm{L1}}) \\[4mm]
Q = \displaystyle\frac{1}{2}\sum_{n=0}^{N-1} C_{\mathrm{LO},k}(n-m')C^k(n-m)D^k(n- \\[2mm]
\qquad m)\sin(2\pi f_{\mathrm{IF}}m + \phi_{0,\mathrm{L1}})
\end{cases}
$$

$$(7.9)$$

仔细分析式(7.9),可看出$I$、$Q$值除了包含本地伪随机码和卫星发射的伪随机码外,还有导航电文和载波相位。经长时间跟踪卫星信号,则通道会输出很多的$I$、$Q$值。考虑$I$、$Q$为一个二维空间,可画出$I$、$Q$值在二维空间的分布。随着不同时刻载波的变化,$I$、$Q$值应当是分布在一个圆上。图7.2所示为某个通道的跟

(a)

(b)

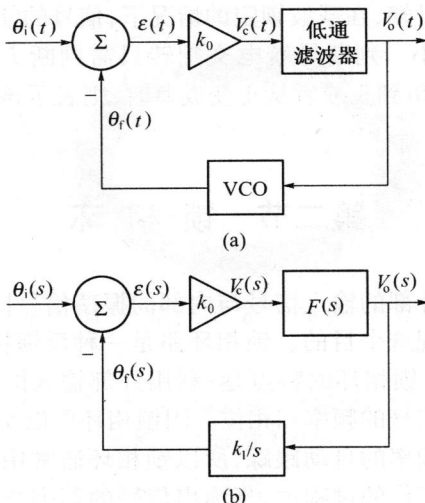

图 7.4　二阶锁相环

（a）锁相环模型；（b）锁相环的频域模型。

其中，$\theta_f(t)$ 的 Laplace 变换为

$$\theta_f(s) = \frac{k_1}{s} \tag{7.13}$$

由图 7.5(b)，可得如下关系：

$$\begin{cases} V_c(s) = k_0 e(s) = k_0 (\theta_i(s) - \theta_f(s)) \\ V_o(s) = V_c(s) F(s) \\ \theta_f(s) = V_o(s) \dfrac{k_1}{s} \end{cases} \tag{7.14}$$

经整理，可得输入相位和 VCO 的输出相位之间的频域关系为

$$\theta_i(s) = \theta_f(s)(1 + \frac{s}{k_0 k_1 F(s)}) \tag{7.15}$$

从而系统的传递函数为

$$H(s) = \frac{\theta_f(s)}{\theta_i(s)} = \frac{k_0 k_1 F(s)}{s + k_0 k_1 F(s)} \tag{7.16}$$

上面的滤波器考虑采用一阶滤波器,即锁相环为二阶锁相环。设一阶环路滤波器的传递函数为

$$F(s) = \frac{1}{s} \frac{\tau_2 s + 1}{\tau_1} \tag{7.17}$$

将式(7.17)带入式(7.16),可得

$$H(s) = \frac{\theta_f(s)}{\theta_i(s)} = \frac{k_0 k_1 \dfrac{\tau_2 s + 1}{s \tau_1}}{s + k_0 k_1 \dfrac{\tau_2 s + 1}{s \tau_1}} = \frac{2\zeta\omega_n s + \omega_n^2}{s^2 + 2\zeta\omega_n s + \omega_n^2}$$

$$\tag{7.18}$$

式中: $\omega_n$ 为固有频率,其值为

$$\omega_n = \sqrt{\frac{k_0 k_1}{\tau_1}} \tag{7.19}$$

$\zeta$ 为阻尼因子,其值为

$$\zeta = \frac{\tau_2 \omega_n}{2} \tag{7.20}$$

阻尼因子控制着锁相环跟踪载波相位的延迟程度,阻尼因子大,则锁相环对信号反应迟钝,阻尼因子小,锁相环对信号太敏感,容易造成环路的振荡。

二阶锁相环噪声带宽为

$$B_n = \int_0^{+\infty} |H(\omega)| \, d\omega = \frac{\omega_n}{2}\left(\zeta + \frac{1}{4\zeta}\right) \tag{7.21}$$

环路的噪声带宽控制了滤波器所允许的噪声大小。噪声带宽大,则环路能够较快跟踪到信号,但跟踪的频率误差大。噪声带宽

小,则环路不容易快速跟踪信号,但一旦跟踪到信号,则将使得跟踪频率误差小。

式(7.18)为针对模拟信号处理的传递函数。而我们需要采用数字信号处理的方法,实现数字锁相环。因而,需要将该传递函数转换为数字信号的形式,采用双线性变换,即

$$s = \frac{2}{T} \frac{z-1}{z+1} \tag{7.22}$$

式中:$T$ 为采样间隔。

从而将模拟信号的 Laplace 变换转换为 $Z$ 变换。将式(7.22)带入式(7.18),得

$$H(z) =$$
$$\frac{(4\zeta\omega_n T + (T\omega_n)^2) + 2(T\omega_n)^2 z^{-1} + ((T\omega_n)^2 - 4\zeta\omega_n T)z^{-2}}{(4 + 4\zeta\omega_n T + (T\omega_n)^2) + (2(T\omega_n)^2 - 8)z^{-1} + ((T\omega_n)^2 - 4\zeta\omega_n T + 4)z^{-2}}$$
$$\tag{7.23}$$

数字锁相环的框图如图 7.5 所示。

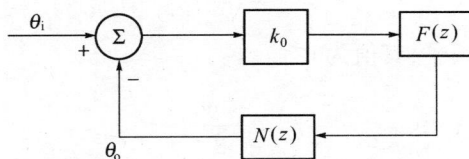

图 7.5  数字锁相环框图

该数字锁相环的传递函数为

$$H(z) = \frac{\theta_o(z)}{\theta_i(z)} = \frac{k_0 F(z) N(z)}{1 + k_0 F(z) N(z)} \tag{7.24}$$

采用如图 7.6 所示的一阶滤波器,其传递函数为

$$F(z) = \frac{(C_1 + C_2) - C_1 z^{-1}}{1 - z^{-1}} \tag{7.25}$$

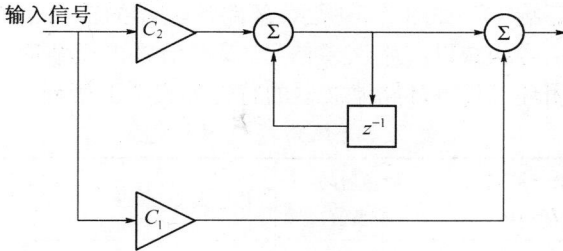

图 7.6 一阶滤波器框图

而数控振荡器的传递函数为

$$N(z) = \frac{k_0 z^{-1}}{1 - z^{-1}} \tag{7.26}$$

要推导出数字二阶锁相环中的参数 $C_1$ 和 $C_2$ 与噪声带宽和阻尼因子的关系,可将式(7.25)、式(7.26)带入式(7.24),得

$$H(z) = \frac{k_0 k_1 (C_1 + C_2) z^{-1} - k_0 k_1 C_1 z^{-2}}{1 + (k_0 k_1 (C_1 + C_2) - 2) z^{-1} + (1 - k_0 k_1 C_1) z^{-2}} \tag{7.27}$$

比较式(7.23)和式(7.27),可得

$$\begin{cases} C_1 = \dfrac{1}{k_0 k_1} \dfrac{8\zeta\omega_n T}{4 + 4\zeta\omega_n T + (\omega_n T)^2} \\ C_2 = \dfrac{1}{k_0 k_1} \dfrac{4\zeta\omega_n T}{4 + 4\zeta\omega_n T + (\omega_n T)^2} \end{cases} \tag{7.28}$$

固有频率为

$$\omega_n = \frac{8\zeta B_L}{4\zeta^2 + 1} \tag{7.29}$$

式中:$B_L$ 为环路噪声带宽。

环路滤波器的作用是降低噪声以便在其输出端对原始信号产生精确估计。环路滤波器的阶数和噪声带宽决定了环路滤波器对

信号的动态响应。如图 7.5 所示，环路滤波器的输出信号实际上要与原始信号相减以产生误差信号，误差信号再反馈回滤波器输入端形成闭环过程。环路滤波器的特性如表 7.1 所列。

表 7.1　环路滤波器特性

| 环路阶数 | 噪声带宽 $B_n/\text{Hz}$ | 滤波器的典型值 | 稳态误差 | 特性 |
|---|---|---|---|---|
| 一 | $\dfrac{\omega_0}{4}$ | $\omega_0$ <br> $B_n = 0.25\omega_0$ | $\dfrac{\mathrm{d}R/\mathrm{d}t}{\omega_0}$ | 对速度应力敏感。对于所有的噪声带宽都是无条件稳定的 |
| 二 | $\dfrac{\omega_0(1 + a_2^2)}{4a_2}$ | $\omega_0^2$ <br> $a_2 = 1.414$ <br> $B_n = 0.53\omega_0$ | $\dfrac{\mathrm{d}^2 R/\mathrm{d}t^2}{\omega_0^2}$ | 对加速度应力敏感。对于所有的噪声带宽都是无条件稳定的 |
| 三 | $\dfrac{\omega_0(a_3 b_3^2 + a_3^2 - b_3)}{4(a_3 b_3 - 1)}$ | $\omega_0^3$ <br> $a_3 = 1.1$ <br> $b_3 = 2.4$ <br> $B_n = 0.7845\omega_0$ | $\dfrac{\mathrm{d}^3 R/\mathrm{d}t^3}{\omega_0^3}$ | 对加加速度应力敏感。在 $B_n \leqslant 18\text{Hz}$ 时保持稳定 |

注：1. 环路滤波器的自然圆频率 $\omega_0$ 是在接收机设计过程中由选定的噪声带宽 $B_n$ 值而算出来的；

2. $R$ 为接收机到卫星的距离；

3. 稳态误差与跟踪环路的带宽成反比，与距离的 $n$ 阶导数成正比，$n$ 为环路滤波器的阶数

滤波器的阶数和其他参数的设置对于接收机的性能非常关键。由表 7.1 可看出，对于高动态接收机，必须采用高阶的环路滤波器，才能有效地跟踪信号，避免失锁[1]。

GPS 接收机锁相环的主要相位误差源是相位颤动和动态应力误差。这个误差的 $3\sigma$ 值和其经验方法的跟踪门限为

$$3\sigma_{\text{PLL}} = 3\sigma_j + \theta_e \leqslant 45°$$

式中：$\sigma_j$ 为除了动态应力外的所有其他误差源造成的 $1\sigma$ 相位颤

动;$\theta_e$为动态应力误差。

由上式可看出动态应力误差是一种$3\sigma$效应,而且是叠加到相位颤动上的。相位颤动是每个不相关的相位误差源平方和的开平方,这些不相关的误差源有热噪声和振荡器噪声等。热噪声的影响是一直伴随着接收机的运行,而其他颤动源或者是瞬时的,或者可以忽略,因此,常把热噪声作为唯一的载波跟踪误差源。锁相环的热噪声颤动计算如下:

$$\sigma_{\text{PLL}} = \frac{1}{2\pi}\sqrt{\frac{B_n}{C/N_0}\left(1 + \frac{1}{2T \cdot C/N_0}\right)} \quad (\text{rad}) \quad (7.30)$$

将式(7.30)乘以载波波长$\lambda_L$,即可得到以长度米为单位的载波跟踪误差为

$$\sigma_{\text{PLL}} = \frac{\lambda_L}{2\pi}\sqrt{\frac{B_n}{C/N_0}(1 + \frac{1}{2T \cdot C/N_0})} \quad (\text{m}) \quad (7.31)$$

码跟踪环路的跟踪误差为

$$\sigma_{\text{C/A}} = 293\sqrt{\frac{d \cdot B_n}{C/N_0}\left(1 + \frac{1}{2T \cdot C/N_0}\right)} \quad (\text{m}) \quad (7.32)$$

式中:$d$为当前码和早发码之间的间距。

## 第三节  跟踪环路

要实现信号的跟踪和解调,必须产生与卫星的载波一致的本地参考载波,实现对载波信号的跟踪。而要跟踪载波信号,则必须要采用锁相环或锁频环。

图7.7为一个基本的锁相环框图。输入信号与本地载波相乘后,再乘以本地产生的PRN码序列,其结果为一个误差信号,通过载波环鉴相器计算出本地载波的相位误差,通过载波环滤波器滤掉噪声后,输出给数控振荡器,调制振荡器的频率,使频率始终与输入信号的频率一致。这个过程即为锁相环的工作原理。

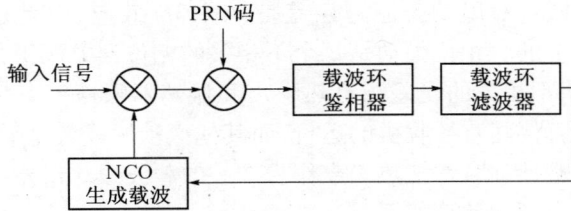

图 7.7　跟踪环路框图

1/2 的锁相环能探测出 180° 的相位变化。而由于 GNSS 信号有导航电文的翻转,相位将会变化 180°,这里要求 GNSS 载波锁相环不敏感这个相位变化。这里,采用 Costas 环路来实现载波锁相环,这种锁相环正是我们所需要的不敏感相位翻转 180° 环路,如图 7.8 所示。

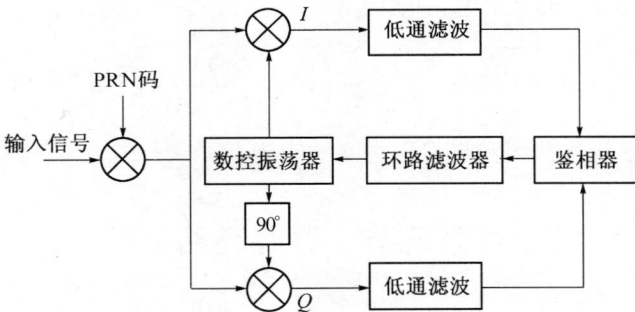

图 7.8　Costas 环路框图

Costas 环采用两路乘法运算。即分别计算本地载波和本地载波移相 90° 与输入信号的乘积。其思路是将所有能量保持在 $I$ 支路,而 $Q$ 支路为噪声。

由于式(7.9)中的 $D^k(n-m)$ 和 $2\pi f_{IF}m + \phi_{0,L1}$ 在一个积分周期(通常为 1ms,最大不超过 20ms)内不变,因此 $I$、$Q$ 支路的输出为

210

$$\begin{cases} I = \dfrac{1}{2}D^k(n-m)\cos(2\pi f_{\mathrm{IF}}m + \phi_{0,\mathrm{L1}})\sum_{n=0}^{N-1}C_{\mathrm{LO},k}(n-\\ \qquad m')C^k(n-m) \\[4mm] Q = \dfrac{1}{2}D^k(n-m)\sin(2\pi f_{\mathrm{IF}}m + \phi_{0,\mathrm{L1}})\sum_{n=0}^{N-1}C_{\mathrm{LO},k}(n-\\ \qquad m')C^k(n-m) \end{cases}$$

$$(7.33)$$

设 $\varphi = 2\pi \cdot mf_{\mathrm{IF}} + \phi_{0,\mathrm{L1}}$ 为输入载波与本地载波的相位差,则

$$\tan\varphi = \frac{\dfrac{1}{2}D^k(n-m)\cos(2\pi f_{\mathrm{IF}}m + \phi_{0,\mathrm{L1}})\sum_{n=0}^{N-1}C_{\mathrm{LO},k}(n-m')C^k(n-m)}{\dfrac{1}{2}D^k(n-m)\sin(2\pi f_{\mathrm{IF}}m + \phi_{0,\mathrm{L1}})\sum_{n=0}^{N-1}C_{\mathrm{LO},k}(n-m')C^k(n-m)} =$$

$$\frac{Q}{I}$$

$$(7.34)$$

从而

$$\varphi = \arctan\left(\frac{Q}{I}\right) \qquad (7.35)$$

式(7.35)是 Costas 环最精确的鉴相器,但由于三角函数的计算非常耗费计算时间,在软件接收机中还可采用其他算法实现鉴相器,以提高计算速度。可选用的鉴相器还有 $D = \mathrm{sign}(I) \cdot Q$ 和 $D = I \cdot Q$,各种算法的比较如图 7.9 所示。由图中可看出,当相位误差为 0°和 ±180°时鉴相器输出为 0°,即 Costas 环不感应 180°的相位变化,适合用于 GNSS 接收机的载波相位跟踪。换句话说,当导航电文发生翻转时,将引起载波相位有 180°的变化,而 Costas 环则不受这个变化的影响,始终跟踪载波相位信号。

在接收机跟踪环路中,不仅要实现对载波的跟踪,还需要跟踪码相位。GNSS 接收机中的码相位跟踪环路为延迟锁定环(Delay Lock Loop,DLL),或称为早 – 迟跟踪环。其思路是采用三个本地

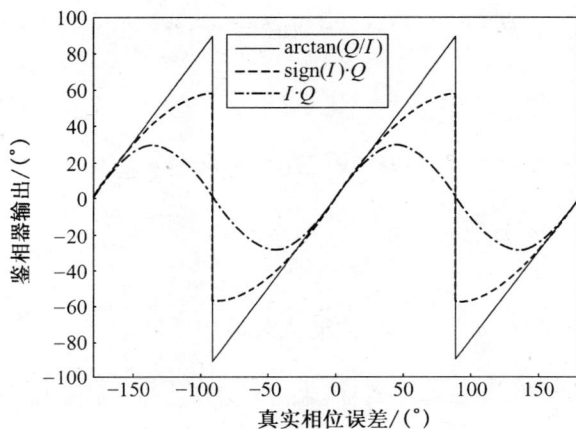

图 7.9　鉴相器各种算法比较

复制码与输入信号相关,来判断输入信号的运动方向,如图 7.10 所示。

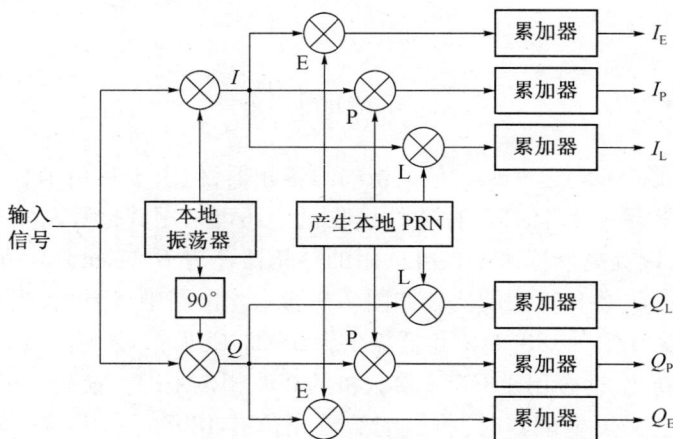

图 7.10　DLL 框图

　　输入信号与本地振荡器产生的载波相乘,得到基带信号,即 C/A 码,在与本地产生的三个伪随机码相乘,这三个伪随机码称为早发码、当前码和迟发码,对应图 7.10 中的 E、P 和 L,其中 P 比 E 晚 0.5 个码元,而 L 比 P 晚 0.5 个码元。相乘后将结果进行累加,然后取 $I$、$Q$ 支路的平方和,结果给本地码对输入信号的跟踪提供延迟依据。具体思路如图 7.11 所示。

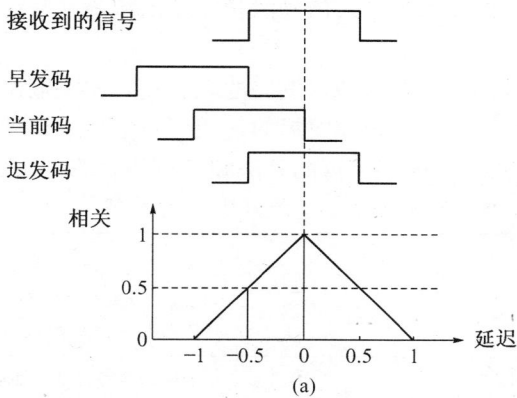

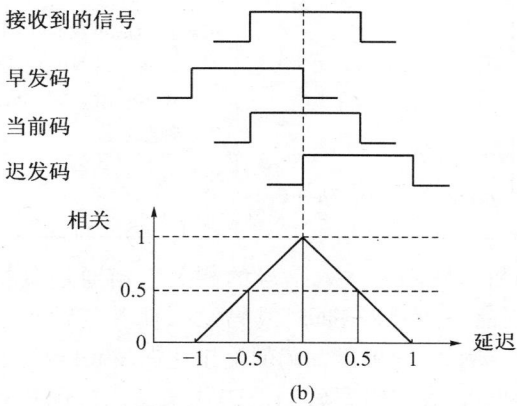

接收到的信号

早发码

当前码

迟发码

相关

(a)

接收到的信号

早发码

当前码

迟发码

相关

(b)

图 7.11　给本地码对输入信号的跟踪提供
延迟依据的具体思路
(a) 本地码与接收到的信号没有对齐;
(b) 本地码与接收到的信号对齐。

213

如图 7.12(a)所示,当前码与接收到的信号(输入信号)没有对齐,而迟发码与输入信号对齐,这时迟发码的相关输出为最大,说明当前码还需要往迟发码方向移动。而当当前码与输入信号精确对齐,如图 7.12(b)所示,则当前码与输入信号的相关输出最大,早发码和迟发码与输入信号的相关输出相等,但比当前码的相关输出小。

根据早发码、当前码和迟发码的 $I$、$Q$ 支路相关输出,计算本地码信号的移动大小,以跟踪卫星的伪随机码信号的移动,需要用到码鉴相器。几个不同鉴相器的算法和特点如表 7.2 所列。

表 7.2　鉴相器类型和特征

| 鉴相器类型 | 算法 | 特　征 |
|---|---|---|
| 相干跟踪 | $I_E - I_L$ | 简单,不需要 $Q$ 支路的相关输出,但需要高性能的载波跟踪环 |
| 不相干跟踪 | $(I_E^2 + Q_E^2) - (I_L^2 + Q_L^2)$ | 早发码功率减迟发码功率,在半个码元内,其结果与相干鉴相器相同 |
| | $\dfrac{(I_E^2 + Q_E^2) - (I_L^2 + Q_L^2)}{(I_E^2 + Q_E^2) + (I_L^2 + Q_L^2)}$ | 正规化后的早发码功率减迟发码功率。这种鉴相器可跟踪噪声大的信号。在本书附带的 $C++$ 代码中采用这种鉴相器 |
| | $I_P(I_E - I_L) + Q_P(Q_E - Q_L)$ | 这种鉴相器用到了六个相关器的输出结果 |

早发码和迟发码与输入信号的相关输出通过鉴相器进行比较,来控制当前码的延迟时间(或码元),使其与输入信号的伪随机码相匹配。例如,如果早发码的输出比迟发码的输出大,说明卫星在靠近接收机,我们需要将当前码往早发码方向移动,反之,则向迟发码方向移动,如果早发码的输出与迟发码的输出相等,则表面当前码刚好与输出信号的伪随机码匹配,无需推迟或提前当前码的生成。

综合载波跟踪环和码跟踪环,可得到如图 7.12 所示的 GNSS接收机一个通道的跟踪环路。输入信号乘以码跟踪环路输出的当前码后,输出到载波跟踪环路的信号为调制有导航电文的载波相位信号。捕获 GNSS 信号时已估计出一个粗略的多普勒频移,OSC(振荡器)根据这一初始频率产生两路参考载波信号:直接产生的载波和偏转 180°的载波。这两路参考载波与输入的载波信号进行相关运算。两路相关输出经低通滤波后经一个反正切比较器比较,得到载波的相位。由于频率翻转不影响反正切,所以,这里无需考虑导航电文引起的相位翻转。反正切比较器的输出经一个低通滤波器后产生一个控制信号,这个控制信号可作为振荡器的输入,控制其产生的频率,使振荡器的频率始终跟踪输入载波信号的频率,并用这个频率产生的参考载波信号来移除中频信号中的载波,还原码信号。

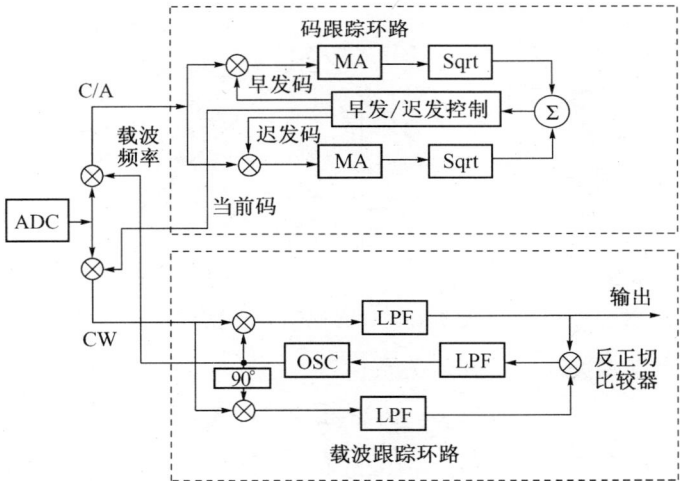

图 7.12　跟踪环路示意图

码跟踪环路可看成是线性锁相环,因此同样可采用锁相环的理论对码跟踪环建模。换句话说,码跟踪环路滤波器与载波跟踪环路滤波器是一样的,但两者有不同的参数。我们采用二阶锁相环实现载波和伪随机码跟踪。在设计过程中,需要确定几个常数,如噪声带宽、环路的阻尼因子等。根据很多实验结果,选取如下环路跟踪参数可达到较好的效果：

| | |
|---|---|
| 伪随机码跟踪环阻尼因子 | 0.707 |
| 伪随机码跟踪环噪声带宽 | 2Hz |
| 伪随机码跟踪环早发码迟发码间距 | 0.5Chip |
| 载波跟踪环阻尼因子 | 0.707 |
| 载波噪声带宽 | 25Hz |

一般情况下,伪随机码跟踪环路当前码的相关输出并不是最大,还需要用早发码和迟发码的相关输出作为辅助,可找出最大相关峰值。如图 7.13 所示。当前码的相关输出不是最大位置,而是偏离最大相关位置 $x$。早发码和迟发码的相关输出分别为 $y_e$ 和 $y_1$,当前码的相关输出为 $y_p$。

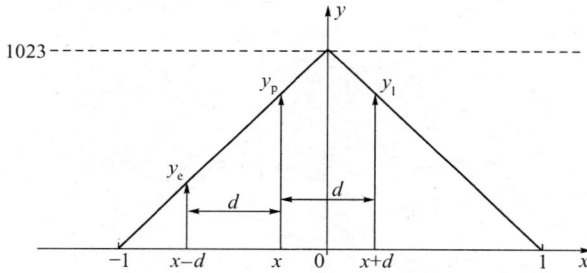

图 7.13　C/A 码相关输出

根据相关输出的几何关系,有

$$\begin{cases} y_p = 1023(1 - |x|) \\ y_1 = 1023(1 - x - d) \\ y_e = 1023(1 + x - d) \end{cases} \tag{7.36}$$

$x$ 和 $d$ 的单位为码元的时长(977.5ns)。早发码和迟发码的相关输出比值为

$$r = \frac{y_1}{y_e} = \frac{1 - x - d}{1 + x + d} \tag{7.37}$$

从而可计算出对齐误差为

216

$$x = \frac{(1-r)(1-d)}{1+r} \qquad (7.38)$$

在后面的伪距计算中,计算精确伪距,需要对码相位进行精化。精化的计算方法就是当前码的码相位延迟减去式(7.38)的对齐误差。

与载波跟踪环采用实时 $I$、$Q$ 值跟踪载波不同,频率跟踪环采用一段时间内的载波相位作为频率跟踪环的观测量。由于是一段较长时间内(可达 10ms 以上)的结果,频率跟踪环对噪声不敏感,可以跟踪信噪比低的信号,频率跟踪输出可在当信号失锁时,作为重新捕获用,提高捕获效率。

## 第四节　多路径效应

接收机接收到的卫星信号为失真的卫星发射信号,产生失真的原因之一就是多路径效应。如果卫星发生的信号经卫星到接收机的直线路径到达接收机,这接收机接收到的信号为卫星发射信号的延迟,且信号的强度最大。考虑信号在传播过程中,受一些物体的反射,而改变了信号的传播方向、振幅、极化以及相位等,这些变化了的信号到达接收机,与通过直线路径到达接收机的信号产生叠加。这种现象称为多路径效应,将会降低定位和导航的精度,如图 7.14 所示。信号经反射物反射到达接收机,与直接到达接收机的信号发射干涉叠加。

通常,接收到的信号为直接到达信号与多路径信号的叠加,即

$$s(t) = \sum_{i=1}^{M} A_i(t) D(t - \tau_i(t)) C(t - \tau_i(t)) \cos(2\pi(f_{L1} +$$

$$v_i(t))t + \varphi_i(t)) + n(t) \qquad (7.39)$$

式中: $A_i(t)$ 为第 $i$ 路信号的振幅; $D$ 为导航电文; $C$ 为伪随机码; $\tau$ 为时间延迟; $v$ 为频率变化; $\varphi_i$ 为相位偏差。

考虑只有一个多路径效应的情况,即 $M = 2$。假设振幅、延迟

的相关间距分别为 1.0 个码元、0.5 个码元和 0.1 个码元。图中距离误差大于 0 的部分为相长干涉引起的距离误差,小于 0 的部分为相消干涉引起的距离误差,多路径误差处于这两个误差之间。由图中可看出,相关间距小可减小多路径误差,这就是窄相关为什么能减少多路径误差的理由。需要注意的是窄相关可能会引起跟踪卫星丢失的情况,解决的办法是采用多个(多于三个相关器)。

# 第五节 导航电文解调

由第三章可知,导航电文包含了卫星的信息,如星历、钟差、卫星健康状况等。导航电文的单位为帧。每帧包含 5 个子帧。每子帧由 10 个字组成,每个字为 30 位,前 24 位为数据位,后 6 位为检校位。导航电文的数据率为 50Hz,每 20ms 发送一个数据位。从而每个子帧需要 6s 才能完全发送,发送一个帧的导航电文需要 30s。

很多软件接收机采用事后处理的思路,即将通道中跟踪环路的输出保存起来,通道处理完全部数据后,再从头分析通道的输出数据,解调导航电文。本书针对实时处理方法,不需要保存通道的跟踪结果。

对电文进行解码,要找到每子帧的帧头,需要将导航电文与 Preamble 进行相关。每个子帧的 TLM 都以 Preamble 开头,Preamble 有 8 个位,其值为 1 0 0 0 1 0 1 1。要找到子帧头必须将解调的导航电文与 Preamble 进行相关运算,得到最大相关输出的时刻即是子帧头。

查找到子帧头后,子帧编号在交接字的第 20 位、第 21 位、第 22 位,由这三个位即可判断是第几个子帧。根据导航电文中各参数的格式,可以对导航电文进行解码,得到卫星星历和钟差等信息。另外需要注意的是,在解码过程中,需要用检校位进行检校,如果检校结果不对,则舍弃解码结果,重新对下一帧电文进行解码。导航电文解调的流程如图 7.16 所示。

根据通道输出的 $I$、$Q$ 值,计算相位 $\varphi = \arctan(Q/I)$。如果 $\varphi$ 的相邻两个时刻变化了 180°,则表示发生了导航电文翻转。然后每 20ms 判断一次相位的翻转情况。将结果保存在一个 int 型变量中,每 20ms 该变量左移 1 位,最低位与次低位相同,当出现翻转时,最低位为次低位取反。每 20ms 检查该变量是否含有子帧头数据,即 10001011,考虑到初始值的模糊度问题,还有可能为 01110100,对该字取反后再进行检校,通过检校后即进入帧同步状态。

进入帧同步状态后,每 600ms 得到 1 个字,通过检校后将该字保存起来,没有通过检校则重新开始寻找子帧头。经 6s 后,得到 10 个字,从这 10 个字中解调出 1 个子帧的导航电文。经 30s 的数据,可得到完整的导航电文。

每个子帧的头两个字的为遥测字和交接字,如图 7.17 所示。这里面的时间信息非常重要,截短 TOW 计数表示卫星发射

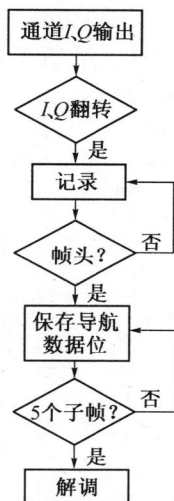

图 7.16 导航电文解调流程

图 7.17 子帧的第 1 个、第 2 个字

下一个子帧的时刻,单位为 6 s,这个量将用于计算卫星发射信号的时刻。星历参数占用的位数和尺度因子以及单位如表 7.3 所列。

表 7.3　第 2、第 3 子帧包含的星历参数

| 参数 | 位数 | LSB 尺度因子 | 有效距离 | 单位 |
|---|---|---|---|---|
| IODE | 8 | | | |
| $C_{rs}$ | 16 * | $2^{-5}$ | | m |
| $\Delta n$ | 16 * | $2^{-43}$ | | 半周/s |
| $M_0$ | 32 * | $2^{-31}$ | | 半周 |
| $C_{uc}$ | 16 * | $2^{-29}$ | | rad |
| $e$ | 32 | $2^{-33}$ | 0.03 | |
| $C_{us}$ | 16 * | $2^{-29}$ | | rad |
| $(A)^{1/2}$ | 32 | $2^{-19}$ | | $m^{1/2}$ |
| $t_{ae}$ | 16 | $2^4$ | 604.784 | s |
| $C_{ic}$ | 16 * | $2^{-29}$ | | rad |
| $(OMEGA)_0$ | 32 * | $2^{-31}$ | | 半周 |
| $C_{is}$ | 16 * | $2^{-29}$ | | rad |
| $i_0$ | 32 * | $2^{-31}$ | | 半周 |
| $C_{rc}$ | 16 * | $2^{-5}$ | | m |
| $\omega$ | 32 * | $2^{-31}$ | | 半周 |
| OMEGADOT | 24 * | $2^{-43}$ | | 半周/s |
| IDOT | 14 * | $2^{-43}$ | | 半周/s |

　　每个字的开头 24 位是数据位,后 6 位为检校位。表 7.4 所列为检校编码方程。

表 7.4　编码检校方程

$$d_1 = D_1 \oplus D_{30}^*$$

$$d_2 = D_2 \oplus D_{30}^*$$

$$d_3 = D_3 \oplus D_{30}^*$$

$$\vdots$$

$$d_{24} = D_{24} \oplus D_{30}^*$$

$$D_{25} = D_{29}^* \oplus d_1 \oplus d_2 \oplus d_3 \oplus d_5 \oplus d_6 \oplus d_{10} \oplus d_{11} \oplus d_{12} \oplus d_{13} \oplus d_{14} \oplus d_{17} \oplus d_{18} \oplus d_{20} \oplus d_{23}$$

$$D_{26} = D_{30}^* \oplus d_2 \oplus d_3 \oplus d_4 \oplus d_6 \oplus d_7 \oplus d_{11} \oplus d_{12} \oplus d_{13} \oplus d_{14} \oplus d_{15} \oplus d_{18} \oplus d_{19} \oplus d_{21} \oplus d_{24}$$

$$D_{27} = D_{29}^* \oplus d_1 \oplus d_3 \oplus d_4 \oplus d_5 \oplus d_7 \oplus d_8 \oplus d_{12} \oplus d_{13} \oplus d_{14} \oplus d_{15} \oplus d_{16} \oplus d_{19} \oplus d_{20} \oplus d_{22}$$

$$D_{28} = D_{30}^* \oplus d_2 \oplus d_4 \oplus d_5 \oplus d_6 \oplus d_8 \oplus d_9 \oplus d_{13} \oplus d_{14} \oplus d_{15} \oplus d_{16} \oplus d_{17} \oplus d_{20} \oplus d_{21} \oplus d_{23}$$

$$D_{29} = D_{30}^* \oplus d_1 \oplus d_3 \oplus d_5 \oplus d_6 \oplus d_7 \oplus d_9 \oplus d_{10} \oplus d_{14} \oplus d_{15} \oplus d_{16} \oplus d_{17} \oplus d_{18} \oplus d_{21} \oplus d_{22}$$
$$\oplus d_{24}$$

$$D_{30} = D_{29}^* \oplus d_3 \oplus d_5 \oplus d_6 \oplus d_8 \oplus d_9 \oplus d_{10} \oplus d_{11} \oplus d_{13} \oplus d_{15} \oplus d_{19} \oplus d_{22} \oplus d_{23} \oplus d_{24}$$

$D_1 \sim D_{24}$ 为数据位，$D_{25} \sim D_{29}$ 为检校位。其中 $D_{29}^*$ 和 $D_{30}^*$ 表示上一个字的第 29 位和第 30 位。先计算 $d_1$、$d_2$、$\cdots$、$d_{24}$，然后计算出检校位 $D_{25} \sim D_{29}$，判断是否通过检校。

对每个子帧的所有导航电文位进行排序，即从子帧第 1 个字的第 1 位开始，到第 10 个字第 30 位，共有 300 位。下面给出各参数在导航电文中所在的位置。

从第 1 子帧提取出的参数如下：

（1）WN。第 61 位 ~ 第 70 位共 10 位，表示从 1980 年 1 月 6 日 0 时开始的星期数。

（2）$T_{GD}$。第 197 位 ~ 第 204 位共 8 位，表示估计群延迟。

（3）$t_{oc}$。第 219 位 ~ 第 234 位共 16 位，表示卫星钟参数的参考时刻。

（4）$a_{f2}$。第 241 位 ~ 第 248 位共 8 位，表示卫星钟改正，二进制补码格式。

（5）$a_{f1}$。第 249 位 ~ 第 264 位共 16 位，表示卫星钟改正，二进制补码格式。

（6）$a_{f0}$。第 271 位 ~ 第 292 位共 22 位，表示卫星钟改正，二进制补码格式。

（7）IODC。第 83 位、第 84 位为最高有效位，第 211 位 ~ 第 218 位共 8 位为最低有效位，总共为 10 位，表示卫星钟数据龄期。IODC 的最低有效位与第 2、第 3 子帧的星历发布信息比较，如果不匹配，表示星历数据无效，需要重新解调。

（8）TOW。第 31 位 ~ 第 47 位为共 17 位，表示星期中的秒数。单位为 6s，因此，要乘以 6 才得到真正的秒数。这个时间是下一个子帧的开始发射时刻，要计算本子帧的发射时刻，还需减去 6s。

从第 2 子帧提取的参数如下：

（1）IODE。表示星历数据龄期，第 61 位 ~ 第 68 位共 8 位。这个数据与第一子帧中 IODC 的最低有效位和第 3 子帧中的 IODE 比较，如果这三者不同，表示星历数据无效，需要重新解调。

（2）$C_{rs}$。表示轨道半径的正弦调和改正项的振幅，第 69 位 ~ 第 84 位共 16 位。

（3）$\Delta n$。表示平均角速度变化率改正项，第 91 位 ~ 第 106 位共 16 位，二进制补码格式。转换为十进制后单位为半周/s，因此需要乘以 π 才能转化为 rad/s。

（4）$M_0$。表示参考时刻的平近点角，第 107 位 ~ 第 114 位共 8 位是最高有效位，第 121 位 ~ 第 144 位为最低有效位，共 32 位。

（5）$C_{uc}$。表示纬度的余弦调和改正项的振幅，从第 151 位 ~ 166 位共 16 位。

（6）$e$。表示卫星轨道的离心率，第 167 位 ~ 第 174 位为其最高有效位，从第 181 位 ~ 第 204 位为其最低有效位，共 32 位。

（7）$C_{us}$。表示纬度的正弦调和改正项的振幅，从第 211 位 ~ 第 226 位共 16 位。

（8）$\sqrt{a}$。表示轨道半径的平方根，由第 227 位 ~ 第 234 位共 8 位的最高有效位和第 241 位 ~ 第 264 位的 24 位最低有效位两部分组成，共 32 位。

（9）$t_{oe}$。表示星历数据参考时刻,由第 227 位 ~ 第 234 位共 8 位的最高有效位和第 241 位 ~ 第 264 位的 24 位的最低有效位组成。

从第 2 子帧提取的参数如下:

（1）$C_{ic}$。表示轨道倾角余弦调和改正项的振幅,第 61 位 ~ 第 76 位共 16 位。

（2）$\Omega_0$。表示本周开始历元时刻的轨道升交点赤经,第 77 位 ~ 第 84 位共 8 位为最高有效位,第 91 位 ~ 第 114 位共 24 位为最低有效位,总共为 32 位。

（3）$C_{is}$。表示轨道倾角正弦调和改正项的振幅,从第 121 位 ~ 第 126 位共 16 位。

（4）$i_0$。表示参考时刻的卫星轨道倾角,第 137 位 ~ 第 144 位共 8 位为最高有效位,第 151 位 ~ 第 174 位共 24 位为最低有效位,总共为 32 位。

（5）$C_{rc}$。表示轨道半径的余弦调和改正项的振幅,第 181 位 ~ 第 196 位共 16 位。

（6）$\omega$。表示近地点角距,第 197 位 ~ 第 204 位共 8 位为最高有效位,第 211 位 ~ 第 234 位共 24 位为最低有效位,总共为 32 位。

（7）$\dot{\Omega}$。升交点赤经的变化率,第 241 位 ~ 第 264 位共 24 位,二进制补码格式。

（8）IODE。表示星历数据龄期,从第 271 位 ~ 第 278 位共 8 位,这个数据与第 1 子帧中 IODC 的最低有效位和第 2 子帧中的 IODE 比较,如果这三者不同,表示星历数据无效,需要重新解调。

（9）$\dot{i}$。表示轨道倾角变化率,从第 279 位 ~ 第 292 位共 14 位,二进制补码格式。

第 2 子帧和第 3 子帧的 TOW 不需要进行解码,因为第 1 子帧已提供足够的时间信息。本书只对前三个子帧进行了解码,可完成导航计算。第 4 和第 5 子帧的导航电文包含了电离层改正、卫星星座的历书等信息。需要了解这方面内容,可参考 GPS – ICD 文档。

## 第六节　卫星位置计算和星历重建

由接收机通道解调的广播星历,计算卫星位置,计算过程如下:

(1)求长半轴为

$$a = (\sqrt{a})^2$$

(2)经校正的平角速度为

$$n = \sqrt{\frac{\mu}{a^3}} + \Delta n$$

式中:$\mu = GM$;$G$ 为引力常数;$M$ 为地球质量。

(3)计算从星历历元算起的时间为

$$t_k = t - t_{0e}$$

(4)平均近点角为

$$M_k = M_0 + n(t_k)$$

(5)迭代计算解开普勒方程为

$$M_k = E_k - e\sin E_k$$

(6)计算真近点角为

$$\sin v_k = \frac{\sqrt{1 - e^2}\sin E_k}{1 - e\cos E_k}, \cos v_k = \frac{\cos E_k - e}{1 - e\cos E_k}$$

(7)纬度值为

$$\phi_k = v_k + \omega$$

(8)纬度校正值为

$$\delta\phi_k = C_{ws}\sin(2\phi_k) + C_{wc}\cos(2\phi_k)$$

(9)半径校正值为

$$\delta r_k = C_{rs}\sin(2\phi_k) + C_{rc}\cos(2\phi_k)$$

（10）倾角校正值为

$$\delta i_k = C_{is}\sin(2\phi_k) + C_{ic}\cos(2\phi_k)$$

（11）经校正的纬度值为

$$u_k = \phi_k + \delta\varphi_k$$

（12）经校正的半径为

$$r_k = a(1 - e\cos E_k) + \delta r_k$$

（13）经校正的倾角为

$$i_k = i_0 + \dot{i}\,t_k + \delta i_k$$

（14）经校正的升交点径度为

$$\Omega_k = \Omega_0 + (\dot{\Omega} - \dot{\Omega}_e)t_k - \dot{\Omega}_e t_{0e}$$

式中：$\dot{\Omega}_e$ 为地球旋转速率。

（15）在轨道平面中的坐标为

$$x_p = r_k\cos u_k$$

$$y_p = r_k\sin u_k$$

（16）地固坐标系中的坐标为

$$x = x_p\cos\Omega_k - y_p\cos i_k\sin\Omega_k$$

$$y = x_p\sin\Omega_k + y_p\cos i_k\cos\Omega_k$$

$$z = y_p\sin i_k$$

由以上过程，即可计算出卫星在某一时刻的位置。在 C + + 代码中，每个通道有一个星历类成员变量 ephemeris_，利用星历类解调导航电文，计算卫星位置。

星历误差是卫星定位的一个主要误差源。在 GPS 的主控站或者卫星导航增强系统以及信号仿真的过程中，需要利用位置坐标拟合 GPS 卫星的星历参数。拟合结果的精度对于导航定位误差非常关键。对于 GPS 卫星的星历，根据本节的位置计算过程，可推导出位置坐标对各星历参数的偏导数,根据最小二乘原理,可估计出星历参数的值。

根据上文给出的计算步骤,可推导出轨道对星历参数的偏导数。在推导位置向量对星历参数的偏导数之前,先给出几个重要偏导数。

偏近点角对平近点角的偏导数为

$$\frac{\partial E}{\partial M} = \frac{1}{1 - e\cos E}$$

真近点角对偏近点角的偏导数为

$$\frac{\partial v}{\partial E} = -\frac{\sqrt{1 - e^2}(e\cos E - 1)\cos^2 v}{\cos^2 E - 2e\cos E + e^2}$$

真近点角对离心率的偏导数为

$$\frac{\partial v}{\partial e} = -\frac{\sin E(e\cos E - 1)\cos^2 v}{\sqrt{1 - e^2}(\cos^2 E - 2e\cos E + e^2)}$$

平均角速度对轨道半长轴的偏导数为

$$\frac{\partial n}{\partial A} = -\frac{3\mu}{2nA^4}$$

位置向量对轨道半长轴的偏导数为

$$\left\{ \begin{aligned} \frac{\partial x}{\partial A} &= (1 - e\cos E_k)(\cos(\Omega_k)\cos(u_k) - \\ &\quad \cos(i_k)\sin(\Omega_k)\sin(u_k)) + \frac{\partial x}{\partial \Delta n}\frac{\partial n}{\partial A} \\ \frac{\partial y}{\partial A} &= (1 - e\cos E_k)(\sin(\Omega_k)\cos(u_k) + \\ &\quad \cos(i_k)\cos(\Omega_k)\sin(u_k)) + \frac{\partial y}{\partial \Delta n}\frac{\partial n}{\partial A} \\ \frac{\partial z}{\partial A} &= (1 - e\cos E_k)\sin(i_k)\sin(u_k) + \frac{\partial z}{\partial \Delta n}\frac{\partial n}{\partial A} \end{aligned} \right. \tag{7.47}$$

其中，$\dfrac{\partial x}{\partial \Delta n}$，$\dfrac{\partial y}{\partial \Delta n}$，$\dfrac{\partial z}{\partial \Delta n}$由式(7.49)给出。

位置向量对平近点角的偏导数为

$$
\begin{cases}
\begin{aligned}
\dfrac{\partial x}{\partial M_0} =& \dfrac{Ae\sin E_k}{1 - e\cos E_k}(\cos(\Omega_k)\cos(u_k) - \cos(i_k)\sin(\Omega_k)\sin(u_k)) + \\
& 2(\cos(\Omega_k)\cos(u_k) - \cos(i_k)\sin(\Omega_k)\sin(u_k)) \\
& (C_{rs}\cos(2\Phi_k) - C_{rc}\sin(2\Phi_k))\dfrac{\partial v}{\partial E}\dfrac{\partial E}{\partial M} + \\
& r_k(-\sin(u_k)\cos(\Omega_k) - \\
& \cos(u_k)\cos(i_k)\sin(\Omega_k))\dfrac{\partial v}{\partial E}\dfrac{\partial E}{\partial M} + \\
& 2r_k(-\sin(u_k)\cos(\Omega_k) - \\
& \cos(u_k)\cos(i_k)\sin(\Omega_k))(C_{us}\cos(2\Phi_k) - \\
& C_{uc}\sin(2\Phi_k))\dfrac{\partial v}{\partial E}\dfrac{\partial E}{\partial M} + \\
& 2r_k\sin(u_k)\sin(i_k)\sin(\Omega_k)(C_{is}\cos(2\Phi_k) - \\
& C_{ic}\sin(2\Phi_k))\dfrac{\partial v}{\partial E}\dfrac{\partial E}{\partial M} \\
\dfrac{\partial y}{\partial M_0} =& \dfrac{Ae\sin E_k}{1 - e\cos E_k}(\sin(\Omega_k)\cos(u_k) + \cos(i_k)\cos(\Omega_k)\sin(u_k)) + \\
& 2(\sin(\Omega_k)\cos(u_k) + \cos(i_k)\cos(\Omega_k)\sin(u_k)) \\
& (C_{rs}\cos(2\Phi_k) - C_{rc}\sin(2\Phi_k))\dfrac{\partial v}{\partial E}\dfrac{\partial E}{\partial M} + \\
& r_k(-\sin(u_k)\sin(\Omega_k) + \cos(u_k)\cos(i_k)\cos(\Omega_k)) \\
& \dfrac{\partial v}{\partial E}\dfrac{\partial E}{\partial M} + 2r_k(-\sin(u_k)\sin(\Omega_k) +
\end{aligned}
\end{cases}
$$

$$\cos(u_k)\cos(i_k)\cos(\Omega_k))(C_{us}\cos(2\Phi_k) -$$

$$C_{uc}\sin(2\Phi_k))\frac{\partial v}{\partial E}\frac{\partial E}{\partial M} - 2r_k\sin(u_k)\sin(i_k)\cos(\Omega_k)$$

$$(C_{is}\cos(2\Phi_k) - C_{ic}\sin(2\Phi_k))\frac{\partial v}{\partial E}\frac{\partial E}{\partial M}$$

$$\frac{\partial z}{\partial M_0} = \frac{Ae\sin E_k}{1 - e\cos E_k}(\sin(i_k)\sin(u_k)) +$$

$$2(\sin(i_k)\sin(u_k))(C_{rs}\cos(2\Phi_k) -$$

$$C_{rc}\sin(2\Phi_k))\frac{\partial v}{\partial E}\frac{\partial E}{\partial M} + r_k(\cos(u_k)\sin(i_k))\frac{\partial v}{\partial E}\frac{\partial E}{\partial M} +$$

$$2r_k(\cos(u_k)\sin(i_k))(C_{us}\cos(2\Phi_k) -$$

$$C_{uc}\sin(2\Phi_k))\frac{\partial v}{\partial E}\frac{\partial E}{\partial M} +$$

$$2r_k\sin(u_k)\cos(i_k)(C_{is}\cos(2\Phi_k) -$$

$$C_{ic}\sin(2\Phi_k))\frac{\partial v}{\partial E}\frac{\partial E}{\partial M} \tag{7.48}$$

位置向量对平均角速度变化的偏导数为

$$\begin{cases} \dfrac{\partial x}{\partial \Delta n} = \dfrac{\partial x}{\partial M_0}t_k \\[2mm] \dfrac{\partial y}{\partial \Delta n} = \dfrac{\partial y}{\partial M_0}t_k \\[2mm] \dfrac{\partial z}{\partial \Delta n} = \dfrac{\partial z}{\partial M_0}t_k \end{cases} \tag{7.49}$$

位置向量对离心率的偏导数为

230

$$\frac{\partial x}{\partial e} = -A\cos E_{\mathrm{k}}(\cos(\varOmega_{\mathrm{k}})\cos(u_{\mathrm{k}}) - \cos(i_{\mathrm{k}})\sin(\varOmega_{\mathrm{k}})\sin(u_{\mathrm{k}})) +$$

$$2(\cos(\varOmega_{\mathrm{k}})\cos(u_{\mathrm{k}}) - \cos(i_{\mathrm{k}})\sin(\varOmega_{\mathrm{k}})\sin(u_{\mathrm{k}}))$$

$$(C_{\mathrm{rs}}\cos(2\varPhi_{\mathrm{k}}) - C_{\mathrm{rs}}\sin(2\varPhi_{\mathrm{k}}))\frac{\partial v}{\partial e} +$$

$$r_{\mathrm{k}}(-\cos(\varOmega_{\mathrm{k}})\sin(u_{\mathrm{k}}) - \cos(i_{\mathrm{k}})\sin(\varOmega_{\mathrm{k}})\cos(u_{\mathrm{k}}))\frac{\partial v}{\partial e} +$$

$$2r_{\mathrm{k}}(-\cos(\varOmega_{\mathrm{k}})\sin(u_{\mathrm{k}}) - \cos(i_{\mathrm{k}})\sin(\varOmega_{\mathrm{k}})\cos(u_{\mathrm{k}}))$$

$$(C_{\mathrm{us}}\cos(2\varPhi_{\mathrm{k}}) - C_{\mathrm{us}}\sin(2\varPhi_{\mathrm{k}}))\frac{\partial v}{\partial e} +$$

$$2r_{\mathrm{k}}\sin(u_{\mathrm{k}})\sin(i_{\mathrm{k}})\sin(\varOmega_{\mathrm{k}})(C_{\mathrm{is}}\cos(2\varPhi_{\mathrm{k}}) -$$

$$C_{\mathrm{is}}\sin(2\varPhi_{\mathrm{k}}))\frac{\partial v}{\partial e}$$

$$\frac{\partial y}{\partial e} = -A\cos E_{\mathrm{k}}(\sin(\varOmega_{\mathrm{k}})\cos(u_{\mathrm{k}}) + \cos(i_{\mathrm{k}})\cos(\varOmega_{\mathrm{k}})\sin(u_{\mathrm{k}})) +$$

$$2(\sin(\varOmega_{\mathrm{k}})\cos(u_{\mathrm{k}}) + \cos(i_{\mathrm{k}})\cos(\varOmega_{\mathrm{k}})\sin(u_{\mathrm{k}}))$$

$$(C_{\mathrm{rs}}\cos(2\varPhi_{\mathrm{k}}) - C_{\mathrm{rs}}\sin(2\varPhi_{\mathrm{k}}))\frac{\partial v}{\partial e} +$$

$$r_{\mathrm{k}}(-\sin(u_{\mathrm{k}})\sin(\varOmega_{\mathrm{k}}) + \cos(u_{\mathrm{k}})\cos(i_{\mathrm{k}})\cos(\varOmega_{\mathrm{k}}))\frac{\partial v}{\partial e} +$$

$$2r_{\mathrm{k}}(-\sin(u_{\mathrm{k}})\sin(\varOmega_{\mathrm{k}}) + \cos(u_{\mathrm{k}})\cos(i_{\mathrm{k}})\cos(\varOmega_{\mathrm{k}}))$$

$$(C_{\mathrm{us}}\cos(2\varPhi_{\mathrm{k}}) - C_{\mathrm{us}}\sin(2\varPhi_{\mathrm{k}}))\frac{\partial v}{\partial e} -$$

$$2r_{\mathrm{k}}\sin(u_{\mathrm{k}})\sin(i_{\mathrm{k}})\cos(\varOmega_{\mathrm{k}})(C_{\mathrm{is}}\cos(2\varPhi_{\mathrm{k}}) -$$

$$C_{\mathrm{is}}\sin(2\varPhi_{\mathrm{k}}))\frac{\partial v}{\partial e}$$

$$\begin{cases}
\dfrac{\partial z}{\partial e} = -A\cos E_k \sin(i_k)\sin(u_k) + 2(\sin(i_k)\sin(u_k)) \\[2mm]
\quad (C_{rs}\cos(2\varPhi_k) - C_{rs}\sin(2\varPhi_k))\dfrac{\partial v}{\partial e} + \\[2mm]
\quad r_k(\cos(u_k)\sin(i_k))\dfrac{\partial v}{\partial e} + 2r_k(\cos(u_k)\sin(i_k)) \\[2mm]
\quad (C_{us}\cos(2\varPhi_k) - C_{us}\sin(2\varPhi_k))\dfrac{\partial v}{\partial e} + \\[2mm]
\quad 2r_k\sin(u_k)\cos(i_k)(C_{is}\cos(2\varPhi_k) - \\[2mm]
\quad C_{is}\sin(2\varPhi_k))\dfrac{\partial v}{\partial e}
\end{cases} \quad (7.50)$$

位置向量对近地点辐角的偏导数为

$$\begin{cases}
\dfrac{\partial x}{\partial \omega} = r_k(-\cos(\varOmega_k)\sin(u_k) - \cos(i_k)\sin(\varOmega_k)\cos(u_k)) + \\[2mm]
\quad 2(\cos(\varOmega_k)\cos(u_k) - \cos(i_k)\sin(\varOmega_k)\sin(u_k)) \\[2mm]
\quad (C_{rs}\cos(2\varPhi_k) - C_{rs}\sin(2\varPhi_k)) + \\[2mm]
\quad 2r_k(-\cos(\varOmega_k)\sin(u_k) - \\[2mm]
\quad \cos(i_k)\sin(\varOmega_k)\cos(u_k))(C_{us}\cos(2\varPhi_k) - \\[2mm]
\quad C_{us}\sin(2\varPhi_k)) + 2r_k\sin(u_k)\sin(i_k)\sin(\varOmega_k) \\[2mm]
\quad (C_{is}\cos(2\varPhi_k) - C_{is}\sin(2\varPhi_k)) \\[4mm]
\dfrac{\partial y}{\partial \omega} = r_k(-\sin(\varOmega_k)\sin(u_k) + \cos(i_k)\cos(\varOmega_k)\cos(u_k)) + \\[2mm]
\quad 2(\sin(\varOmega_k)\cos(u_k) + \cos(i_k)\cos(\varOmega_k)\sin(u_k)) \\[2mm]
\quad (C_{rs}\cos(2\varPhi_k) - C_{rs}\sin(2\varPhi_k)) + \\[2mm]
\quad 2r_k(-\sin(u_k)\sin(\varOmega_k) + \cos(u_k)\cos(i_k)\cos(\varOmega_k)) \\[2mm]
\quad (C_{us}\cos(2\varPhi_k) - C_{us}\sin(2\varPhi_k)) - 2r_k\sin(u_k)\sin(i_k) \\[2mm]
\quad \cos(\varOmega_k)(C_{is}\cos(2\varPhi_k) - C_{is}\sin(2\varPhi_k))
\end{cases}$$

$$\begin{cases} \dfrac{\partial z}{\partial \omega} = r_k \sin(i_k)\cos(u_k) + 2(\sin(i_k)\sin(u_k))(C_{rs}\cos(2\Phi_k) - \\ \qquad C_{rs}\sin(2\Phi_k)) + 2r_k(\cos(u_k)\sin(i_k))(C_{us}\cos(2\Phi_k) - \\ \qquad C_{us}\sin(2\Phi_k)) + 2r_k\sin(u_k)\cos(i_k)(C_{is}\cos(2\Phi_k) - \\ \qquad C_{is}\sin(2\Phi_k)) \end{cases} \tag{7.51}$$

位置向量对纬度辐角正弦调和改正项的偏导数为

$$\begin{cases} \dfrac{\partial x}{\partial C_{us}} = r_k(-\cos(\Omega_k)\sin(u_k) - \cos(i_k)\sin(\Omega_k)\cos(u_k))\sin(2\Phi_k) \\[2mm] \dfrac{\partial y}{\partial C_{us}} = r_k(-\sin(\Omega_k)\sin(u_k) + \cos(i_k)\cos(\Omega_k)\cos(u_k))\sin(2\Phi_k) \\[2mm] \dfrac{\partial z}{\partial C_{us}} = r_k\sin(i_k)\cos(u_k)\sin(2\Phi_k) \end{cases} \tag{7.52}$$

位置向量对纬度辐角余弦调和改正项的偏导数为

$$\begin{cases} \dfrac{\partial x}{\partial C_{uc}} = r_k(-\cos(\Omega_k)\sin(u_k) - \cos(i_k)\sin(\Omega_k)\cos(u_k))\cos(2\Phi_k) \\[2mm] \dfrac{\partial y}{\partial C_{uc}} = r_k(-\sin(\Omega_k)\sin(u_k) + \cos(i_k)\cos(\Omega_k)\cos(u_k))\cos(2\Phi_k) \\[2mm] \dfrac{\partial z}{\partial C_{uc}} = r_k\sin(i_k)\cos(u_k)\cos(2\Phi_k) \end{cases} \tag{7.53}$$

位置向量对轨道半径正弦调和改正项的偏导数为

$$\begin{cases} \dfrac{\partial x}{\partial C_{rs}} = (\cos(\Omega_k)\cos(u_k) - \cos(i_k)\sin(\Omega_k)\sin(u_k))\sin(2\Phi_k) \\[2mm] \dfrac{\partial y}{\partial C_{rs}} = (\sin(\Omega_k)\cos(u_k) + \cos(i_k)\cos(\Omega_k)\sin(u_k))\sin(2\Phi_k) \\[2mm] \dfrac{\partial z}{\partial C_{rs}} = \sin(i_k)\sin(u_k)\sin(2\Phi_k) \end{cases} \tag{7.54}$$

位置向量对轨道半径余弦调和改正项的偏导数为

$$v = \frac{\partial \boldsymbol{r}}{\partial \boldsymbol{\beta}} \delta \boldsymbol{\beta} + \boldsymbol{r}_0 - \boldsymbol{r} \qquad (7.63)$$

式中：$\boldsymbol{v}$ 为残差向量。

利用最小二乘法，可解出星历参数。需要指出的是，由于是一个非线性问题，需要进行迭代求解。具体编程计算过程可参考光盘中的 program\GPSEph 目录。

## 第七节　伪距计算

在软件接收机中，计算 C/A 码伪距的难点，是由于 C/A 码伪距存在模糊度问题。C/A 码的周期为 1ms，对应的距离约为 300km，GPS 卫星到地面的距离大约为 20200km，因此在这段距离上有多个 C/A 码周期对应的距离，而相关运算只能给出不足 1 个周期的部分。

解决这个问题的思路：在导航电文解调的过程中，一旦 1 个子帧的信号接收完毕，表明当前时刻为 TOW 减去 20ms。减去 20ms 的原因是 TOW 给出的是下一子帧第一个位的发射时刻，而当前时刻为接收到当前子帧最后一个位，或者是最后一个位后的 1ms。如图 7.18 所示。

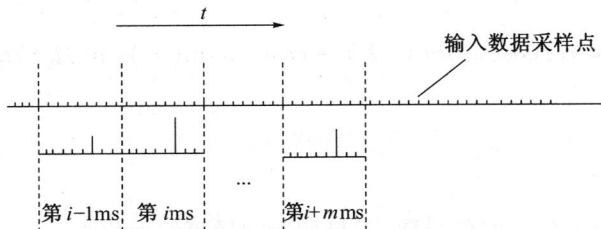

图 7.18　通道的毫秒计数器

假设图中第 $i$ 毫秒接收到卫星某一子帧的最后一个位，则可以判断该时刻的最大相关输出对应的采样点是卫星在 TOW − 20ms 时刻或者 TOW − 19ms 时刻发射的。现假设第 $i$ 时刻与第

$i-1$ 时刻相位发生了大约 180° 的相位变化（不一定在这两个时刻之间发生翻转，这里仅举例说明），如果第 $i$ 时刻的相关输出小于第 $i-1$ 时刻的相关输出，则表明第 $i$ 时刻的最大相关输出对应的数据采样点是 TOW $-$ 20ms 发射的，而如果第 $i$ 时刻的相关输出大于第 $i-1$ 时刻的相关输出，则表明第 $i$ 时刻的最大相关输出对应的数据采样点是 TOW $-$ 19ms 发射的。这是因为，相关输出小则表明在该数据段上发生了导航电文翻转，引起相关输出减小。

具体的流程图如图 7.19 所示。载波环输出相位和 $I$、$Q$ 值，跟踪环总是在探测是否发生了频率翻转，如果发生了频率翻转，则再判断当前时刻的相关输出 $IQ_{new}$ 是否大于 $IQ_{old}$，如果是，则标志变量 mark 设为 1，否则为 0。到接收完一个子帧的导航电文后，可由图中的公式计算出该通道的毫秒计数器，该计数器的输出为整毫秒，对应于当前接受到的数据最大相关输出所在的采样点。换句话说，当前时刻的相关输出最大的采样点是卫星在毫秒计数器时

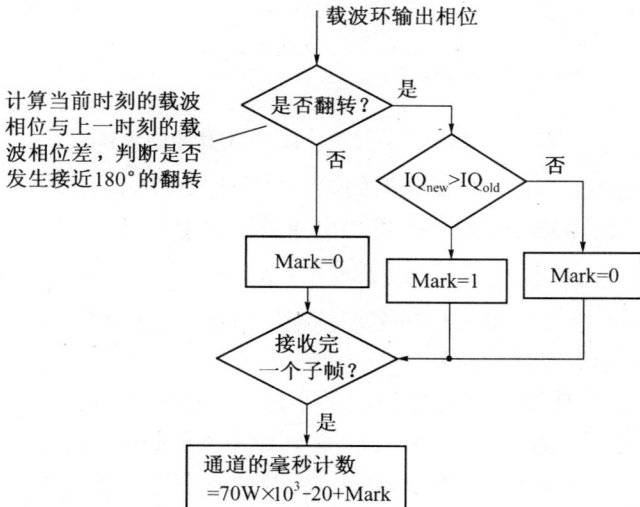

图 7.19　通道毫秒计数器算法

刻发射的。

由上面的算法,可得出某一通道最大相关输出对应的采样点的发射时刻,对于多个通道,则可通过这个发射时刻得出相对伪距。如图 7.20 所示。由于已知通道的当前时刻最大相关输出对应的采样点的发射时刻,则可算出第一个采样点的发射时刻为毫秒计数器减去码相位(换算为以 ms 为单位)。对于当前处理的这一段数据,可得出每个通道(对应于不同卫星)的第一个采样点的发射时刻。

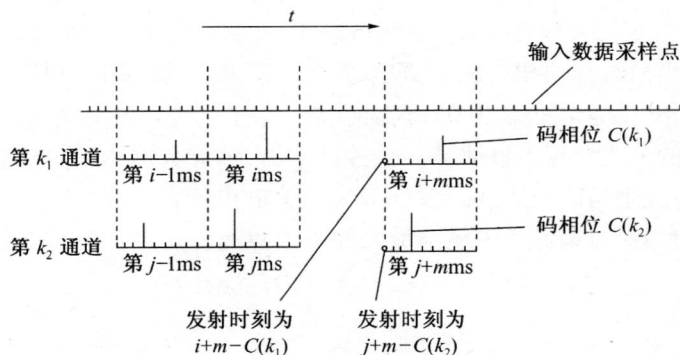

图 7.20　信号发射时刻计算(相对伪距的计算)

设通道 $k_i$ 给出的某数据的第一个采样点发射时刻为 $t_i$,选用第一个通道的输出为参考,可得出通道 $k_i$ 的伪距为

$$\rho' = c(t_i - t_0) \qquad (7.64)$$

从而,多个通道可得出多个伪距,并且由于已知卫星信号的发射时刻,不需要迭代计算。

上面的伪距计算得到的结果要加上一个常数,可用 GNSS 卫星的高度,如 20200km。这样,得到的伪距就更加符合实际情况,不加这个常数也可以得到正确的结果,只不过计算的钟差较大。表 7.5 所列为某一历元时刻的伪距和修正后的伪距的具体值。

表 7.5 伪距和修正伪距计算

| 卫星号 | 相对伪距/m | 修正后的相对伪距 |
|---|---|---|
| 9 | 0 | 20200000.00000 |
| 21 | 3467144.61014 | 23667144.61014 |
| 22 | 1406688.33752 | 21606688.33752 |
| 15 | 563644.48408 | 20755509.86248 |
| 26 | 1893527.40844 | 22093527.40844 |

这种伪距计算方法比参考文献[5]和[15]更加可操作,更加灵活,每毫秒可给出一个伪距输出,而且是针对实时算法,不需要保存跟踪数据。

在实现过程中,为了降低伪距的噪声,可采用每 10ms 的码相位平均值来计算伪距,或者采用载波相位的变化来辅助计算码相位的变化,都可以很好的解决噪声大的问题。

利用这种算法,还可估计出接收机的钟差,实现授时和时间预报。

# Matlab 程序

```
% – – – – – – – – – – – – – – ephemerid. m – – – – – – – – – – – – – – – –
function [satposvel, Ek] = ephemerid(prn, filename, epo, gpsweek)
% 由广播星历计算卫星位置和速度
% prn——卫星的 PRN 号
% filename——,广播星历文件名
% epo——,要计算的历元秒数

miu   = 3.986005e14;              % Earth gravity const
vlight = 2.99792458e8;            % speed of light
F   = -2 * sqrt(miu)/vlight^2;    % const for relativistic correction
omegae = 7.2921151467e-5;         % rotation rate
f_Earth = 1.0/298.257223563;      % flattening of the earth
```

```
e_earth2 = f_Earth * (2.0 - f_Earth);      % eccentricity of the earth ellipsoid
r_earth = 6378130;                          % radii of the earth
    [week, sec, nav] = prnnav(prn, filename);
    tk = epo;
    index = 1;
    flag1 = abs(week(1) * 7 * 86400 + sec(1) - gpsweek - mean(epo));
    for ii = 2:size(nav, 1)
        if abs(week(ii) * 7 * 86400 + sec(ii) - gpsweek - mean(epo)) <
        flag1
            index = ii;
        end
        flag1 = abs(week(ii) * 7 * 86400 + sec(ii) - gpsweek - mean
        (epo));
    end
    if flag1 > 2 * 86400
        disp('warning: ephemerids may not be updated')
    end

    a = nav(index, 11) * nav(index, 11);
    e = nav(index, 9);
    n0 = sqrt(miu/a/a/a);
    toe = nav(index, 12);
    t0 = sec(index);
    tk = tk + t0 - toe;
    tk = tk - (tk > 302400) * 604800 + (tk < -302400) * 604800;
    deltan = nav(index, 6);
    n = n0 + deltan;
    Mk = nav(index, 7) + n * tk;
    Ek = Mk;
    dEk = Ek;
    while max(abs(dEk)) > 1e-11
        dEk = -(Ek - e * sin(Ek) - Mk)./(1 - e * cos(Ek));
        Ek = Ek + dEk;
```

End

```
vk  =  atan2( sqrt( 1 – e^2)  * sin( Ek) ,( cos( Ek)  –  e) ) ;
phik  =  vk  +  nav( index,18) ;
delta_uk  =  nav( index, 10)  * sin( 2 * phik)  + nav( index, 8)  * sin( 2
* phik) ;
delta_rk  =  nav( index, 5)  * sin( 2 * phik)  + nav( index, 17)  * sin( 2
* phik) ;
delta_ik  =  nav( index, 15)  * sin( 2 * phik)  + nav( index, 13)  * sin
( 2 * phik) ;

uk  =  phik  + delta_uk ;
rk  =    a * ( 1  – e * cos( Ek) )  + delta_rk ;
ik  =  nav( index, 16)  + delta_ik + nav( index, 20)  * tk ;
rkdot  =  sqrt( miu/a/( 1 – e^2) )  * [ – sin( uk) ; e + cos( uk) ; zeros( size
( vk) ) ] ;
xk_prime  =  rk. * cos( uk) ;
yk_prime  =  rk. * sin( uk) ;

Omegak  =  nav( index, 14)  + ( nav( index, 19)  – omegae )  * tk –
omegae * nav( index, 12) ;
xk  =  xk _ prime. * cos ( Omegak)  – yk _ prime. * sin ( Omegak) . * cos
( ik) ;
yk  =  xk _ prime. * sin ( Omegak)  + yk _ prime. * cos ( Omegak) . * cos
( ik) ;
zk  =  yk_prime. * sin( ik) ;
xkdot  =  rkdot( 1 ,:). * cos( Omegak)  – rkdot( 2 ,:). * sin( Omegak) . *
       cos( ik) ... + ( – xk_prime. * sin( Omegak )  –
yk _prime. * cos( Omegak). * cos( ik) )  * ( nav( index, 19)  – omegae) ;
ykdot  =  rkdot( 1 ,:). * sin( Omegak)  + rkdot( 2 ,:). * cos( Omegak) . *
       cos( ik) ... + ( xk_prime. * cos( Omegak)  –
yk _prime. * sin( Omegak). * cos( ik) )  * ( nav( index, 19)  – omegae) ;
zkdot  =  rkdot( 2 ,:). * sin( ik) ;
```

```
satposvel  =  zeros(length(tk),6);
satposvel(:,1)  =  xk;
satposvel(:,2)  =  yk;
satposvel(:,3)  =  zk;

satposvel(:,4)  =  xkdot;
satposvel(:,5)  =  ykdot;
satposvel(:,6)  =  zkdot;

function [week,sec,nav] = prnnav(prn,filename)
% - - - - - - - - - - - - - - - - - - - - - - - - - - - - - - - - -
% 从 Rinex 格式文件中读取导航电文
%
% Input:     prn            - 卫星 PRN 号
%            filcname       - 导航电文文件
% Output:    week(i)        - GPS 周计数
%            sec(i)         - GPS 秒
%            nav(i,1:31)    - 导航电文
%
%            i = 1,...,n     - PRN 编号
% here we go
data  =  readnav(filename);

n = 0;
time = [0, 0];
for i = 1:size(data, 1)
   if data(i,1) == prn & any(time~= data(i,2:3))
       n = n + 1;
       time  = data(i, 2:3);
       week(n) = data(i, 2);
       sec(n) = data(i,3);
       nav(n, 1:31) = data(i, 4:34);
   end;
```

```
end;

function [nav] = readnav(filename)
%
% ----------------------------------------------------
%
% Purpose:读导航电文
%
% Input:      filname       - GPS navigation filc name
% Output:     nav(i,1)      - PRV Nr
%             nav(i,2)      - GPS week
%             nav(i,3)      - GPS seconds
%             nav(i,4:34)   - nav messages
%
%             size (nav,1):number of message blocks
%
% Remark:     The function buffers the content of the file. If called a second
%             time using the same filename it. simply returns the content of
%             the buffer.
% ----------------------------------------------------

persistent fileold;
persistent data:

% if file was already read
read = 1;
if ~isempty(fileold)
    if filename == fileold
        read = 0;
    end;
end;

if read == 1
```

% 打开文件
```
    fid = fopen (filename, 'r');
    s = '';
```

% 略过文件头
```
    while ~feof(fid);
        s = fgetl (fid);
        if size(findstr(s,'END OF HEADER'),1) == 1, break, end;
    end;
```

% 读记录
```
    n = 0;
    while ~feof(fid);
```

% 读第一行
```
        s = fgetl (fid);
        s = strrep(s, 'D', 'e');   % 替换 D 为 e
        s = strrep(s,'e⁻ ','em'); s = strrep(s,' -',' -');
        s = strrep(s, 'em', 'e⁻');
        [line, c, e] = sscanf (s,'%d %d %d %d %d %d %f %f %f %f');
        if ( ~isempty(e))
            e
            return;
        end;
        n = n+1;
```

% PRN number
```
        data(n, 1) = line (1);
```

% convert date to GPS week and second
```
        y = line(2) ;m = line(3) ;d = line(4) ;h = line(5) ;min = line(6) ;
        sec = line(7);
```

```
if ( y < 80 )
    y = y + 2000;
else
    y = y + j 900;
  end;
[ data( n, 2 ), data( n, 3 ) ] = gpstime ( y, m, d, h, min, sec );
data( n, 4 ) = line ( 8 );
data( n, 5 ) = line(9);
data( n, 6 ) = line ( 10 );


for i = 1:7;
    s = fgetl ( fid );
    s = strrep( s, 'D', 'e' );
    s = strrep ( s, 'e⁻', 'em' ) ; s = strrep ( s, '⁻', '⁻' );
    s = strrep( s, 'em', 'e⁻' ) ;
    line = sscanf ( s, ' % f % f % f % f' );
    data( n, i * 4 + 3 ) = ljne( 1 );
    data( n, i * 4 + 4 ) = line ( 2 );
    data( n, i * 4 + 5 ) = line ( 3 );
    data( n, i * 4 + 6 ) = line( 4 );
  end;
end;


% close file and return
    fclose ( fid );


end;


nay = data;
fileold = filename;



function [ cl, c2 ] = calculatePLLCoef 1 ( zeta, bandwidth )
```

% 计算锁相环参数
% zeta：阻尼因子
% bandwidth：噪声带宽

tUpd = 0.00112；% integration time
gain = 0.005；% gain
wT = (2 * bandwidth * zeta) / (zeta^2 + 0.25) * tUpd；% natural frequency
c1 = (1/gain) * (8 * zeta * wT)/(4 + 4 * zeta * wT + wT^2)；
c2 = (1/gain) * (4 * wT^2)/(4 + 4 * zeta * wT + wT^2)；
% end of function — — — — — — — — —

跟踪算法具体实现，请参考本书提供的 C + + 源码，由类 CChannel 中的成员函数 Tracking 实现跟踪计算。

# 练 习 题

1. 推导解扩原理公式，即如何恢复扩频信号。

2. 编写 matlab 程序实现信号的跟踪，数据采用光盘中的 IF-data.dat 文件中的数据。

3. 找出 navmessage.mat 文件中的子帧头，并解调出星历和卫星钟信息。

4. 说明窄相关和宽相关的优缺点。

5. 考虑多路径效应的影响。假设反射信号比直接到达信号小 6dB，并有 $180°$ 的相位翻转。有问题如下：

（1）直接到达信号和反射信号的振幅的比值是多少？

（2）画出相关函数的图形。

（3）在图形中找出早发码与迟发码相关输出相等时，对应的当前码所在位置，与无多路径效应影响时的相关结果偏差了多少？

（4）如果采用窄相关，结果又如何？

6. 确定当 $C/N_0 = 50dBHz$ 和 $C/N_0 = 35dBHz$ 时，在下列情况下 C/A 码和 L1 载波相位的量测噪声：

（1）码跟踪环路和载波跟踪环路的带宽分别为 1Hz 和 10Hz，早发码和迟发码相关器的间距为一个码元。

（2）若采用窄相关(早发码和迟发码相关器的间距为 1/10 码元)，C/A 码和载波相位的量测噪声分别为多少？

7. C/A 码接收机的多路径信号比直接到达的信号小 6dB，相位相差 180°，延迟了 150m。问题如下：

（1）直接到达信号和反射信号的振幅相差多少？

（2）画出直接信号和反射信号的相关输出，根据这两路信号的相关输出，画出多路径信号的相关输出结果。

（3）根据画出的多路径效应，当早发码和迟发码的相关输出相等，且两者间间隔 1 个码元时，多路径效应引起的伪距误差为多少？

（4）如果采用窄相关(早发码与迟发码相距 0.1 个码元)，多路径引起的伪距误差为多少？

IFdata. dat 文件说明：

1 位采样，中频为 3.563MHz，采样频率为 11.999MHz。

# 第八章 导航解算

得到伪距和时间信息后,需要进行导航解算,计算出接收机位置、速度等导航信息。这一章的内容在接收机类 CReceiver 中实现。

## 第一节 观测方程

根据第七章给出的算法,可得出伪距和采样点对应的发射时刻。有这些信息可建立观测方程。假设某一通道跟踪卫星 $i$,且已计算出数据中某采样点的发射时刻为 $t^i$,则观测方程为

$$c(t^i - t^r) + \rho_0 = \sqrt{(X^i - x)^2 + (Y^i - y)^2 + (Z^i - z)^2} +$$
$$c(\delta t - dt^i) + T^i + I^i + e^i \qquad (8.1)$$

式中:$t^r$ 为参考卫星的信号发射时刻,如可选第一个通道跟踪的卫星作为参考卫星;$\rho_0$ 为一个常数,通常设为卫星的高度 20200 km;$(X^i \quad Y^i \quad Z^i)^T$ 为卫星在 $t^i$ 时刻的位置向量,由第七章介绍的星历计算算出;$(x \quad y \quad z)^T$ 为接收机的位置向量;$c$ 为光速;$\delta t$ 为接收机钟差;$dt^i$ 为卫星钟钟差,由星历中的钟差参数解算出来;$T^i$、$I^i$ 分别为对流层延迟和电离层延迟;$e^i$ 为噪声。

本书中的代码没有解调电离层数据,这里不讨论电离层延迟修正。对流层延迟修正公式为[22]

$$T^i = dzd \cdot dmap + wzd \cdot wmap \qquad (8.2)$$

其中,干项天顶延迟为

$$dzd = 0.002277 \frac{p_0}{f(\varphi, h)} \qquad (8.3)$$

湿项天顶延迟为

$$\text{wzd} = 0.002277\left[\frac{1225}{t + 273.15} + 0.05\right]\frac{e_0}{f(\varphi, h)} \qquad (8.4)$$

其中

$$f(\varphi, h) = 1 - 0.00266\cos2\varphi - 0.00028h$$

$$e_0 = rh \times 6.11 \times 10^{\frac{7.5t}{t+283.3}}$$

式中：$rh$ 为相对湿度（%）；$\varphi$ 为接收机的地心纬度。

式（8.2）中，干、湿大气影射因子 dmap 和 wmap 可认为相等，即

$$\text{dmap} = \text{wmap} = \cfrac{1}{\cos z + \cfrac{a}{\cot z + \cfrac{b}{\cos z + c}}} \qquad (8.5)$$

式中：$z$ 为天顶距。且有

$$\begin{cases} a = 0.001185\big[1 + 0.6701 \times 10^{-4}(p_0 - 1000) - 0.1471 \times \\ \qquad 10^{-3}e_0 + 0.3072 \times 10^{-2}(t - 20) + 0.5645 \times 10^{-2}h\big] \\ b = 0.001144\big[1 + 0.1164 \times 10^{-4}(p_0 - 1000) + 0.2795 \times \\ \qquad 10^{-3}e_0 + 0.3109 \times 10^{-2}(t - 20) + 0.1217 \times 10^{-1}h\big] \\ c = -0.0090 \end{cases} \qquad (8.6)$$

式中：$p_0$ 为地面气压（mbar）；$t$ 为地面温度（℃）；$e_0$ 为水汽压（mbar）；$h$ 为接收机的高程（km）。

将式（8.1）线性化，得

$$l^i\delta x + m^i\delta y + n^i\delta z + c\delta t = P^i - P_0^i + v_i \qquad (8.7)$$

式中

$$l^i = -\frac{(X^i - x)}{r}, \quad m^i = -\frac{(Y^i - y)}{r}, \quad n^i = -\frac{(Z^i - z)}{r}$$

$$\qquad (8.8)$$

为接收机和卫星之间的方向余弦；$(\delta x \quad \delta y \quad \delta z)$ 为接收机坐标的改正数。$P_i = c\,(\,t^i - t^r\,) + \rho_0$ 为伪距观测量；$P_0^i = \sqrt{(X^i - x)^2 + (Y^i - y)^2 + (Z^i - z)^2} - cdt^i + T^i$ 为观测量计算值；$r = \sqrt{(X^i - x)^2 + (Y^i - y)^2 + (Z^i - z)^2}$ 为卫星到接收机的距离。

　　这是一个通道的观测方程。接收机有多个通道，可跟踪多颗卫星，因此，可得到多个观测方程，从而可列出观测方程组

$$
\underbrace{\begin{bmatrix} l^1 & m^1 & n^1 & 1 \\ l^2 & m^2 & n^2 & 1 \\ \vdots & \vdots & \vdots & \vdots \\ l^N & m^N & n^N & 1 \end{bmatrix}}_{A} \underbrace{\begin{bmatrix} \delta x \\ \delta y \\ \delta z \\ c\delta t \end{bmatrix}}_{X} = \underbrace{\begin{bmatrix} P^1 - P_0^1 \\ P^2 - P_0^2 \\ \vdots \\ P^N - P_0^N \end{bmatrix}}_{-l} + \underbrace{\begin{bmatrix} v_1 \\ v_2 \\ \vdots \\ v_N \end{bmatrix}}_{v}
$$

$$\text{(8.9)}$$

写成矩阵形式为

$$V = AX + l \tag{8.10}$$

　　利用最小二乘原理，可得

$$\hat{X} = -\,(A^{\mathrm{T}}PA)^{-1}A^{\mathrm{T}}Pl \tag{8.11}$$

式中：$P$ 为观测量的权矩阵，可设为单位阵（等权观测），或者设为高度角的函数，高度角越高，权值越大，反之则越小。

　　由于估计过程是非线性问题，需要进行迭代计算，每次迭代要更新接收机坐标，迭代改正数小于阈值后，结束迭代，得到最终结果。

　　考虑多系统导航的情况，例如接收机既接收 GPS 卫星信号，还接收 Galileo 系统卫星信号，如果利用多种导航系统得到最优结果，也是信号和数据解算要解决的问题。

　　首先考虑要解决的是时间问题。GPS 采用的是与 UTC 秒长一致的 GPS 时间系统（GPST），由美国海军天文台进行维

持。Galileo 系统用的是 Galileo 系统时间系统（GST），与 GPS 时间是相互独立的。GPS 时间与 Galileo 系统时间相差可达几十纳秒。

由于多种导航系统的时间不一致，在接收机中得到的伪距对应的是不同时间系统下的值。因而需要估计 GST 与 GPST 之间的偏差。或者说估计接收机相对 GPST 的钟差 $\delta t^G$ 和相对 GPST 的钟差 $\delta t^E$。从而 GPST 与 GST 之间的偏差为 $\Delta t = \delta t^G - \delta t^E$。

假设接收机接收到两颗 GPS 卫星，两颗 Galileo 系统卫星。则观测方程为

$$
\underbrace{\begin{bmatrix}
-\dfrac{X^{G,1}-x}{r^{G,1}} & -\dfrac{Y^{G,1}-y}{r^{G,1}} & -\dfrac{Z^{G,1}-z}{r^{G,1}} & 1 & 0 \\[2ex]
-\dfrac{X^{G,2}-x}{r^{G,2}} & -\dfrac{Y^{G,2}-y}{r^{G,2}} & -\dfrac{Z^{G,2}-z}{r^{G,2}} & 1 & 0 \\[2ex]
-\dfrac{X^{E,1}-x}{r^{E,1}} & -\dfrac{Y^{E,1}-y}{r^{E,1}} & -\dfrac{X^{E,1}-x}{r^{E,1}} & 0 & 1 \\[2ex]
-\dfrac{X^{E,2}-x}{r^{E,2}} & -\dfrac{Y^{E,2}-y}{r^{E,2}} & -\dfrac{Z^{E,2}-z}{r^{E,2}} & 0 & 1
\end{bmatrix}}_{A}
\underbrace{\begin{bmatrix}
\delta x \\ \delta y \\ \delta z \\ c\delta t^G \\ c\delta t^E
\end{bmatrix}}_{x}
=
$$

$$
\underbrace{\begin{bmatrix}
P^{G,1}-P_0^{G,1} \\[1ex]
P^{G,2}-P_0^{G,2} \\[1ex]
P^{E,1}-P_0^{E,1} \\[1ex]
P^{E,2}-P_0^{E,2}
\end{bmatrix}}_{-l}
+
\underbrace{\begin{bmatrix}
v_1 \\ v_2 \\ v_3 \\ v_4
\end{bmatrix}}_{v}
\tag{8.12}
$$

式中：上标 G 表示 GPS，E 表示 Galileo 系统，与 RINEX3.0 版本采用的标识符号一致。

理论上来说，式(8.11)中的卫星坐标都必须统一在同一个坐

标系下。GPS 采用的坐标系为 WGS84,定义为与国际地球参考系保持一致。Galileo 系统坐标系则是另一独立国际地球参考系的实现。理论上,两个坐标系应当是相同的,但实际上,两者可能相差几厘米,对高精度导航定位来说必须加以考虑。

# 第二节  精度评定

根据误差传播定律,导航解 $X$ 的误差协方差矩阵为

$$Q_{\hat{X}} = (A^{\mathrm{T}}PA)^{-1}A^{\mathrm{T}}PA(A^{\mathrm{T}}PA)^{-1} \qquad (8.13)$$

从而可得

$$Q_{\hat{X}} = (A^{\mathrm{T}}PA)^{-1} = \begin{bmatrix} q_{11} & q_{12} & q_{13} & q_{14} \\ q_{21} & q_{22} & q_{23} & q_{24} \\ q_{31} & q_{32} & q_{33} & q_{34} \\ q_{41} & q_{42} & q_{43} & q_{44} \end{bmatrix} \qquad (8.14)$$

根据上面的协方差矩阵,可计算出以下几个衰减因子:
空间精度衰减因子 GDOP(Geometrical DOP)为

$$\text{GDOP} = \sqrt{\text{trace}(Q)} = \sqrt{q_{11} + q_{22} + q_{33} + q_{44}} \qquad (8.15)$$

位置精度衰减因子 PDOP(Position DOP)为

$$\text{PDOP} = \sqrt{q_{11} + q_{22} + q_{33}} \qquad (8.16)$$

时间精度衰减因子 TDOP(Time DOP)为

$$\text{TDOP} = \sqrt{q_{44}} \qquad (8.17)$$

上面所述精度分析的结果是在地球固定空间直角坐标系中,而通常用户希望估计平面位置精度和高程精度,需要将方程协方差矩阵从地球固定空间直角坐标系旋转到当地水平坐标系。GPS 定位在平面上的精度和高程方向的精度有不同的结果,我们需要

分析导航结果在平面上和高程方向的精度。将式(8.13)中的空间精度衰减因子提取出来,有

$$
\boldsymbol{Q}_{\hat{x}\hat{y}\hat{z}} = \begin{bmatrix} q_{11} & q_{12} & q_{13} \\ q_{21} & q_{22} & q_{23} \\ q_{31} & q_{32} & q_{33} \end{bmatrix}
\tag{8.18}
$$

将式(8.18)乘以式(3.18),再乘以式(3.18)的转置,即将方差协方差矩阵旋转到当地水平坐标系,可得在当地水平坐标系中的精度衰减因子为

$$
\boldsymbol{Q}_{\hat{L}\hat{B}\hat{H}} = \boldsymbol{R}_{ITRS}^{G} \boldsymbol{Q}_{\hat{x}\hat{y}\hat{z}} (\boldsymbol{R}_{ITRS}^{G})^{\mathrm{T}}
\tag{8.19}
$$

若

$$
\boldsymbol{Q}_{\hat{L}\hat{B}\hat{H}} = \begin{bmatrix} g_{11} & g_{12} & g_{13} \\ g_{21} & g_{22} & g_{23} \\ g_{31} & g_{32} & g_{33} \end{bmatrix}
\tag{8.20}
$$

则平面精度衰减因子 HDOP(Horizontal DOP)为

$$
\mathrm{HDOP} = \sqrt{g_{11} + g_{22}}
\tag{8.21}
$$

垂直精度衰减因子 VDOP(Vertical DOP)为

$$
\mathrm{VDOP} = \sqrt{g_{33}}
\tag{8.22}
$$

采用本书提出方法对实测中频数据进行捕获跟踪处理,并估计接收机位置,结果如图8.1所示。可看出高度方向的误差比平面误差大。导航平面误差为7m,高程误差约为12m。根据卫星的分布情况,位置精度衰减因子为1.8889。另外,根据星空图,第3号、第6号、第9号、第26号星的高度角都较低,从而卫星信号的信噪比小。最后的结果显示在图中的左下角,蓝色的"+"表示在不同历元时刻测出的平面位置,红色的"+"表示最后的平均值。

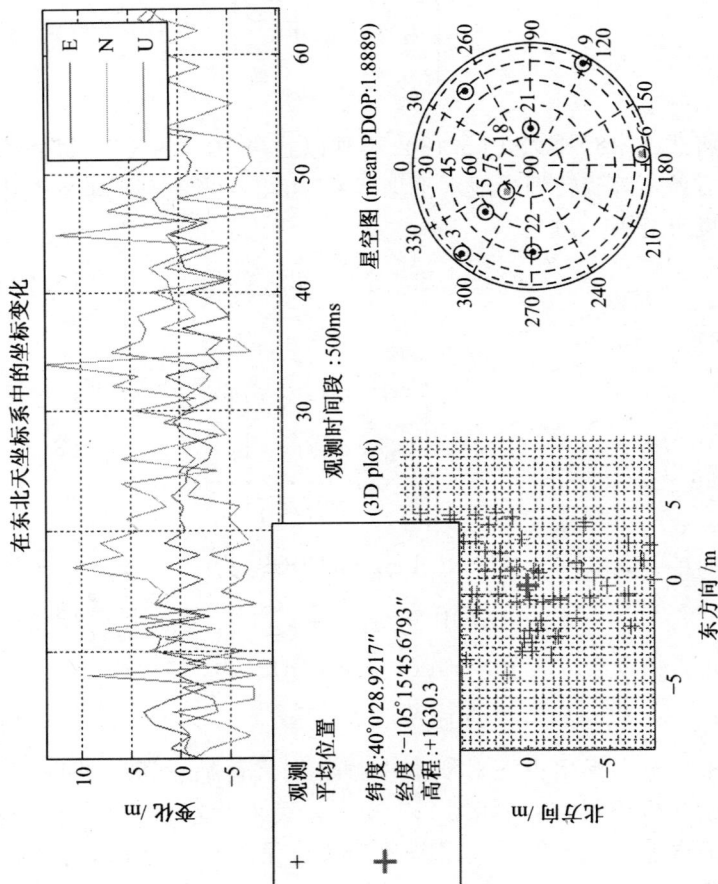

图 8.1　导航结果输出示意图

# 第三节　用户速度计算

利用 GNSS 可确定用户的三维速度。测定用户速度的方法有多种。在一些接收机中,速度可用对用户位置的近似导数来估计,即速度可表示为

$$v = \frac{\mathrm{d}r}{\mathrm{d}t} = \frac{r_2 - r_1}{t_2 - t_1} \qquad (8.23)$$

只要选定的时间段内用户的速度是基本恒定的(没有大的加速度或加加速度),而且位置的随机误差比较小,则这样的方法可得到令人满意的结果。

在许多 GNSS 接收机中对载波信号进行跟踪,由载波跟踪环路可估计出卫星信号的多普勒频移。设卫星信号输出的载波频率为 $f_j(t)$,在不存在任何频移的条件下,接收机所测得的载波频率 $f_u(t)$ 理论上应与之相等,即 $f_j(t) = f_u(t)$。但在电磁波实际的传播过程中不可避免要受到大气层的影响,以及接收机相对地球表面运动而造成的多普勒效应影响,因而产生 $f_j(t)$ 和 $f_u(t)$ 的差异,即 $f_u(t)$ 相对于 $f_j(t)$ 产生了频移。该频移反映在接收机上,使得接收机测得积分多普勒频移计数 $N$。载波多普勒频移为

$$f_d = \frac{f_j}{c} \frac{\mathrm{d}\rho}{\mathrm{d}t} \qquad (8.24)$$

式中:$\rho$ 为导航卫星和用户接收天线之间的距离(站星距离);$f_j$ 为卫星发射的载波频率;$c$ 为光速;$\mathrm{d}\rho/\mathrm{d}t$ 为单位时间内的站星距离变化率。

对卫星信号而言,多普勒频移可由载波跟踪环计算出来,故可由多普勒频移公式直接计算得到站星距离变化率为

$$\dot{\rho} = \frac{f_d}{f_j} c \qquad (8.25)$$

由于接收机到卫星 $i$ 的距离为

$$\rho = \sqrt{(X^i - x)^2 + (Y^i - y)^2 + (Z^i - z)^2} \qquad (8.26)$$

则有

$$\dot{\rho} = l^i(\dot{x} - \dot{X}^i) + m^i(\dot{y} - \dot{Y}^i) + n^i(\dot{z} - \dot{Z}^i) \qquad (8.27)$$

其中的方向余弦由式(8.8)计算。

将式(8.27)带入式(8.25),可组成观测方程,即

$$l^i(\dot{x} - \dot{X}^i) + m^i(\dot{y} - \dot{Y}^i) + n^i(\dot{z} - \dot{Z}^i) = \frac{f_d}{f_j}c \qquad (8.28)$$

可以看出,与定位计算过程不同的是,用多普勒频移估计用户速度 $(\dot{x}, \dot{y}, \dot{z})^T$ 是一个线性的过程,无需迭代。

# Matlab 程序

```
function Delta_R_Trop = TropoDelay(T_amb, P_amb, P_Vap, Pos_Rcv, Pos_
    SV)
% 计算对流层延迟
% 输入
% T_amb - - 温度[摄氏度]
% P_amb, - - 大气压[毫巴]
% P_vap, - - - - 湿大气压[毫巴]
% Pos_Rcv - - - - 接收机位置,直角坐标
% Pos_SV - - - - 卫星位置,直角坐标
% 输出
%      Delta_R_Trop - - - - 对流层延迟

S = size(Pos_SV);
m = S(1); n = S(2);
for i = 1: rn
  [E, A0] = Azimuth_Elevation(Pos_Rcv, Pos SV(i, :));
  E1 (i) = E;                          % Elevation Rad
```

```
  A(i)A0;                              % Azimoth Rad/
end


% Zenith Hydrostatic Delay
Kd = 1.55208 * 10^( -4) * P_amb * (40136 + 148.72 * T_amb)/(T_amb +
    273.16);
% Zenith Wet Delay
Kw = -.282 * P_vap/(T_amb +273.16) +8307.2 * P_vap/(T_amb +273.16)^2;


for i = 1: m
  Denom1(i) = sin(sqrt(E1(i)^2 +1.904 * 10^ -3));
  Denom2(i) = sin(sqrt(E1(i)^2 +.6854 * 10^ -3));
  % Troposhpheric Delay Correctoion
  Delta_R_Trop (i) = Kd/Denoml(i) + Kw/Denom2(i);
end
% Hopfield 模型


function Delta_R_Trop = HopFieldDelay(T_amb, P_amb, rh, Pos_Rcv, Pos _Sv)
% 计算对流层延迟
% 输入
% T_amb - - 温度[摄氏度]
% ,P_amb, - - 大气压[毫巴]
% rh 相对湿度[%]
% PoS_Rcv - - -接收机位置,直角坐标
% Pos_SV - - - -卫星位置,直角坐标
% 输出
%     Delta_R_Trop - - - - -对流层延迟[m]
% YT Weiyong
% Munich,04/30/2009


S = size(Pos_SV);
m = S(1); n = S(2);
```

```
[ lon lat h] = ecef211h( Pos_Rcv( 1 ) ,Pos_Rcv( 2 ) ,Pos_Rcv( 3 ) ) ;
lon = lon * pi/180 ;
phi = lat * pi/180 ;
P_vap = rh * 6. 11 * 10^    ( 7. 5 * T_amb/( T_amb + 283. 3 ) ) ) ;
fphih = 1 - 0. 00266 * cos( phi * 2 ) - 0. 00028 * h ;


a = 0. 001185 * ( 1 + 0. 6701e - 4 * ( P_amb - 1e3 ) - 0. 1471e - 3 * P_vap. . .
     + 0. 3072e - 2 * ( T_amb - 20 ) + 0. 5645e - 2 * h ) ;
b = 0. 001144  * ( 1 + 0. 1164e - 4 * ( P_amb - 1e3 ) + 0. 2795e - 3 * P_vaP. . .
     + 0. 3109e - 2 * ( T_amb - 20 ) + 0. 1217e - 1 * h ) ;
c = - 0. 0090 ;


for i = 1 : m
  [ E, A0 ] = Azimuth_Elevation( Pos_Rcv, Pos_Sv( i , : ) ) ;
  E1( i ) = E ;                                        % Elevation Rad
  A( i ) = A0 ;                                        % Azimoth Rad
end


for i i = 1 : m
   z = pi/2 - EI( ii ) ;
   cosZ = cos( z ) ;
   dmap = 1/( cosZ + a/( 1/tan( z ) + b/( cosZ + c ) ) ) ;
   wmap = dmap ;
   dzd = 0. 002277 * P_amb/fphih ;
   wzd = 0. 002277 * ( 1225/( T_amb + 273. 15 )  + 0. 05 ) * dzd ;
   Delta_R_Trop( ii ) = dzd * dmap + wzd * wmap ;
end



function[ E, A0 ] = Azimuth_Elevation( Pos_Rcv, Pos_SV )
% 计算卫星和接收机之间的高度角和方位角
% 利用向量运算的方法
% input ;
```

258

```
%  Pos_Rcv – –接收机位置
%  Pos_SV – –卫星位置
%  output
%  E,A0,分别为高度角和方位角

%  here we go
dr = Pos_SV – Pos_Rcv;
rl_norm = norm( Pos_Rcv) ;
east = cross( [0 0 1] , Pos_Rcv) ;
east = east/norm( east) ;

north = cross( Pos_Rcv, east)/rl_norm;
E = acos( dot( dr,Pos_Rcv)/norm( dr) /rl_norm) ;
A0 = atan2( dot( dr,east) ,dot( dr,north) ) ;
```

# 练 习 题

1. 假设在二维平面上,卫星与接收机的空间分布如图 8.2 所示,试求取定位的精度衰减因子。

2. 高度角低的卫星一般都要舍弃,另一方面,舍弃这些卫星将使得卫星与接收机的几何分布受到影响。为了评估和探讨这种影响,现假定有五颗卫星,一颗在接收机 $R$ 的正上方,其他四颗平均分布在高度角 $E$ 的圆上(不失一般性,方位角分别为 0°,90°,180°,270°,如图 8.3 所示。

(1)确定接收机到卫星的单位向量(在东北天坐标系中),并通过对伪距求位置和接收机钟差求偏导数,组成观测矩阵 $A$。

(2)组成法矩阵并计算其逆。

(3)分别确定当 $E = 0°$ 和 $E = 30°$时的 HDOP 和 VDOP。

(4)如果没有天顶方向上的卫星,法矩阵将会发生什么情况,请解释这个结果 。

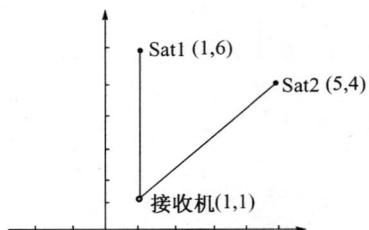

图 8.2　练习 1 用图

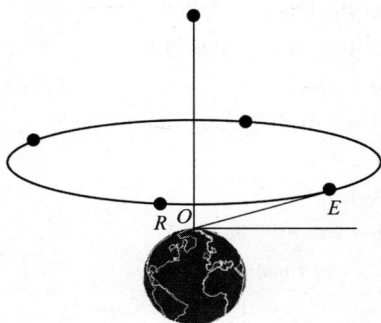

图 8.3　练习 2 用图

# 第九章　GNSS 干扰与抗干扰

　　GNSS 干扰与抗干扰技术是导航战的关键技术。早在 GPS 系统设计之初，干扰环境下的工作能力不是优先考虑的因素，它只是作为一种导航的辅助工具，而不是用于精确制导武器。所以，该系统在信息化战争中面临的安全问题就非常突出，因为现有的 GPS 信号是在众所周知的频率上发射的，其调制特征广为人知，信噪比又比较低，因而对敌方来说，要进行干扰或欺骗是比较容易的。

　　在美国发动的第二次海湾战争中，大量使用了精确制导武器，而这些武器中的 80% 都采用了 GPS 精确制导系统。由于伊拉克使用了据说是从俄罗斯购进的 GPS 干扰系统，使多枚美国导弹偏离了轨道，从而引起了世人广泛的注意。美国政府、工业部门和学术界对 GPS 受干扰的问题进行了大量研究和模拟，提出即使没有掌握先进技术的敌方也能容易、快速、廉价地制造和使用许多 GPS 干扰机，以摧毁依靠 GPS 制导的美国武器和其他平台。1994 年 9 月，在约翰·霍普金斯大学应用物理实验室举行的一次航空航天工程师和其他专业人员的研讨会上，首次公开展示了一种得烟盒大小的自制干扰机，它采用 12V 电池作动力，产生 100mW 的输出功率，通过一根细小的全向天线发射信号。据设计者称，该装置足以干扰半径为 16km 范围内的任何采用 CA 编码的 GPS 接收机。俄罗斯设计的廉价 GPS 干扰机现在到处可以买到，甚至可通过因特网采购到这种装置。这种干扰机质量为 3kg ~ 10kg（不含电池），价格低于 5 万美元，能对美国现有 GPS 系统的四个频段实施干扰。

　　GPS 接收机系统复杂，受干扰形式多种多样，特别是由于导航卫星离地面远,星载发射机功率有限,导致 GPS 接收机的接收信号微弱,再加上信号频率的公开,使得它不仅会受到电磁环境的干扰,而且更易受到人为恶性的干扰。这里,我们只讨论供一般用户使用的 C/A 码信号受到的干扰。由于 C/A 码在国际范围内公开使用,不保密、码短、易破译,所以使用 C/A 码的接收机极易被干扰。利用软件接收机技术,可研究如何实现对信号的干扰和反干扰,提出应对措施。如研制 GNSS 干扰机或提高我们自己的 GNSS 的性能,提高抗干扰能力。

对卫星导航信号的干扰主要从以下几个信号特性着手:

(1) 频率特性。GPS 无线电导航频率是透明的,L1 频率为 1575.42MHz,L2 频率为 1227.6MHz;带宽频带 C/A 码为 ±1.023MHz;P 码为 ±10.23MHz;信源基带为 50Hz。GPS 导航频率的公开性,决定了对 GPS 信号的干扰方式为瞄准性频率干扰。

(2) 能量特性。对于 GPS 导航星来说,L1 信号卫星发射机功率为 26W,卫星天线增益为 12dB。卫星至地面的路径损耗约为 -182.5dB;GPS 接收天线为全向天线,增益为 0dB,收发端电缆损耗各为 1dB,发端电波极化损耗为 0.25dB,接收机相关信号能量损耗约为 2dB。这样,GPS 接收机收到的有效 GPS 导航信号的载波功率仅为 -161.45dBW。这是由于以下原因造成的一是 GPS 星载导航信号发射机受太阳能电池板输出能量等因素限制。星载发射机功率有限;二是卫星处于准同步轨道,离地面距离遥远,导致地面或近地面 GPS 接收点信号能量很弱,为 $10^{-7}$W ~ $10^{-16}$W 量级。GPS 的这种能量特性决定了对其信号的干扰方式必然以能量为主。

(3) 时域特性。由于 GPS 卫星需连续 24h 发送导航信号供 GPS 接收系统连续接收,使得 GPS 接收系统不能在时域采取抗干扰措施。许多 GPS 接收系统是作为武器或运载工具的制导系统,需安置在一种高速运动的载体上,因此在某一特定区域(或环境干扰方)的时间域是狭窄和随机的。另外,GPS 接收系统干扰时域的确定,不是通过侦察 GPS 电子信号来获得,而是通过测定来袭武器的侵入时间来决定的,使干扰时域特征和 GPS 接收机出现时间相吻合。

（4）波形特性。扩频技术的应用,频域、时域和能量域特性已不能描述信号的全部特性,而信号波形特性的不同使得上述三种特性相同的信号相互之间不受干扰。因此,可利用波形特性干扰 GPS,使其丧失精密制导和定位功能,一般采用相关波形干扰技术。

对于商业应用来说,通常受到的是无意、带外的干扰。另外,由于大功率发射机有可能发生非线性效应,会造成小功率谐波,这可能会变成带内干扰。而对于军事用户,则主要考虑故意干扰。因此,在设计和研制军用接收机时必须考虑各种带内干扰机。

# 第一节　GNSS 干扰

针对 GNSS 信号的故意干扰包括以下两大类。

## 1. 压制式干扰

用干扰机发射干扰信号,以某种方式遮蔽 GNSS 信号的频谱,使敌方的 GNSS 接收机降低或完全失去正常工作能力,称为压制式干扰。研究结果表明,在所有对 GPS 信号的潜在威胁中,压制式干扰是最大的威胁。GPS 信号的特点给压制式干扰提供可以施展的用武之地。由于 P 码周期长达 266 天,结构保密,并且为了防止欺骗,采用了反欺骗技术（AS）,用高度保密的 W 码与 P 码进行模 2 和运算,得到 Y 码。由于 Y 码对外是严格保密的,在不知道 Y 码结构的情况下,只能对其实施压制式干扰（或转发式欺骗干扰）。压制式干扰又可分为如下几种:

（1）瞄准式干扰。C/A 码的瞄准式干扰是采用频率瞄准技术,使干扰载频精确瞄准 1575.42MHz 的信号载频,并采用相同的调制方式和相同的伪码序列实施干扰。瞄准式干扰是一部干扰机干扰一个卫星信号。这种方法可以使 GPS 接收机丢失卫星信号的码元和载波,从而丧失定位能力。

（2）阻塞式干扰。对 C/A 码的阻塞式干扰是采用一部干扰机来扰乱该地域出现的所有 C/A 码卫星信号,有多种干扰体制。一是单频(窄带)干扰。干扰机发出 1575.42MHz 的单频信号,单频干扰信号到达 GPS 接收机与以伪码调制的宽带本振混频后,产生宽带干扰信号输出,混频后的宽带干扰信号仅少部分能通过混频后窄带滤波器,起干扰作用。二是宽带均匀频谱干扰。干扰机采用锯齿宽带调频和噪声窄带调频相结合的干扰技术,保证阻塞式干扰能产生宽带均匀干扰频谱(梳状和连续状),在时域上呈等幅包络。

（3）相关干扰。相关干扰是利用干扰伪码序列和信号的伪码序列有较大的互相关性这一特点对 GPS 信号实施干扰。与不相关干扰相比,它有较多的能量可以通过接收机窄带滤波器。因而可以用较小的功率实现与其他方式相当的干扰效果,一般认为相关干扰是对直接扩频信号的最佳干扰方式。

### 2. 欺骗式干扰

欺骗式干扰是指发射与 GNSS 信号具有相同参数(只有导航电文不同)的假信号,干扰 GNSS 接收机,使其产生错误的定位信息。当实施干扰时,假定 GNSS 接收机与 GNSS 信号已同步,这时干扰信号与卫星信号同时进入 GNSS 接收机,当干扰信号功率大于信号的功率时,由"远近"效应可知,在捕获过程中,本地信号将不断与干扰信号相关,并使本地伪随机码与干扰伪随机码实施同步。从而本地的伪随机码与干扰的信号实现锁定,即没有跟踪到正确的信号,将得到错误的结果。

欺骗式干扰有产生式和转发式两种干扰体制。产生式干扰是利用发射机发射与导航卫星相同的虚假导航信息以欺骗接收机使其出错,得到错误的估计结果。产生式干扰需要知道伪随机码序列,C/A 码的结构是公开的,可以很容易实现对 C/A 码的欺骗式干扰,而 P(Y)码则是保密的,无法实现产生式欺骗干扰。转发式干扰是将接收到的卫星信号重新广播出去,以产生一个虚假的卫星信号,由于该信号增加了信号传播的延迟时间,导致接收机出现解算错误。另外,转发式干扰信号经过放大,干扰信号的幅度大于导航信号的幅度,GPS 接收机易于捕获到转发的干扰信号,从而得到错误的伪距。

在实战中,通常以转发式欺骗干扰为主,辅以相关压制干扰。首先用相关码压制干扰一段时间,让干扰区内的 GNSS 接收机转入搜索状态,然后切换到转发式欺骗干扰上,使要干扰的 GNSS 接收机锁定到欺骗信号上,过一段时间,再重复上述过程。采用这种组合方式,可以较好地发挥压制式干扰和欺骗式干扰的作用,达到理想的干扰效果。

# 第二节　GNSS 抗干扰

由于 GPS 在军事领域得到了普遍应用,这就迫切需要提高 GPS 的抗干扰能力。在过去的 20 年里,众多科研机构投入到这个领域的研究,并取得了许多有意义的成果。但是,所有的这些成果中,没有一种足以对付所有类型的干扰,即每种抗干扰措施都是优缺点并存。根据上文对 GPS 接收机的干扰方式分析,表明对 GPS 接收机的干扰主要体现为频率干扰和功率干扰,因此,提高 GPS 接收机的抗干扰性能的设计方法无非是从提高信号接收功率和滤波技术两个方面着手解决。

## 1. 基于硬件的抗干扰设计

GPS 接收机接收信号的提高有两条途径:一是提高发射机的发射功率,这将受到卫星有效载荷的限制;二是提高接收机的接收灵敏度,受控辐射天线(CRPA)技术能在卫星方向形成电子化天线波束,增大卫星导航信号的接收功率,从而提高抗干扰能力。在接收机硬件设计上可考虑采用自适应天线阵列模块和射频单元模块的抗干扰设计。天线阵列将方向图的波束压窄,并将波束集中到需要接收的信号方向,改善了灵敏度并为改变波束形状提供可能。影响自适应阵列输出信号干扰噪声比(SINR)的因素有信号方向、干扰方向、信号及干扰、噪声的功率、阵元相对位置、阵元个数、阵元方向函数。其中前三项是阵列设计所不能控制的。因此,通过阵元个数、间距的合理选择来保证载波与干扰和噪声比最大。天线阵元个数的增多为提高 SINR 提供了可能性。一个 $N$ 元阵列,只有 $N-1$ 个相对权,最多产生 $N-1$ 个零陷。所以,为了能够对抗更多的干扰,希望增加阵元数目。但是,为了能应用动态用户,阵元数目不能太多。阵元数目越多,阵就越复杂,造价就越高,体积、质量也会大大增加。因此,在要求覆盖区域给定的情况下,综合考虑以上因素,采用四阵元自适应天线阵列,通过合理配置阵元相对位置,产生三个零陷,可同时抑制三个干扰。另外,还需考虑阵元的相对位置。由于天线阵列工作的信号环境不能事先确定,有用信号的来向与干扰的来向未知。在进行阵列结构设计时,应保证在整个信源空间中 SINR 最优的概率最大。合理放置各阵元也就是合理选择各阵元的极坐标,即可使 SINR 的期望值取最大值的概率尽可能大,以提高自适应阵的稳态性能。

### 2. 基于软件的抗干扰设计

基于软件接收机的优势,可考虑主要在软件部分实现卫星信号的抗干扰。利用软件实现抗干扰的技术有空时自适应滤波技术、联合域抗干扰技术和其他新技术(如高速频率合成技术、自适应信号处理技术以及神经网络技术等)。

在中频信号的处理可考虑采用滤波技术。从频率的角度分析干扰可分为带内干扰和带外干扰,对应的抗干扰技术就是频域和空域滤波技术。带外干扰可采用前端滤波技术给予抑制,它实质上是在射频和中频设置窄带滤波器,以使带外干扰信号被滤除。带内干扰可采用自适应调零天线技术来解决,它实质上是个空分滤波器,利用自适应波束形成技术(DBF)在干扰信号到达方向形成天线辐射方向图零陷,在干扰波方向形成零点,达到滤除干扰信号、接收有用信号的目的。

采用软件技术实现 GNSS 信号抗干扰是当前 GNSS 接收机抗干扰技术的国际研究热点,是下一代 GPS 接收机抗干扰技术的主流[20,23]。

### 3. 基于组合导航的抗干扰设计

在未来战争中,为破坏对方的精确打击力量,往往采用强大的电子干扰手段。在复杂的干扰环境中,若过多依赖外界信息,势必对武器平台的生存带来致命的威胁。海湾战争以后,对 GPS 的依赖已称为一种脆弱的幻想,精密制导武器的重大改进就是向自主式制导武器发展。在海湾战争、科索沃战争中,无论是安装在 F - 117A 隐形攻击机和 B - 52G 战略轰炸机中的静电陀螺惯性导航系统、装在 F - 15E 战斗机上的激光陀螺惯性导航系统、装在 E - 3A 指挥预警机上的惯性/Omega/Doppler 组合导航系统,还是装在 SLEM 和"战斧"巡航导弹中的挠性陀螺惯性制导/地形匹配组合等,均发挥了强大的摧毁性的精确打击作用。因此惯性导航、惯性制导以及惯性导航为基础的组合导航与制导将成为精确制导武器中令人瞩目的一支生力军。惯性导航技术中为综合作战能力的重要支撑技术,在未来战中中将越来越显示出其优势。

# Matlab 程序

```
%  ***** CA – Code interference *****
% 计算 CA 码信号的干扰
% 郑州
% YI Weiyong
% 25/06/2008

clear all
```

```
delay = 600 ;    % 码延迟[chip]
multiDelay = 100 ;    % % 干扰信号延迟[chip]
magnitude = 2 ;    % % 干扰信号强度

PRN1 = PRNgen(1);
PRN1 = [PRN1 PRN1];

% % PRN3 为接收到的卫星信号(原始信号加上噪声)
sigma = 4 ;
PRN3 = PRN1 + randn(size(PRN1)) * sigma;

% % 加上干扰信号
PRN3 = PRN3 + magnitude * [PRN3(multiDelay:length(PRN3)) PRN3(1:mul-
    tiDelay - 1)];

% ***** Calculate auto - and cross - correlation *****
for n = 1:1023
    Corr11(n) = PRN3(delay:1022 + delay) * PRN1(n:1022 + n)';

end

% ***** Plot auto - correlation *****
figure(1)
plot(Corr11/1023);
% axis([-50 1100 -0.2 1.2]);
title('干扰信号的自相关结果','fontsize',14);
```

# 第十章　实用编程

## 第一节　概　　述

### 1. 软件运行环境

硬件环境：计算机，主频 3GHz 以上，内存 2GB 以上

软件环境：GnuC++3.0 以上（不建议用 VC++）

　　　　　Matlab 7.0

### 2. 软件基本情况介绍

（1）接收机类。CReceiver，实现接收机的初始化，管理内部各通道，接收机位置估计等。

（2）通道类。CChannel，实现信号的捕获、跟踪、导航电文解调等功能。

（3）信号类。CSignal，实现信号的各种运算，如相加、相乘等。

（4）星历类。Ephemeris，实现星历的解调，卫星位置计算等工作。

软件的基本流程如图 10.1 所示

### 3. 程序源代码说明（附光盘内容）

本书所附光盘内有 mfile 和 Program，其中 mfile 保存了 matlab 程序源代码，Program 目录下是 C++和 C 源程序代码。

matlab 文件按不同章节保存。各函数代码的功能如下：

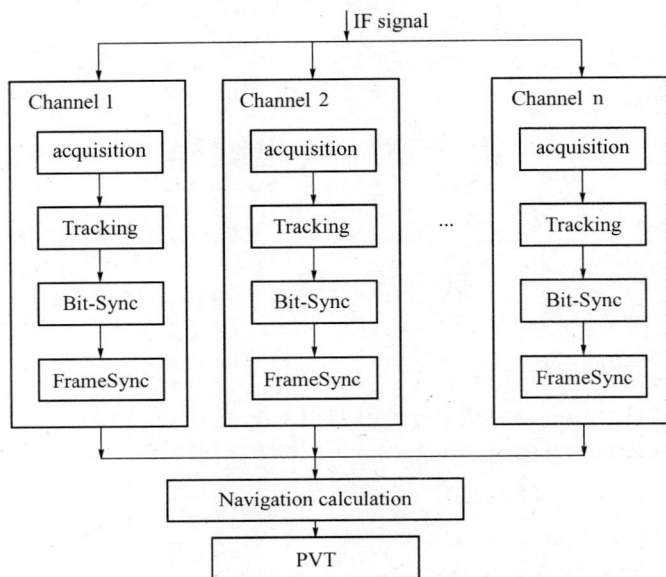

图 10.1　软件流程图

第二章

| | |
|---|---|
| % p2_1. m | 不同调制方式的演示 |
| % p2_2. m | 频移键控调制方式 |
| % p2_3. m | 调频信号演示 |
| % p2_4. m | 相位调制演示 |
| % p2_5. m | 矩形脉冲及频谱 |
| % p2_6. m | 采样过程示意图 |

第三章

| | |
|---|---|
| % p3_1. m | 画不同高度的卫星轨道 |
| % p3_2. m | 轨道和星下点演示 |
| % p3_3. m | 数值积分演示 |
| % yprime. m | 二体问题加速度计算 |
| % yprimef. m | 计算考虑地球扁率后的卫星加速度 |

% topocent. m　　　　　将坐标差 dx 转换到当地水平坐标系,原点位于 X

% TimeSptlResltn. m　　时间分辨率和空间分辨率演示

% SUNSYNC. m　　　　由轨道长半轴和离心率计算太阳同步卫星轨道的倾角

% State. m　　　　　　由卫星轨道根数计算卫星位置和速度

% skyplot2. m　　　　根据方位角和高度角画星空图,摘自 SatSoft 软件

% RungeKutta4. m　　四阶 Runge – Kutta 积分器

% PrecMatrix. m　　　岁差矩阵

% PoleMatrix. m　　　极移矩阵

% pdpddp. m　　　　　球谐函数和其一阶、二阶导数

% NutMatrix. m　　　章动矩阵

% NutAngles. m　　　章动角计算

% Mjd2GPST. m　　　从儒略日计算 GPS 时间

% MeanObliquity. m　平黄赤交角

% KeplerEle. m　　　由卫星的位置和速度计算卫星的开普勒轨道根数

% kepler. m　　　　　近点角演示

% gxstime. m　　　　计算 GPS 时间和儒略日(由年、月、日、时、分、秒)

% kep2cart. m　　　由开普勒根数算卫星位置和速度(与 State. m 类似)

% GMST. m　　　　计算格林尼治平恒星时(输出为弧度)

% GHAMatrix. m　　地球自转矩阵,由真赤道坐标系转换到格林尼治坐标系

% GAST. m　　　　格林尼治视恒星时,用于计算地球自转矩阵

% EqnEquinox. m      计算春分点方程

% EclMatrix. m      计算将赤道坐标转换到黄道坐标的坐标转换矩阵

% ecef2llh. m      由经纬度高程计算空间直角坐标

% EccAnom. m      计算偏近点角,解开普勒方程

% CalDat. m      由儒略日计算年、月、日、时、分、秒

% llh2ecef. m      空间坐标计算经纬度高程

注:子目录 exercise 里面 Graceplot. m 、Goceplot. m 和 Beiduplot. m 为作者编写,其余都是 m_map 软件包的内容,其网址为 http://www. eos. ubc. ca/~rich/map. html

第四章

% p4_1. m      计算 CA 码信号的自相关和互相关

% p4_2. m      计算 CA 码信号的功率谱

% p4_3. m      BOC( Binary offset carrier)调制演示

% p4_4. m      BOC 调制信号功率谱

% p4_5. m      Boc 调制信号的自相关函数

% boc. m      生成 BOC 调制信号

% psdgra. m      计算功率谱函数

第五章

% p5_1. m      热噪声频域的功率与 GPS 信号功率比较

% p5_2. m      混频器示意图

% p5_3. m      滤波器演示

% exercise. m      对 IQ 两支路的滤波演示

第六章

% p6_1. m      串行捕获

% p6_2. m      并行码相位捕获

% p6_3. m      并行频率捕获

第七章

| | |
|---|---|
| % p7_1. m | 由 GPS 广播星历计算卫星的位置 |
| % p7_2. m | 锁相环演示 |
| % prnnav. m | 读 Rinex 格式星历文件 |
| % calculatePLLCoefl. m | 计算锁相环参数 |
| % ephemerid. m | 由广播星历计算卫星位置和速度 |
| % sp3plot. m | 读 SP3 星历并画轨迹图 |

第八章

| | |
|---|---|
| % TropoDelay. m | 对流层延迟 |
| % HopFieldDelay. m | 对流层延迟(HopField 模型) |
| % Azimuth_Elevation. m | 计算卫星和接收机之间的高度角和方位角 |

第九章

| | |
|---|---|
| % p9_1. m | CA 码信号的干扰演示 |

program 目录下有三个子目录,分别为 mysdr、EphC 和 GPSEph。

(1) mysdr 为软件接收机的 C++源代码,可实现卫星信号的捕获、跟踪、解调导航电文、计算接收机位置。

(2) EphC 为利用 GPS 卫星位置计算 GPS 广播星历的 C 源代码。很多单片机只支持 C 语言,不支持 C++。

(3) GPSEph 的功能是利用 GPS 卫星位置计算 GPS 广播星历的 C++源代码。

# 第二节　整数 Fourier 变换 C++编程

整数运算比浮点运算速度快,为了提高信号处理速度,采用整数 Fourier 变换。正弦函数数值保存在一个常数变量 Sinewave 中,其值保存在文件见文件 REC_Const. h 中,或在初始化时计算并赋值。

代码如下(注意信号长度不能超过 4096,否则会产生溢出):

```
// header file

class CFixedFFT{

    public:

        // constructor & destructor
        CFixedFFT( ):m_n(0),EXP(0)
        {Sinewave = 0;};
        CFixedFFT( unsigned int _n);
        ~ CFixedFFT( );

        // methods
        int CFixedFFT::FFT( CSignal& _re,CSignal& im,short _scale =0);

    private:

        unsigned int m_n;              // the dimension of the FFT
        unsigned int EXP;              // log2( m_n)
        int * Sinewave;                // real part of twiddle factor lookup table

};

// Constructor. destructor

CFixedFFT::CFixedFFT( unsigned int _n):m_n(_n)
{
    if( _n <0||( _n&( _n-1))! =0 ){
        cerr << " ± Error: illegal parameter in CFixedFFT,exit(0)" << endl;
        exit(1);
```

```
    }

    unsigned int i,j,l,L;
    unsigned int n;
    unsigned int LE;              / * Number of points in sub DFT at stage L
                                     and offset to next DFT in stage   * /
    unsigned int LE1;             / * Number of butterflies in one DFT at
                                     stage L. Also is offset to lower point
                                     in butterfly at stage L           * /

    EXP = 0;                      //Log2( m_n)
    while( ( 1 << EXP + + ) ! = m_n);
    EXP_;

    n = m_n - ( m_n >> 2);

    Sinewave = new int [ n];

    for( L = 0;L < n;L + + )    / * Create twiddle factor table * /
    {
        Sinewave[ L] = ( int) ( ( 0x7fff * sin( pi2 * L/m_n)) + 0. 5);
    }
}
CFixedFFT: : ~ CFixedFFT( )
{
    delete [ ] Sinewave;
}

inline int FIX_MPY( int a,int b)
{
    / * shift right one less bit( i. e. 15 - 1) * /
    int c = ( ( int) a * ( int) b) >> 14;
```

```
/ * last bit shifted out = rounding – bit * /
b = c & 0x01;
/ * last shift + rounding bit * /
a = ( c >> 1 ) + b;
return a;
}


// FFT
//                      实现整数傅里叶变换和傅里叶逆变换

//   IN：
//                      _re – – – – – – real part of input signal
//                      _im – – – – – – image part of input signal

//   Out：
//                      _re – – – – – – real part of output signal

//
int CFixedFFT：：FFT( CSignal&_re, CSignal&_im, short inverse)
{
    accuracy * fr = _re. data;
    accuracy * fi = _im. data;

    int m;
    int N_WAVE m_n;
    int mr, nn, i, j, l, k, istep, scale, shift;
    int qr, qi, tr, ti, wr, wi;
    int n = _re. m_n;

    / * max FFT size = N_WAVE * /
    if( n > N_WAVE)
        return  – 1;
```

```
mr = 0;
nn = n - 1;
scale = 0;

/ * decimation in time - re - order data * /
for( m = 1; m < = nn; + + m) {
    1 = n;
    do {
        1 >> = 1;
    } while( mr + 1 > nn);
    mr = ( mr&( 1 - 1)) + 1;

    if( mr < = m)
        continue;
    tr = fr[ m];
    fr[ m] = fr[ mr];
    fr[ mr] = tr;
    ti = fi[ m];
    fi[ m] = fi[ mr];
    fi[ mr] = ti;
}


1 = 1;
k = EXP - 1;
while( 1 < n) {
    if( inverse) {
        / * variable scaling, depending upon data * /
        shift = 0;
        for( i = 0; i < n; + + i) {
            j = fr[ i];


            m = fi[ i];
```

```
        if( m  < 0 )

        if( j > 16383 ‖ m > 16383) {
            shift = 1 ;
            break ;

        }
    }
if( shift)
        + + scale ;

/ *
        fixed scaling,for proper normalization − −
        there will be  log2( n) passes,so this results
        in an overall factor of 1/n,distributed to
        maximize arithmetic accuracy.
    * /
    shift = 1 ;
}
/ *
        it may not be obvious,but the shift will be
        performed on each data point exactly once,
        during this pass.
    * /
istep = 1 << 1 ;
for( m = 0 ;m < 1 ; + + m) {
    j = m  << k ;
    / * 0 < = j < N_WAVE/2 * /
    wr = Sinewave[ j + N_WAVE/4 ] ;
    wi = − Sinewave[ j] ;
    if( inverse)
        wi = − wi ;
    if( shift) {
        wr >> = 1 ;
```

```
                    wi >> = 1;
              }
          for(i = m;i < n;i + = istep){
              j = i + 1;
              tr = FIX_MPY(wr,fr[j]) - FIX_MPY(wi,fi[j]);
              ti = FIX_MPY(wr,fi[j] + FIX_MPY(wi,fr[j]);
              qr = fr[i];
              qi = fi[i];
              if(shift){
                  qr >> = 1;
                  qi >> = 1;
              }
              fr[j] = qr - tr;
              fi[j] = qi - ti;
              fr[i] = qr + tr
              fi[i] = qi + ti;
          }
      }
      - - k;
      1 = istep;
  }

  for(i = 0;i < n;i + + )
  {
      fr[i] = fr[i] << scale;
      fi[i] = fi[i] << scale;
  }
  return scale;
}
```

# 第三节　利用卫星位置估计星历参数

当对 GPS 卫星进行了定轨,提高了 GPS 卫星轨道精度时,或者对卫星导航系统进行星历参数更新时,需要利用导航卫星在多个时刻的位置拟合导航电文星历参数。这里,采用 C 语言进行编程实现,在 gcc4.3 编译通过,如果采用 Visual C++ 编译器,部分地方还需要修改。

思路是由一组已知的导航电文参数计算卫星对应的在多个历元时刻的位置,然后在这些位置上加误差,再用本书推导的算法估计卫星的星历参数,然后比较原星历与估计星历的差异。

数据文件在随机光盘中的 program/EphC/Inout 目录下。

星历重建计算过程流程框图如图 10.2 所示。

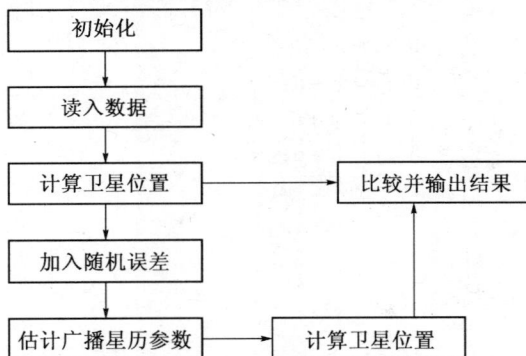

图 10.2 星历重建计算过程流程框图

采用载波相位观测量,GPS 卫星的轨道的采样率可达到 30s,轨道误差可达到厘米级。为了验证我们的思路和算法,先给出一个初始星历。利用这个初始星历计算一组卫星位置向量。再以这些位置向量为观测量,重新估计卫星的星历。利用估计出的卫星星历计算出卫星位置,与初始星历参数计算的卫星位置进行比较。首先,给出 6h 的位置向量,采样间隔为 30s。为了验证模型和软件的正确性,在位置向量上不加噪声。初始星历计算的位置坐标和重构星历计算的位置坐标如图 10.2 所示。在迭代过程中的终止条件是参数改正数 $|\delta\beta| < 10^{-8}$,经 6 次迭代

就满足精度要求。

从图 10.3 可看出,轨道误差在 $10^{-7}$m 量级,表明模型和软件能正确估计出 GPS 卫星的星历参数。从无观测误差的情况来看,切向方向误差比较大,而径向和法向误差则比较小。

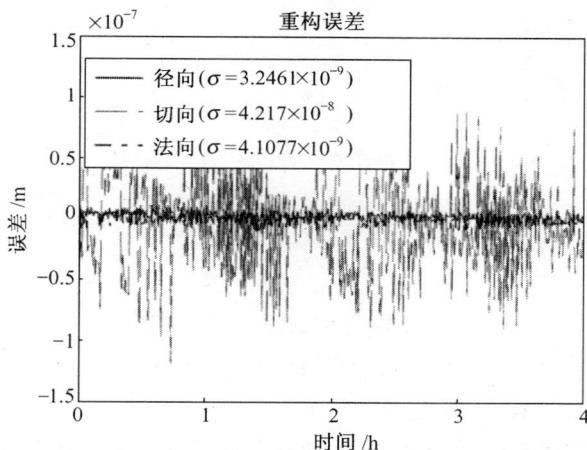

图 10.3　重构星历与初始星历计算的卫星位置之差(无观测误差)

定轨给出的轨道都是有误差的。因此,在轨道上加上均方差为 5cm 的高斯噪声,反算出卫星的星历,再根据反算出的星历参数计算卫星位置,与初始星历计算出的卫星位置进行比较,结果如图 10.4 所示。

从图 10.4 可看出,径向和切向及法向的轨道误差的均方差分别为 3.7mm、1.5mm 和 6.2mm。由于卫星星历参数中有一些调和项,能有效吸收卫星轨道的误差,从而使重构的卫星星历的精度可达到毫米量级。

GPS 发播的广播星历是由某一时间段(如 2h)的卫星轨道估计出星历参数,然后用这一组星历参数作为下一个时间段(一般为 2h)的星历,从而是一个预报的过程。因此我们利用两小时的卫星轨道,采样率为 30s,重构卫星星历参数,再比较这一组星历参数与初始星历在后 2h 的卫星位置差异,这个差异就是预报误

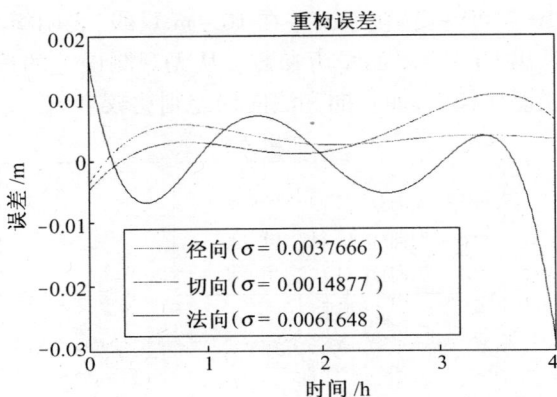

图 10.4 重构星历与初始星历计算的卫星
位置之差(观测误差标准差为 5cm)

差,结果如图 10.5 所示。

由图 10.5 可见,预报误差随着时间增大,这是因为估计出的
星历是用前 2h 的轨道作为观测量计算出来的。在预报的 4h 内,

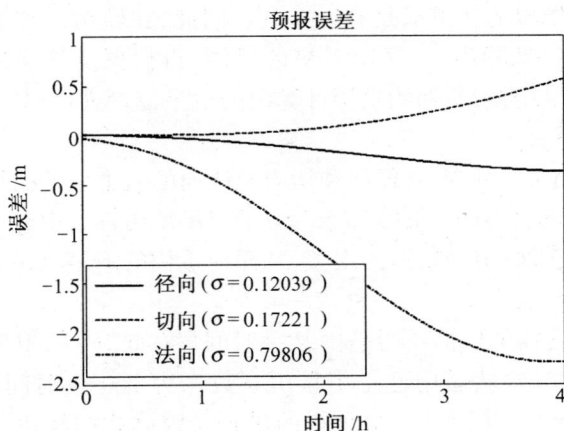

图 10.5 星历预报误差(观测误差标准差为 5cm)

282

观测误差标准差为5cm的情况下,轨道误差的均方差都小于1m,到4h后法向偏差达到2m,切向误差达到0.5m,仍然满足星历预报的要求。

程序如下:

```
// - - - REC_structs. h - - - 头文件
typedef struct almanac
{
    long    how,  tow;
    int    sfid,  asflag,  alertflag;
    int    prn,  health,
                 week,  // week number
                 sat_file;
        float ety,     // eccentricity
        inc,           // inclination angle at reference time relative to 0. 3 semi -
                       circles
        omegadot,      // (was rra) rate of right ascension
        sqra.          // square root of semi - major axis
        omega0,        // (was lan) longitude of ascending node of orbit plane at
                       weekly epoch
        w,             // argument of perigee
        ma,            // mean anomaly at reference time
        toa,           // almanac reference time
        af0,af1;       // clock polynomial correction parameters
    char text_message[23];
} ALMANAC;


// - - - Precise orbital parameters - -
typedef struct ephemeris
{
    long    how,
            tow;
    int    sfid,
```

```
            asflag,
            alertflag;
    int     iode,        // issue of date,ephemeris
            iodc,        // issue of date,clock
            ura,         // user range accuracy
            valid,
            health,      // satellite health
            week;
    double dn,           // delta n: mean motion correction term
            tgd,         // satellite group delay differential correction term
            toe,         // reference time ephemeris
            toc,         // clock data reference time
            omegadot,    // rate of right ascension
            idot,        // rate of inclination angle
    cuc,// amplitude of the cosine harmonic correction term to the argument of lati-
        tude
    cus,// amplitude of the sine harmonic correction term to the argument of latitude
    crc,// amplitude of the cosine harmonic correction term to the orbit radius
    crs,// amplitude of the sine harmonic correction term to the orbit radius
    cic,// amplitude of the cosine harmonic correction term to the angle of inclination
    cis,// amplitude of the sine harmonic correction term to the angle of inclination
            ma,          // mean anomaly at reference time
            sqra,        // square root of semi - major axis
            omega0,      // (was w0)longitude of ascending node of orbit plane at
                            weekly epoch
            inc0,        // inclination angle at reference time
            w,           // argument of perigee
            wm,          // mean motion [rad/sec]
            ety,         // eccentricity
            af0,af1,af2;// clock polynomial correction parameters
    } EPHEMERIS;


    // - - - GPS satellite position - - -
```

```
typedef struct satvis
{
    float azimuth, elevation, doppler,
          x, y, z;
} SATVIS;

typedef struct ecef
{
    double x, y, z;
} ECEF;

typedef struct eceft
{
    double x, y, z, tb;
    // float az, el;
} ECEFT;

typedef struct llh
{
    double lat, lon, hae;
} LLH;

typedef struct pvt
{
    double x, y, z,
           dt,
           xv, yv, zv,
           df;
} PVT;

// REC_Const. h - - - - -常数定义头文件
#ifndef INC_SAT_CONST_H
#define INC_SAT_CONST_H
```

```
//
// General
//


const double MJD_J2000 = 51544. 5 ;          // Modif. Julian Date of J2000. 0
const double AU = 149597870000. 0 ;          //Astronomical unit [ m ] ;IAU 1976
const double c_light = 299729458. 0 ;        // Speed of light [ m/s ] ;IAU
1976


const double k_satellite_orbital_radius_m = 26560000 - 6368000 ;


// GPS standard constants
// WGS 84 value of earth's universal gravitational parameter
double const k_mu = 3. 986005e14 ;           // meter^3 / second^2
// speed of light
double const k_c = 2. 99792458e8 ;           // meter / second
// WGS 84 value of the earth's rotation rate
double const k_dot_omega_e = 7. 2921151467e - 5 ;// radians / second
// GPS inital guess on satellite distance
// GPS standard Pi
double const k_pi = 3. 1415926535898 ;


//
// Physical parameters of the Earth , Sun and Moon
//
// Equatorial radius and flattening


const double R_Earth = 6378. 137e3 ;         // Radius Earth [ m ] ;WGS - 84
const double f_Earth = 1. 0/298. 257223563 ; // Flattening ;WGS - 84
const double R_Sun = 696000. 0e3 ;           // Radius Sun [ m ] ;Seidel-
mann
1992
```

```
const double R_Moon = 1738. 0e3 ;                    // Radius Moon [m]

// Earth rotation( derivative of GMST at J2000 ; differs from inertial period by

precession )

const double omega_Earth = 7. 2921158553e - 5 ;// [rad/s] ;Aoki 1982,NIMA 1997

// Gravitational coefficient

double GM_Earth = 398600. 4415e + 9 ;               // [m^3/s^2] ;JGM3
double GM_Sun = 1. 32712438e + 20 ;                 // [m^3/s^2] ;IAU 1976
double GM_Moon = 398600. 4415e + 9/81. 300587 ;    // [m^3/s^2] ;DE200

// Solar radiation pressure at I AU

const double P_Sol = 4. 560E - 6 ;                   // [N/m^2] ( ~ 1367W/m^2 ) ;
                                                        IERS 96

// GPS constant
const double freq0 = 10. 23e6 ;                      // fundamental freq. of GPS

double      pi = 3. 1415926535898E0 ,              // GPS values
            r_to_d = 57. 29577951308232 ;
double      c = 2. 99792458e8 ,                    //  WGS - 84 speed of light
m/sec

            omegae = 7. 2921151467E - 5 ;         // WGS - 84 earth rotation rate
rad/sec
double      a = 6378137. 0 ,b = 6356752. 314 ;    // WGS - 84 ellipsoid parameters
double      lambda = . 1902936728 ;               // L1 wavelength in meters

#endif // include blocker
```

```
// - - - - - - - - - - - - - - - - - - - - - - - - - -
//
// Main. cpp   (Main program)
//
//Purpose:
//
// implementation for ephemeris reconstruction
//
// Reference:
//
//
// Notes:
//
// This software is protected by national and international copyright.
// Any unauthorized use, reproduction or modification is unlawful and
// will be prosecuted. Commercial and non - private application of the
// software in any form is strictly prohibited unless otherwise granted
// by the authors.
//
// The code is provided without any warranty; without even the implied
// warranty of merchantibility or fitness for a particular purpose.
//
// Last modified:
//
// 2007/11/04   YI Weiyong
//
// (c)2007 - 2009   YI Weiyong
//
// - - - - - - - - - - - - - - - - - - - - - - - - -


// include  < stdio. h >
```

```
#include  < stdlib. h >
#include  < string. h >
#include  < time. h >
#include  < math. h >
#ifndef linux
#include  < io. h >
#endif

#ifdef_GNUC_        // GNU C + + adaptation
#include  < float. h >
#else                // Standard C + + version
#include  < limits >
#endif

#include" REC_structs. h"
//#include" REC_library. h"
#include" REC_const. h"

    // Machine accuracy
    #ifdef_GNUC_              // GNU C + + adaptation
    const double eps_mach = DBL_EPSILON;
    #else                     // Standard C + + version
    const double eps_mach = numeric_limits < double >∷epsilon( );
    #endif

typedef struct EphSetting{
    double toe;
    double totalSimTime; //in Hours
    double sampleRate;   //in seconds
    char strFileName[ 1024 ];
    int iterNo;
    double noise;
    double toa;
```

```
} EPHSET;

double Randn( double _mean, double _var)
{
    double random1, random2;

    random1 = ( rand( ) + 1e − 15) ∗ 1. 0/( RAND_MAX + 1e − 15);
    random2 = ( rand( ) + 1e − 15) ∗ 1. 0/( RAND_MAX + 1e − 15);

    return ( sqrt ( − 2 ∗ log ( random1) ) ∗ cos ( random2 ∗ pi ∗ 2) ∗ _var + _
    mean) ;
}

int Householder( double a[ ], int m, int n, double b[ ])
{
    double ∗ q;
    q = malloc( m ∗ m ∗ sizeof( double) ) ;

    int qr( double a[ ], int m, int n, double q[ ] ) ;
    int i, j;
    double d, ∗ c;

    c = malloc( n ∗ sizeof( double) ) ;

    i = qr( a, m, n, q) ;
    if( i = = 0)
    {
        free( c) ;
        return( 0) ;
    }
    for( i = 0; i < = n − 1; i + + )
    {
        d = 0. 0;
```

290

```
        for( j = 0 ; j < = m - 1 ; j + + )
            d = d + q[ j * m + j ] * b[ j ] ;
        c[ i ] = d ;
    }
    b[ n - 1 ] = c[ n - 1 ]/a[ n * n - 1 ] ;
    for( i = n - 2 ; i > = 0 ; i - - )
    {
        d = 0. 0 ;
        for( j = i + 1 ; j < = n - 1 ; j + + )
            d = d + a[ i * n + j ] * b[ j ] ;
        b[ i ] = ( c[ i ] - d )/a[ i * n + i ] ;
    }
    free( c ) ;
    free( q ) ;
    return( 1 ) ;
}


/ * QR decomposition * /
int qr( double a[ ] , int m , int n , double q[ ] )
{
    int i , j , k , l , nn , p , jj ;
    double u , alpha , w , t ;

    if( m < n )

    {

    printf( " fail\n" ) ;
    return( 0 ) ;
    }
    for( i = 0 ; i < = m - 1 ; i + + )
        for( j = 0 ; j < m - 1 ; j + + )
        {
            l = i * m + j ;
```

```
            q[1] = 0. 0;
            if( i = = j) q[1] = 1. 0;
        }
nn = n;
if( m = = n) nn = m – 1;
for( k = 0; k < = nn – 1; k + + )
{
    u = 0. 0;
    1 = k * n + k;
    for( i = k; i < = m – 1; i + + )
    {
        w = fabs( a[ i * n + k]);
        if( w > u) u = w;
    }
    alpha = 0. 0;
    for( i = k; i < = m – 1; i + + )
    {
        t = a[ i * n + k]/u;
        alpha = alpha + t * t;
    }
    if( a[1] > 0. 0) u = – u;

    alpha = u * sqrt( alpha);
    if( fabs( alpha) + 1. 0 = = 1. 0)
    {
        printf( "fail\n");
        return(0);
    }
    u = sqrt(2. 0 * = a1pha * ( alpha – a[1]));
    if(( u + 1. 0)! 1. 0)

    {
        a[1] = ( a[1] – alpha)/u;
```

```
for( i = k + 1 ; i < = m - 1 ; i + + )
{
    p = i * n + k ;
    a[ p ] = a[ p ]/u ;
}
for( j = 0 ; j < = m - 1 ; j + + )
{
    t = 0. 0 ;
    for( jj = k ; jj < = m - 1 ; jj + + )
        t = t + a[ jj * n + k ] * q[ jj * m + j ] ;
        for( i = k ; i < = m - 1 ; i + + )
        {
            p = i * m + j ;
            q[ p ] = q[ p ]2. 0 * t * a[ i * n + k ] ;
        }
}
for( j = k + 1 ; j < = n - 1 ; j + + )
{
    t = 0. 0 ;
    for( jj = k ; jj < = m - 1 ; jj + + )
        t = t + a[ jj * n + k ] * a[ jj * n + j ] ;
    for( i = k ; i < = m - 1 ; i + + )
    {
        p = i * n + j ;
        a[ p ] = a[ p ] - 2. 0 * t * a[ i * n + k ] ;
    }
}
a[ l ] = alpha ;
for( i = k + 1 ; i < = m - 1 ; i + + )
    a[ i * n + k ] = 0. 0 ;
}
}
for( i = 0 ; i < = m - 2 ; i + + )
```

```
        for( j = i + 1 ; j < = m - 1 ; j + + )
        {
            p = i * m + j;
            l = j * m + i;
            t = q[ p ];
            q[ p ] = q[ l ];
            q[ l ] = t;
        }
    return( 1 );
}


EPHEMERIS read_ephemeris( char * infile)
{
    int        id , health , week;
    double     toc , toe;
    double     crc , crs , cic , cis , cuc , cus , tgd , ety , inc0 , omegadot , w0 , w , ma , idot;
    double daf0 , daf1 , daf2 , esqra , dn;
    float d_toe;
//  char infile[ ] = " InOut/current. eph";
//  char * buf;
    FILE * in;
    EPHEMERIS myEph;
    char header[ 45 ] , text[ 27 ] , trailer;

    if( ( in = fopen( infile , " rt" ) ) = = NULL)
    {
        printf( " error opening. \n" );
    }
    else
    {
        // while( ! feof( in ) )                    // GB: replaced eof( ) by feof( )
        // {
            fscanf( in , " %37c" , &header);
```

```
fscanf( in," %27c" ,&text) ;
fscanf( in," %i" ,&id) ;
fscanf( in," %27c" ,&text) ;
fscanf( in," %i" ,&health) ;
fscanf( in," %27c" ,&text) ;
fscanf( in," %i" ,&week) ;
fscanf( in," %27c" ,&text) ;
fscanf( in," %le" ,&toe) ;
fscanf( in," %27c" ,&text) ;
fscanf( in," %le" ,&toc) ;
fscanf( in," %27c" ,&text) ;
fscanf( in," %le" ,&tgd) ;
fscanf( in," %27c" ,&text) ;
fscanf( in," %le" ,&daf0) ;
fscanf( in," %27c" ,&text) ;
fscanf( in," %le" ,&daf1) ;
fscanf( in," %27c" ,&text) ;
fscanf( in," %le" ,&daf2) ;
fscanf( in," %27c" ,&text) ;
fscanf( in," %le" ,&ety) ;
fscanf( in," %27c" ,&text) ;
fscanf( in," %le" ,&inc0) ;
fscanf( in," %27c" ,&text) ;
fscanf( in," %le" ,&idot) ;
fscanf( in," %27c" ,&text) ;
fscanf( in," %le" ,&omegadot) ;
fscanf( in," %27c" ,&text) ;
fscanf( in," %le" ,&esqra) ;
fscanf( in," %27c" ,&text) ;
fscanf( in," %le" ,&w0) ;
fscanf( in," %27c" ,&text) ;
fscanf( in," %le" ,&w) ;
fscanf( in," %27c" ,&text) ;
```

```
fscanf( in, "%le", &ma);
fscanf( in, "%27c", &text);
fscanf( in, "%le", &cuc);
fscanf( in, "%27c", &text);
fscanf( in, "%le", &cus);
fscanf( in, "%27c", &text);
fscanf( in, "%le", &crc);
fscanf( in, "%27c", &text);
fscanf( in, "%le", &crs);
fscanf( in, "%27c", &text);
fscanf( in, "%le", &cic);
fscanf( in, "%27c", &text);
fscanf( in, "%le", &cis);
fscanf( in, "%27c", &text);
fscanf( in, "%le", &dn);
fscanf( in, "%c", &trailer);

myEph. valid = 1;
myEph. health = health;
myEph. week = week;
myEph. toe = toe;
myEph. toc = toc;
myEph. tgd = tgd;
myEph. af0 = daf0;
myEph. af1 = daf1;
myEph. af2 = daf2;
myEph. ety = ety;
myEph. inc0 = inc0;
myEph. idot = idot;
myEph. omegadot = omegadot;
myEph. sqra = esqra;
myEph. omega0 = w0;
myEph. w = w;
```

```
            myEph. ma = ma;
            myEph. cuc = cuc;
            myEph. cus = cus;
            myEph. crc = crc;
            myEph. crs  = crs;
            myEph. cic = cic;
            myEph. cis = cis;
            myEph. dn = dn;

            if( myEph. sqra > 0. 0 )
                myEph. wm = 19964981. 84/ pow( myEph. sqra,3 );
        fclose( in );
    }


    return( myEph );
}
void write_ephemeris( char * infile, EPHEMERIS myEph)
{

    int       id, health, week;
    double    toc, toe;
    double crc, crs, cic, cis, cuc, cus, tgd, ety, inc0, omegadot, w0, w, ma;
    double daf0, daf1, daf2, esqra;
    float d_toe;
// char infile[ ] = "InOut/current. eph";
// char * buf.
    FILE * _out;

if( ( _out = fopen( infile, "wt" ) ) = = NULL)
{

    printf( "error opening in write_ephemeris. \n" );
}
else
{
```

```
fprintf( _out," **** Ephemeris for PRN – ## ***********  \n" );
fprintf( _out,"ID:                            " );
fprintf( _out," % i\n" ,id );
fprintf( _out," Health:                          " );
fprintf( _out," % i\n" ,myEph. health );
fprintf( _out," Week:                          " );
fprintf( _out," % i\n" ,myEph. week );
fprintf( _out,"E Time of Applic( s ):                        " );
fprintf( _out," % le\n" ,myEph. toe );
fprintf( _out,"C Time of Applic( s ):                          " );
fprintf( _out," % le\n" ,myEph. toc );
fprintf( _out,"Tgd( s ):                        " );
fprintf( _out," % le\n" ,myEph. tgd );
fprintf( _out,"Af0( s ):                        " );
fprintf( _out," % le\n" ,myEph. af0 );
fprintf( _out,"Af1( s/s ):                        " );
fprintf( _out," % le\n" ,myEph. af1 );
fprintf( _out,"Af2( s/s/s ):                        " );
fprintf( _out," % le\n" ,myEph. af2 );

fprintf( _out,"Eccentricity:                        " );
fprintf( _out," % le\n" ,myEph. ety );
fprintf( _out,"Orbital Inclination( rad ):                        " );
fprintf( _out," % le\n" ,myEph. inc0 );
fprintf( _out,"Rate Inclination( rad/s ):                        " );
fprintf( _out," % le\n" ,myEph. idot );

fprintf( _out,"Rate of Right Ascen( R/s ):                        " );
fprintf( _out," % le\n" ,myEph. omegadot );
fprintf( _out,"SQRT( A )( m^1/2 ):                        " );
fprintf( _out," % le\n" ,myEph. sqra );
fprintf( _out,"Right Ascen at TOE( rad ):                        " );
```

```
        fprintf( _out , " % le\n" , myEph. omega0 ) ;
        fprintf( _out , " Argument of Perigee( rad ) :              " ) ;
        fprintf( _out , " % le\n" , myEph. w ) ;
        fprintf( _out , " Mean Anom( rad ) :              " ) ;
        fprintf( _out , " % le\n" , myEph. ma ) ;
        fprintf( _out , " Cuc( rad ) :              " ) ;
        fprintf( _out , " % le\n" , myEph. cuc ) ;
        fprintf( _out , " Cus( rad ) :              " ) ;
        fprintf( _out , " % le\n" , myEph. cus ) ;
        fprintf( _out , " Crc( m ) :              " ) ;
        fprintf( _out , " % le\n" , myEph. crc ) ;
        fprintf( _out , " Crs( m ) :              " ) ;
        fprintf( _out , " % le\n" , myEph. crs ) ;
        fprintf( _out , " Cic( rad ) :              " ) ;
        fprintf( _out , " % le\n" , myEph. cic ) ;
        fprintf( _out , " Cis( rad ) :              " ) ;
        fprintf( _out , " % le\n" , myEph. cis ) ;
        fprintf( _out , " \n" ) ;

    fclose( _out ) ;
     }
 }


void ResetEph( EPHEMERIS * myEph)
 {
            myEph - > valid = 0 ;
            myEph - > health    = 0 ;
            myEph - > week     = 0 ;
            myEph - > toe      = 0 ;
            myEph - > toc      = 0 ;
            myEph - > tgd      = 0 ;
            myEph - > af0      = 0 ;
            myEph - > af1      = 0 ;
```

```
            myEph -> af2      = 0;
            myEph -> ety      = 0;
            myEph -> inc0     = 0;
            myEph -> idot     = 0;
            myEph -> omegadot = 0;
            myEph -> sqra     = 0;
            myEph -> omega0   = 0;
            myEph -> w        = 0;
            myEph -> ma       = 0;
            myEph -> cuc      = 0;
            myEph -> cus      = 0;
            myEph -> crc      = 0;
            myEph -> crs      = 0;
            myEph -> cic      = 0;
            myEph -> cis      = 0;
            myEph -> wm       = 0;
            myEph -> dn       = 0;

   }


LLH ecef_to_llh( ECEF pos)
   {
       double p, n, thet, esq, epsq;
       LLH result;
       p    = sqrt( pos. x * pos. x + pos. y * pos. y) ;
       thet = atan( pos. z * a/( p * b) ) ;
       esq  = 1. 0 - b * b/( a * a) ;
       epsq = a * a/( b * b) - 1. 0;
       result. lat = atan( ( pos. z + epsq * b * pow( sin( thet) ,3) )/( p - esq * a * pow
           ( cos( thet) ,3) ) ) ;
       result. lon = atan2( pos. y, pos, x) ;
       n = a * a/sqrt( a * a * cos( result. lat) * cos( result. lat) +
           b * b * sin( result. lat) * sin( result. lat) ) ;
```

```
    result. hae = p/cos( result. lat) - n;
    return ,result;
}


ECEF llh_to_ecef( LLH pos)
{
    double n;
    ECEF result;
    n      = a * a/sqrt( a * a * cos( pos. lat) * cos( pos. lat) +
             b * b * sin( pos. lat) * sin( pos. lat) ) ;
    result. x = ( n + pos. hae) * cos( pos. lat) * cos( pos. lon) ;
    result. y = ( n + pos. hae) * cos( pos. lat) * sin( pos. lon) ;
    result. z = ( b * b/( a * a) * n + pos. hae) * sin( pos. lat) ;
    return result;

}


ECEF satpos_almanac( float time, ALMANAC gps_alm)
{
    double ei, ea, diff, r, ta, la, aol, xp, yp, d_toa, n;
    ECEF result;
/ *
        MA IS THE ANGLE FROM PERIGEE AT TOA
* /
    n = 1. 99649818432174e +007/pow( gps_alm. squa,3) ;
    d_toa = time - gps_alm. toa;
    if( d_toa >302400. 0)
       d_toa = d_toa - 604800. 0;
    ei = gps_alm. ma + d_toa * n;
    ea = ei;
    do
    {
       diff = ( ei - ( ea - gps_alm. ety * sin( ea) ))/( 1. - gps_alm. ety * cos( ea) );
       ea     = ea + diff;
```

301

```
} while ( fabs( diff) > 1.0e - 6) ;
/ *

      EA IS THE ECCENTRIC ANOMALY
* /
  if( gps alm. ety ！ = 0.0 )
      ta = atan2( sqrt( I. - pow( gps_alm. ety,2) ) * sin( ea) ,cos( ea) -gps_alm. ety) ;
  else
      ta = ea;
/ *

      TA IS THE TRUE ANOMALY ( ANGLE FROM PERIGEE)
* /
  r = pow( gps_alm. sqra,2) * ( I . -pow( gps_aim. ety,2) * cos( ea) ) ;
/ *

      R IS THE RADIUS OF SATELLITE ORBIT AT TIME T
* /
  aol = ta + gps_alm. w ;
/ *

  AOL IS THE ARGUMENT OF LATITUDE
  LA IS THE LONGITUDE OF THE ASCENDING NODE
* /
  la = gps_aim. omega0 + ( gps_alm. omegadot - omegae) * d_toa - gps_alm. toa
      * omegae;

  xp = r * cos( aol) ;
  yp = r * sin( aol) ;
  result. x = xp * cos( ia) - yp * cos( gps alm. inc) * sin( la) ;
  result. y = xp * sin( la) + yp * cos( gps_alm. inc) * cos( la) ;
  result. z = yp * sin( gps alm. inc) ;
  return result;

}

  ECEFT satpos_ephemeris( double t, EPHEMERIS gps_eph)

{
```

302

```
double ei,ea,diff,ta,aol,delr,delal,delinc,r,inc;
double la,xp,yp,bclk,tc,d_toc,d_toe;
double xn,yn,zn,xe,ye,xls,yls,zls,range 1,ralt,tdot,satang,xaz,yaz;
double b,az;
ECEFT result;
//

//    MA IS THE ANGLE FROM PERIGEE AT TOA
//

if ( gps_eph. sqra > 0.0)
    gps_eph. wm = 19964981. 84/ pow( gps_eph. sqra, 3 );
d_toc = t - gps_eph. toc;
if ( d_toc > 302400. 0)
   d_toc = d_toc - 604800. 0;
else if ( d_toc < - 302400. 0)
   d_toc = d_toc + 604800. 0;
bclk = gps_eph. af0 + gps_eph. afl * d_toc +
      gps_eph. af2 * d_toc * d_toc - gps_eph. tgd;
tc = t - bclk;

d_toe = tc - gps_eph. toe;
if( d_toe > 302400. 0)
   d_toe = d_toe - 604800. 0;
else if( d_toe < - 302400. 0)
   d_toe = d_toe + 604800. 0;

ei = gps_eph. ma + d_toe * ( gps_eph. wm + gps_eph. dn );
ea = ei;
do
{

diff = ( ei( ea_gps_eph. ety * sin( ea )))/( 1 . 0E0-gps_eph. ety * cos( ea ));
ea = ea + diff;
```

```
}  while ( fabs( diff) > 1. 0e - 9) ;
   bclk = bclk - 4. 442807633E - 10 * gps_eph. ety * gps_eph. sqra * sin( ea) ;
   result. tb = bclk ;

//
//     ea is the eccentric anomaly
//
   ta = atan2 ( sqrt ( 1. 00-pow( gps_eph. ety ,2 ) ) * sin( ea) , cos ( ea) -gps_eph.
      ety) ;

//
//     TA IS THE TRUE ANOMALY ( ANGLE FROM PERIGEE)
//
   aol = ta + gps_eph. w ;
//
//     AOL IS THE ARGUMENT OF LATITUDE OF THE SATELLITE
//
//     calculate the second harmonic perturbations of the orbit
//
   delr = gps_eph. crc * cos( 2. 0 * aol) + gps_eph. crs * sin( 2. 0 * aol) ;
   delal = gps_eph. cuc * cos( 2. 0 * aol) + gps_eph. cus * sin( 2. 0 * aol) ;
   delinc = gps_eph. cic * cos( 2. 0 * aol) + gps_eph. cis * sin( 2. 0 * aol) ;
//
//     R IS THE RADIUS OF SATELLITE ORBIT AT TIME T
//
   r = pow( gps_eph. sqra ,2) * ( 1. 00-gps_eph. ety * cos( ea) ) + delr ;
   aol = aol + delal ;
   inc = gps_eph. inc0 + delinc + gps_eph. idot * d_toe ;

//     WRITE( 6 , * ) T-TOE( N)
//
//     LA IS THE CORRECTED LONGITUDE OF THE ASCENDING NODE
//
```

```
la = gps_eph. omega0 + ( gps_eph. omegadot-omegae) * d_toe -
    omegae * gps_eph. toe;
printf("a % lf\n", la);


xp = r * cos(aol);
yp = r * sin(aol);
printf("x % lf\n", xp);
printf("y % lf\n", yp);


result. x = xp * cos(la) - yp * cos(inc) * sin(la);
result. y = xp * sin(la) + yp * cos(inc) * cos(la);
result. z = yp * sin(inc);


return result;
};
void GetEphSetup(char * infile, EPHSET * mySetting)
{
    FILE * _in;
    if ( ( (_in = fopen(infile, "rt") ) = = NULL)
    {
        printf("error opening < % s > . \n", infile);
    }


    char text[80];


    fscanf(_in, "% 40c", &text);
    fscanf(_in, "% lf", &(mySetting -> toe) );
    fscanf(_in, "% 40c", &text);
    fscanf(_in, "% d", &(mySetting -> iterNo) );
    fscanf(_in, "% 40c", &text);
    fscanf(_in, "% lf", &(mySetting -> totalSimTime) );
    fscanf(_in, "% 40c", &text);
    fscanf(_in, "% lf", &(mySetting -> sampleRate) );
```

```
    fscanf( _in, "%40c", &text);
    fscanf( _in, "%s", mySetting -> strFileName);
    fscanf( _in, "%40c", &text);
    fscanf( _in, "%lf", &( mySetting -> noise));
    fscanf( _in, "%40c", &text);
    fscanf( _in, "%lf", &( mySetting -> toa));


}


void AlmObsEqu( double t, ECEF xyz, double * dxdB, double * dydB, double *
    dzdB, double * res, ALMANAC gps_alm)
{
    double ei,ea,diff,r,ta,la,aol,xp,yp,d_toa, n;
    ECEF result;
/ *
            MA IS THE ANGLE FROM PERIGEE AT TOA
* /
    d_toa = t - gps_alm. toa;
    if( d_toa > 302400. 0)
        d_toa = d_toa - 604800. 0;

    n =    1. 99649818432174e + 007/pow( gps_alm. sqra,3);
    ei = gps_alm. ma + d_toa *  n;
    ea = ei;
    do
    {
        diff = ( ei_( ea_gps_alm. ety * sin( ea)))/( 1. -gps_alm. ety * cos( ea));
        ea = ea + diff;
    } while ( fabs( diff) > 1 . 0e - 6);
/ *
            EA IS THE ECCENTRIC ANOMALY
* /
    if( gps_alm. ety !  = 0. 0)
```

```
        ta = atan2 ( sqrt ( 1. − pow ( gps_alm. ety,2 ) ) * sin ( ea ) , cos ( ea ) -gps_
            alm. ety ) ;
    else
        ta = ea ;
/ *

        TA IS THE TRUE ANOMALY ( ANGLE FROM PERIGEE )
 * /
    r = pow( gps_alm. sqra,2 ) * ( 1 . − gps_alm. ety * cos( ea ) ) ;
/ *

        R IS THE RADIUS OF SATELLITE ORBIT AT TIME T
 * /
    aol = ta + gps_alm. w ;
/ *

        AOL IS THE ARGUMENT OF LATITUDE

        LA IS THE LONGITUDE OF THE ASCENDING NODE
 * /
    double e, cos_E_k, v_k, sin_E_k, A, i_k, cos_omega_k, sin_omega_k, u_k ;

    la = gps_alm. omega0 + ( gps_alm. omegadot − omegae ) * d_toa − gps_alm. toa
        * omegae ;

    A = gps_alm. sqra * gps_alm. sqra ;
    e = gps_alm. ety ;
    v_k = ta ;
    u_k = aol ;
    cos_E_k = cos( ea ) ;
    sin_E_k = sin( ea ) ;
    cos_omega_k = cos( la ) ;
    sin_omega_k = sin( la ) ;
    i_k = gps_alm. inc ;

    xp = r * cos( aol ) ;
    yp = r * sin( aol ) ;
    result. x = xp * cos( la ) − yp * cos( gps_alm. inc ) * sin( la ) ;
    result. y = xp * sin( la ) + yp * cos( gps_alm. inc ) * cos( la ) ;
```

307

```
result. z = yp * sin( gps_alm. inc) ;

double dvdE = -sqrt( 1-e * e) * ( e * cos_E_k -
1) * cos( v_k) * cos( v_k)/( cos_E_k * cos_E_k - 2 * e * cos_E_k + e * e) ;
        // dv/dE
double dvde = - sin_E_k * ( e * cos_E_k - 1 ) * cos( v_k) * cos( v_k)/( cos_
    E_k * cos_E_k - 2 * e * cos_E_k + e * e)/sqrt( 1_e * e) ; //   dv/de
double dEdM = 1/( 1 - e * cos_E_k) ;
// dE/dM
doubledndA = - 1. 5 * k_mu/A/A/A/A/n ;
// dn/dA
double One_Minus_e_cos_E_k = ( 1 - e * cosE_k_) ;

double temp2 = A * e * sin_E_k/One_Minus_e_cos_E_k ;
double temp3 = cos_omega_k * cos( u_k) - cos( i_k) * sin_omega_k * sin( u_k) ;
double temp4 = - cos_omega_k * sin( u_k) - cos( i_k) * sin_omega_k * cos( u_k) ;
double tmpFac = dvdE * dEdM ;
double temp5 = sin_omega_k * cos( u_k) + cos( i_k) * cos_omega_k * sin( u_k) ;
double temp6 = sin_omega_k * sin( u_k) + cos( i_k) * cos_omega_k * cos( u_k) ;
double temp7 = sin( i_k) * sin( u_k) ;
double temp8 = cos( u_k) * sin( i_k) ;

dxdB [0] = One_Minus_e_cos_E_k * ( cos_omega_k * cos( u_k) -
cos( i_k) * sin_omega_k * sin( u_k)) ; // dx/dA
dydB[0] = One_Minus_e_cos_E_k * ( sin_omega_k * cos( u_k) +
cos( i_k) * cos_omega_k * sin( u_k)) ; //dy/dA
dzdB[0] = One_Minus_e_cos_E_k * ( sin( i_k) * sin( u_k)) ;
// dz/dA

// dxyz/de

dxdB[1] = - A * cos_E_k * temp3 + r * temp4 * dvde ;
dydB[1] = - A * cos_E_k * temp5 + r * temp6 * dvde ;
```

dzdB[1] = − A * cos_E_k * temp7 + r * temp8 * dvde;

// d_xyz/d_i

dxdB[2] = r * temp7 * sin_omega_k;
dydB[2] = − r * temp7 * cos_omega_k;
dzdB[2] = r * sin(u_k) * cos(i_k);

// d_xyz/d_Omega

dxdB[3] = r * ( − cos(u_k) * sin_omega_k − cos(i_k) * sin(u_k) * cos_o-
mega_k);
dydB[3] = r * ( cos(u_k) * cos_omega_k − cos(i_k) * sin(u_k) * sin_omega
_k);
dzdB[3] = 0;

// d_xyz/d_w

dxdB[4] = r * temp4;
dydB[4] = r * temp6;
dzdB[4] = r * temp8;

// dxyz/dM_0

dxdB[5] = temp2 * temp3 + r * temp4 * tmpFac;
dydB[5] = temp2 * temp5 + r * temp6 * tmpFac;
dzdB[5] = temp2 * temp7 + r * temp8 * tmpFac;

// d_xyz/d_Omega_dot

dxdB[6] = dxdB[3] * d_toa;
dydB[6] = dydB[3] * d_toa;
dzdB[6] = 0;

```
// compute residuals
res[0]  xyz. x – result. x;
res[1] = xyz. y – result. y;
res[2] = xyz. z – result. z;
}


void EphObsEqu ( double t, ECEFT xyzt, double * dxdB, double * dydB,
    double * dzdB, double * res, EPHEMERIS gps_eph)
{
    double ei,ea,diff,ta,aol,delr,delal,delinc,r,inc;
    double la,xp,yp,bclk,tc,d_toc,d_toe;
    double xn,yn,zn,xe,ye,xls,yls,zls,range I ,ralt,tdot,satang,xaz,yaz;
    double b,az;
    ECEFT result;
    double A, n0;
    double Crs, Crc, Cus, Cuc, Cis, Cic;
    double tk;

    A = gps_eph. sqra * gps_eph. sqra;
    n0 = sqrt( k_mu/A/A/A);

    Crs = gps_eph. crs;
    Crc = gps_eph. crc;
    Cus = gps_eph. cus;
    Cuc = gps_eph. cuc;
    Cis = gps_eph. cis;
    Cic = gps_eph. cic;
    gps_eph. wm = n0;

//
//      MA IS THE ANGLE FROM PERIGEE AT TOA
//
```

310

```
d_toc = t − gps_eph. toc;
if ( d_toc > 3 02400. 0 )
    d_toc = d_toc − 604800. 0;

else if ( d_toc < − 302400. 0 )
    d_toc = d_toc + 604800. 0;
bclk = gps_eph. af0 + gps_eph. afl ∗ d toc +
        gps_eph. af2 ∗ d_toc ∗ d_toc − gps_eph. tgd;
tc      = t − bclk;
d_toe = tc − gps_eph. toe;
tk = d_toe;
if( d_toe > 302400. 0 )
    d_toe = d_toe − 604800. 0;
else if( d_toe  < − 302400. 0 )
    d_toe = d_toe + 604800. 0;
ei = gps_eph. ma + d_toe ∗ ( gps_eph. wm + gps_eph. dn);
ea = ci;
do
{
    diff = ( ei_( ea_gps_eph. ety ∗ sin( ea)))/( 1 .0E0-gps_eph. ety ∗ cos( ea));
    ea = ea + diff;
} while ( fabs( diff) > 1.0e − 9);
bclk = bclk − 4. 442807633E − 1 0 ∗ gps_eph. ety ∗ gps_eph. sqra ∗ sin( ea);
result. tb bclk;
//
//      ea is the eccentric anomaly
//
ta = atan2 ( sqrt ( 1. 00-pow( gps_eph. ety, 2)) ∗ sin( ea), cos ( ea)-gps_eph.
    ety);
//
//      TA IS THE TRUE ANOMALY ( ANGLE FROM PERIGEE)
//
aol = ta + gps_eph. w;
```

311

```
//
//      AOL IS THE ARGUMENT OF LATITUDE OF THE SATELLITE
//
//      calculate the second harmonic perturbations of the orbit
//
    delr = gps_eph. crc * cos(2. 0 * aol) + gps_eph. crs * sin(2. 0 * aol) ;
    delal = gps_eph. cuc * cos(2. 0 * aol) + gps_eph. cus * sin(2. 0 * aol) ;
    delinc = gps_eph. cic * cos(2. 0 * aol) + gps_eph. cis * sin(2. 0 * aol) ;
//
//      R IS THE RADIUS OF SATELLITE ORBIT AT TIME T
//
    r    = pow(gps_eph. sqra,2) * (1. 00-gps_eph. ety * cos(ea)) + delr;
    aol = aol + delal;
    inc = gps_eph. inc0 + delinc + gps_eph. idot * d_toe;
//      WRITE(6, * )T-TOE(N)
//
//      LA IS THE CORRECTED LONGITUDE OF THE ASCENDING NODE
//
    la = gps_eph. omega0 + (gps_eph. omegadot-omegae) * d_toe-omegae * gps_
      eph. toe;

    xp = r * cos(aol) ;
    yp = r * sin(aol) ;
    result. x = xp * cos(la)_yp * cos(inc) * sin(la) ;
    result. y = xp * sin(la) + yp * cos(inc) * cos(la) ;
    result. z = yp * sin(inc) ;

    double i_k = inc;
    double u_k = aol;
    double e = gps_eph. ety;
    double sin_E_k = sin(ea) ;
    double cos_E_k = cos(ea) ;
    double v_k = ta;
```

```
double cos_omega_k = cos( la ) ;
double sin_omega_k = sin( la ) ;
double yp_cos_i_k = yp * cos( i_k ) ;
double sin_2phi_k = sin( 2. 0 * aol ) ;
double cos_2phi_k = cos( 2. 0 * aol ) ;
double r_k = r ;


double dvdE = - sqrt( 1 - e * e ) * ( e * cos_E_k - 1 ) * cos( v_k ) * cos( v_k )
             / ( cos_E_k * cos_E_k - 2 * e * cos_E_k + e * e ) ;    // dv/dE
double dvde = - sin_E_k * ( e * cos_E_k - 1 ) * cos( v_k ) * cos( v_k )/( cos_E_k
             * cos_E_k - 2 * e * cos_E_k + e * e )/sqrt( 1_e * e ) ;    // dv/de
double dEdM = 1/( 1 - e * cos_E_k ) ;    // dE/dM
double dndA = - 1. 5 * k_mu/A/A/A/A/n0 ;    // dn/dA


double One_Minus_e_cos_E_k = ( 1 - e * cos_E_k ) ;
dxdB[ 0 ] = One_Minus_e_cos_E_k * ( cos_omega_k * cos( u_k ) -
            cos( i_k ) * sin_omega_k * sin( u_k ) ) ;    // dx/dA
dydB[ 0 ] = One_Minus_e_cos_E_k * ( sin_omega_k * cos( u_k ) +
            cos( i_k ) * cos_omega_k * sin( u_k ) ) ;    // dy/dA
dzdB[ 0 ] = One_Minus_e_cos_E_k * ( sin( i_k ) * sin( u_k ) ) ;    // dz/dA


 // dxyz/dM_0


double temp2 = A * e * sin_E_k/One_Minus_e_cos_E_k ;
double temp3 = cos_omega_k * cos( u_k ) - cos( i_k ) * sin_omega_k * sin( u_k ) ;
double temp4 = - cos_omega_k * sin( u_k ) - cos( i_k ) * sin_omega_k * cos( u_k ) ;
double tmpFac = dvdE * dEdM ;

dxdB[ 1 ] = temp2 * temp3
            + 2 * temp3 * ( Crs * cos_2phi_k - Crc * sin_2phi_k ) * tmpFac
            + r_k * temp4 * tmpFac
            + 2 * r_k * temp4 * ( Cus * cos_2phi_k - Cuc * sin_2phi_k ) * tmpFac
            + 2 * r_k * sin( u_k ) * sin( i_k ) * sin_omega_k * ( Cis * cos_2phi_k
```

```
                        – Cic * sin_2phi_k) * tmpFac;

double temp5 = sin_omega_k * cos(u_k) + cos(i_k) * cos_omega_k * sin(u_k);
double temp6 = – sin_omega_k * sin(u_k) + cos(i_k) * cos_omega_k * cos(u_k).

dydB[1] = temp2 * temp5
          + 2 * temp5 * (Crs * cos_2phi_k – Crc * sin_2phi_k) * tmpFac
          + r_k * temp6 * tmpFac
          + 2 * r_k * temp6 * (Cus * cos_2phi_k – Cuc * sin_2phi_k)
            * tmpFac
          – 2 * r_k * sin(u_k) * sin(i_k) * cos_omega_k * (Cis * cos_2phi
            _k – – Cic * sin_2phi_k) * tmpFac;

double temp7 = sin(i_k) * sin(u_k);
double temp8 = cos(u_k) * sin(i_k);

dzdB[1] = temp2 * temp7
          + 2 * temp7 * (Crs * cos_2phi_k – Crc * sin_2phi_k) * tmpFac
          + r_k * temp8 * tmpFac
          + 2 * r_k * temp8 * (Cus * cos_2phi_k – Cuc * sin_2phi_k)
            * tmpFac
          + 2 * r_k * sin(u_k) * cos(i_k) * (Cis * cos_2phi_k
            – Cic * sin_2phi_k) * tmpFac;
// dxyz/dDelta_n

dxdB[2] = dxdB[1] * tk;
dydB[2] = dydB[1] * tk;
dzdB[2] = dzdB[1] * tk;

// correct dxyz/dA from dxyz/dDelta_n, normally it is not necessary, because
  // the correction is very small

// dxyz/de
```

314

dxdB[3] = − A * cos_E_k * temp3
    + 2 * temp3 * ( Crs * cos_2phi_k − Crc * sin_2phi_k) * dvde
    + r_k * temp4 * dvde
    + 2 * r_k * temp4 * ( Cus * cos_2phi_k − Cuc * sin_2phi_k )
    * dvde
    + 2 * r_k * sin( u_k ) * sin( i_k ) * sin_omega_k * ( Cis * cos_2phi
    _k − Cic * sin_2phi_k) * dvde;

dydB[3] = − A * cos_E_k * temp5
    + 2 * temp5 * ( Crs * cos_2phi_k − Crc * sin_2phi_k) * dvde
    + r_k * temp6 * dvde
    + 2 * r − k * temp6 * ( Cus * cos_2phi_k − Cuc * sin_2phi_k )
    * dvde
    − 2 * r_k * sin( u_k ) * sin( i_k ) * cos_omega_k * ( Cis * cos_2phi
    _k − Cic * sin_2phi − k ) * dvde;

dzdB[3] = − A * cos_E_k * temp7
    + 2 * temp7 * ( Crs * cos_2phi_k − Crc * sin_2phi_k) * dvde
    + r_k * temp8 * dvde
    + 2 * r_k * temp8 * ( Cus * cos_2phi_k − Cuc * sin_2phi_k )
    * dvde
    + 2 * r_k * sin( u − k ) * cos( i − k ) * ( Cis * cos − 2phi − k − Cic
    * sin_2phi_k ) * dvde;

// d_xyz/d_w

dxdB[4] = r_k * temp4
    + 2 * temp3 * ( Crs * cos_2phi_k − Crc * sin_2phi_k)
    + 2 * r_k * temp4 * ( Cus * cos_2phi_k − Cuc * sin_2phi_k)
    + 2 * r_k * sin( u_k ) * sin( i_k ) * sin_omega_k * ( Cis * cos_
    2phi_k − Cic * sin_2phi_k) ;

dydB[4] = r_k * temp6

315

$$+ 2 * \text{temp5} * (\text{Crs} * \cos\_2\text{phi\_k} - \text{Crc} * \sin\_2\text{phi\_k})$$
$$+ 2 * \text{r\_k} * \text{temp6} * (\text{Cus} * \cos\_2\text{phi\_k} - \text{Cuc} * \sin\_2\text{phi\_k})$$
$$- 2 * \text{r\_k} * \sin(\text{u\_k}) * \sin(\text{i\_k}) * \cos\_\text{omega\_k} * (\text{Cis} * \cos\_2\text{phi}$$
$$\_\text{k} - \text{Cic} * \sin - 2\text{phi\_k});$$

$$\text{dzdB}[4] = \text{r\_k} * \text{temp8}$$
$$+ 2 * \text{temp7} * (\text{Crs} * \cos\_2\text{phi\_k} - \text{Crc} * \sin\_2\text{phi\_k})$$
$$+ 2 * \text{r\_k} * \text{temp8} * (\text{Cus} * \cos\_2\text{phi\_k} - \text{Cuc} * \sin\_2\text{phi\_k})$$
$$+ 2 * \text{r\_k} * \sin(\text{u\_k}) * \cos(\text{i\_k}) * (\text{Cis} * \cos\_2\text{phi\_k} - \text{Cic} * \sin\_$$
$$2\text{phi\_k});$$

// d_xyz/d_C_us

$$\text{dxdB}[5] = \text{r\_k} * \text{temp4} * \sin\_2\text{phi\_k};$$
$$\text{dydB}[5] = \text{r\_k} * \text{temp6} * \sin\_2\text{phi\_k};$$
$$\text{dzdB}[5] = \text{r\_k} * \text{temp8} * \sin\_2\text{phi\_k};$$

// d_xyz/d_C_uc

$$\text{dxdB}[6] = \text{r\_k} * \text{temp4} * \cos\_2\text{phi\_k};$$
$$\text{dydB}[6] \ \text{r\_k} * \text{temp6} * \cos\_2\text{phi\_k};$$
$$\text{dzdB}[6] \ \text{r\_k} * \text{temp8} * \cos\_2\text{phi\_k};$$

// d_xyz/d_C_rs

$$\text{dxdB}[7] = \text{temp3} * \sin\_2\text{phi\_k};$$
$$\text{dydB}[7] = \text{temp5} * \sin\_2\text{phi\_k};$$
$$\text{dzdB}[7] = \text{temp7} * \sin\_2\text{phi\_k};$$

// d_xyz/d_C_rc

$$\text{dxdB}[8] = \text{temp3} * \cos\_2\text{phi\_k};$$
$$\text{dydB}[8] = \text{temp5} * \cos\_2\text{phi\_k};$$

dzdB[ 8 ] = temp7 * cos_2phi_k;

// d_xyz/d_i0, we compute this first for the convenience of d_xyz/d_C_is and
//d_xyz/d_C_ic

dxdB[ 11 ] = r_k * temp7 * sin_omega_k;
dydB[ 11 ] = − r_k * temp7 * cos_omega_k;
dzdB[ 11 ] = r_k * sin( u_k ) * cos( i_k );

// d_xyz/d_C_is

dxdB [ 9 ] = dxdB[ 11 ] * sin_2phi_k;
dydB[ 9 ] = dydB[ 11 ] * sin_2phi_k;
dzdB[ 9 ] = dzdB[ 11 ] * sin_2phi_k;

// d_xyz/d_C_ic

dxdB[ 10 ] = dxdB[ 11 ] * cos_2phi_k;
dydB[ 10 ] = dydB[ 11 ] * cos_2phi_k;
dzdB[ 10 ] = dzdB[ 11 ] * cos_2phi_k;

// d_xyz/d_i_dot

dxdB[ 12 ] = dxdB[ 11 ] * tk;
dydB[ 12 ] = dydB[ 11 ] * tk;
dzdB[ 12 ] = dzdB[ 11 ] * tk;

// d_xyz/d_Omega_0

dxdB[ 13 ] = r_k * ( − cos( u_k ) * sin_omega_k − cos( i_k ) * sin( u_k ) * cos_
         omega_k );
dydB[ 13 ] = r_k * ( cos( u_k ) * cos_omega_k − cos( i_k ) * sin( u_k ) * sin_o-
         mega_k );

```
dzdB[13] = 0;

// d_xyz/d_Omega_dot

dxdB[14] = dxdB[13] * tk;
dydB[14] = dydB[13] * tk;
dzdB[14] = 0;

// compute the residual

res[0] xyzt. x – result. x;
res[1] = xyzt. y – result. y;
res[2] = xyzt. z – result. z;

}


//
// Fractional part of a number ( y = x – [ x ] )
//

double Frac ( double x) { return x – floor( x); };

//
// x mod y
//

double Modulo ( double x, double y) { return y * Frac( x/y); }

double F ( double eta, double m, double 1)
{
    // Constants
    const double eps = 100. 0 * eps_mach;

    // Variables
```

```
        double w,W,a,n,g;

        w = m/(eta * eta)-1;

        if (fabs(w) <0. 1) { // Series expansion
           W = a =4. 0/3. 0;n =0. 0;
           do {
              n + =1. 0; a * =w * (n +2. 0)/(n +1. 5); W + =a;
           }
           while (fabs(a) > =eps);
        }
     else {
        if(w >0. 0) {
           g =2. 0 * asin(sqrt(w));
           W = (2. 0 * g - sin(2. 0 * g)) /pow(sin(g), 3);
        }
        else {
           g =2. 0 * log(sqrt(-w) +sqrt(1 .0 -w)); // =2. 0 * arsinh(sqrt(-w))
           W = (sinh(2. 0 * g) -2. 0 * g) / pow(sinh(g), 3);
        }
     }
     return (1. 0 - eta + (w +1) * W);
}   // End of function F


// --------------------------------------------------
//
// FindEta
//
// Computes the sector - triangle ratio from two position vectors and
// the intennediate time
//
// Input/Output:
//
```

```
//   r_a       Position at time t_a
//   r_a       Position at time t_b
//   tau       Normalized time ( sqrt( GM ) * ( t_a – t_b ) )
//   < return >   Sector – triangle ratio
//
// ----------------------------------------------------

   double FindEta ( double * r_a, double * r_b, double tau )
   {
   // Constants

   const int maxit = 30;
   const double delta = 100. 0 * eps_mach;

   // Variables

   int   i;
   double kappa, m, 1, s_a, s_b, eta_min, etal, eta2, Fl, F2, d_eta;

   // Auxiliary quantities

   s_a = sqrt( r_a[0] * r_a[0] + r_a[1} * r_a[1] + r_a[2] * r_a[2] );
   s_b = sqrt( r_b[0] * r_b[0] + r_b[1] * r_b[1] + r_b[2] * r_b[2] );

   kappa = sqrt ( 2. 0 * ( s_a * s_b + ( r_a[0] * r_b[0] + r_a[1] * r_b[1] + r_a
      [2] * r_b[2] ) ) );

   m = tau * tau / pow( kappa,3 );
   1 = ( s_a + s_b ) / ( 2. 0 * kappa ) – 0. 5;

   eta_min = sqrt( m/( 1 + 1. 0 ) );

   // Start with Hansen's approximation
   eta2 = ( 12. 0 + 10. 0 * sqrt( 1. 0 + ( 44. 0/9. 0 ) * m/( 1 + 5. 0/6. 0 ) ) ) / 22. 0;
```

320

```
etal = eta2 + 0. 1;

// Secant method

F1 = F( etal, m, 1);
F2 = F( eta2, m, 1);

i = 0;

while ( fabs( F2 - F 1) > delta)
{
  d_eta = - F2 * ( eta2 - eta1 )/( F2 - F1);
  etal = eta2; F1 = F2;
  while ( eta2 + d_eta < = eta_min) d_eta * = 0. 5;
  eta2 + = d_eta;
  F2 = F( eta2, m, l); + + i;

  if( i = = maxit) {
    printf( "WARNING: Convergence problems in FindEta\n");
    break;
    }
  }
  return eta2;
}
double Dot( double * a, double * b)
{
  return ( a[0] * b[0] + a[1] * b[1] + a[2] * b[2] );
}

double Norm( double * a)
{
  return ( sqrt( a[0] * a[0] + a[1] * a[1] + a[2] * a[2]));
}
```

```
void Cross(double * a,double * b, double * W)
{
    W[0] = a[1] * b[2] - a[2] * b[1];
    W[1] = a[2] * b[0] - a[0] * b[2];
    W[2] = a[0] * b[1] - a[1] * b[0];


}
void VectorPrint(double * vec, int n)
{
    int i;
    for(i = 0;i < n; i ++ )
    {
        printf("% le\t", vec[i]);
    }
    printf("\n");
}


// -----------------------------------------------
//
// Elements
//
// Purpose:
//
// Computes orbital elements from two given position vectors and
// associated times
//
// Input/Output:
//
//   GM      Gravitational coefficient
//                 (gravitational constant * mass of central body)
//   t_a     TOW1
//   t_b     TOW2
//   r_a     Position vector at time t_a
```

```
//   r_b        Position vector at time t_b
//   < return >     Keplerian elements ( a,e,i,Omega,omega,M )
//                  a      Semimajor axis
//                  e      Eccentricity
//                  i      Inclination [ rad ]
//                  Omega Longitude of the ascending node [ rad ]
//                  omega Argument of pericenter [ rad ]
//                  M      Mean anomaly [ rad ]
//                  at time t_a
// Notes:
//
//   The function cannot be used with state vectors describing a circular
//   or non - inclined orbit.
//
// ------------------------------------------------------


void Elements ( double GM, double t_a, double t_b,
                double * r_a, double * r_b, double * Kep )
{

   // Variables

   double tau, eta, p;
   double n, nu, E, u;
   double s_a, s_b, s_0, fac, sinhH;
   double cos_dnu, sin_dnu, ecos_nu, esin_nu;
   double a, e, i, Omega, omega, M;

   double e_a[3], r_0[3], e_0[3], W[3];

   // Calculate vector r_0 ( fraction of r_b perpendicular to r_a )
   // and the magnitudes of r_a, r_b and r_0
   s_a = Norm( r_a ); e_a[0] = r_a[0]/s_a; e_a[1] = r_a[1]/s_a; e_a[2] = r
```

```
    _a[2]/s_a;
s_b = Norm(r_b);
fac = Dot(r_b,e_a); r_0[0] = r_b[0]_fac * e_a[0]; r_0[1] = r_b[1] - fac
    * e_a[1];r_0[2] = r_b[2] - fac * e_a[2];
s_0 = Norm(r_0); e_0[0] = r_0[0]/s_0; e_0[1] = r_0[1]/s_0; e_0[2] =
    r_0[2]/s_0;
```

```
// Inclination and ascending node

Cross(e_a,e_0, W);
Omega = atan2 (W[0], - W[1]);                    //Long.  ascend.  node
Omega = Modulo(Omega,pi * 2);
i      = atan2 (sqrt(W[0] * W[0] + W[1] * W[1], W[2]); //Inclination
if (i == 0.0)
    u = atan2 (r_a[1], r_a[0]);
else
    u = atan2 ( + e_a[2], _e_a[0] * W[1] + e_a[1] * W[0]);
```

```
// Semilatus rectum

tau = sqrt(GM) *  fabs(t_b - t_a);
eta = FindEta (r_a, r_b, tau);
p = pow (s_a * s_0 * eta/tau, 2);
```

```
// Eccentricity, true anomaly and argument of perihelion

cos_dnu = fac / s_b;
sin_dnu = s_0 / s_b;

ecos_nu = p/s_a - 1.0;
esin_nu = (ecos_nu * cos_dnu - (p/s_b - 1 .0) ) / sin_dnu;
e = sqrt (ecos_nu * ecos_nu + esin_nu * esin_nu);
nu = atan2(esin_nu,ecos_nu);
```

```
omega = Modulo( u − nu , pi * 2 ) ;

// Perihelion distance , semimajor axis and mean motion

a = p/( 1. 0 − e * e ) ;
n = sqrt ( GM / fabs( a * a * a ) ) ;

// Mean anomaly and time of perihelion passage

if ( e < 1 . 0 ) {
   E = atan2 ( sqrt( ( 1. 0 − e ) * ( 1. 0 + e ) ) * esin_nu , ecos_nu + e * e ) ;
   M = Modulo ( E − e * sin( E ) , pi * 2 ) ;
}
else
{
   sinhH = sqrt( ( e − 1. 0 ) * ( e + 1. 0 ) ) * esin_nu / ( e + e * ecos_nu ) ;
   M = e * sinhH − log ( sinhH + sqrt( 1. 0 + sinhH * sinhH ) ) ;
}

// Keplerian elements vector
Kep[ 0 ] = a ;
Kep[ 1 ] = e ;
Kep[ 2 ] = i ;
Kep[ 3 ] = Omega ;
Kep[ 4 ] = omega ;
Kep[ 5 ] = M ;

}


int main( int argc , char * argv[ ] ) {
   EPHEMERIS myEph , refEph ;
   ECEFT xyzt ;
   ECEFT * VecXYZT ;
```

```
EPHSET mySetting;

int i, n, j, iter;
int totalObs;
double t, theta, r1[3], r2[3];
double *a, *b
double c,s;
double Kep[6];
double n0;
double threshold;

int nObs;
double sum_res;
double sum_res_square;
double mean, RMS;

char strFile[512];

if(argc >1)
{
  strcpy(strFile, argv[1]);
}
else
{
  strcpy(strFile, "InOut\\EphC. inp");
}

GetEphSetup(strFile, &mySetting);

totalObs = (int)(mySetting. totalSimTime * 3600/mySetting. sampleRate);
n = totalObs;

a = malloc(n * 3 *  15 * sizeof(double));
```

```
b = malloc( n * 3 * sizeof( double) ) ;

VecXYZT = malloc( n * sizeof( ECEFT) ) ;

double dxdB[15] , dydB[15] , dzdB[15] , res[3] ;

myEph = read_ephemeris( mySetting. strFileName) ;

// simulate the measurements

for( i = 0 ; i < totalObs ; i ++ )
{
  t = myEph. toe + i * mySetting. sampleRate ;
  VecXYZT[i] = satpos_ephemeris( t, myEph) ;
  VecXYZT[i]. x = VecXYZT[i]. x + Randn( 0, mySetting. noise) ;
  VecXYZT[i]. y = VecXYZT[i]. y + Randn( 0, mySetting. noise) ;
  VecXYZT[i]. z = VecXYZT[i]. z + Randn( 0, mySetting. noise) ;
}


// find out the keplerian elements first

theta = k_dot_omega_e * myEph. toe ;
c = cos( theta) ;
s = sin( theta) ;
r1[0] = c * VecXYZT[0]. x - s * VecXYZT[0]. y ;
r1[1] = s * VecXYZT[0] x + c * VecXYZT[0]. y ;
r1[2] = VecXYZT[0]. z ;

theta = k_dot_omega_e * ( myEph. toe + mySetting. sampleRate) ;
c = cos( theta) ;
s = sin( theta) ;
r2[0] = c * VecXYZT[1]. x - s * VecXYZT[1]. y ;
r2[1] = s * VecXYZT[1]. x + c * VecXYZT[1]. y ;
```

r2[2] = VecXYZT[1].z;

Elements (k_mu, myEph. toe, myEph. toe + mySetting. sampleRate, r1, r2, Kep);
// Initialize the reference ephemeris ———————————————

ResetEph(&refEph);

refEph. toc = myEph. toc;
refEph. af 2 = myEph. af 2;
refEph. af 1 = myEph. af 1;
refEph. af 0 = myEph. af 0;
refEph. tgd = myEph. tgd;

ref Eph. toe = mySetting. toe;

refEph. sqra = sqrt(Kep[0]);
refEph. ety = Kep[1];
refEph. inc0 = Kep[2];
refEph. omega0 = Kep[3];
refEph. w = Kep[4];
n0 = sqrt(k_mu/Kep[0]/Kep[0]/Kep[0]);

refEph. ma = (Kep[5] – n0 * (myEph. toe – refEph. toe));

// Initialization of the reference ephemeris is completed
// ————————————————————————————————
threshold = 1;
for(iter = 0; (iter < mySetting. iterNo) && (threshold > 1 e –9); iter + +)
{
  nObs = 0;
  sum_res = 0;
  sum_res_square = 0;

```
printf("iterNo % d\n", iter);
for(i = 0; i < totalObs; i + +)
{
    t = myEph. toe + i * mySetting. sampleRate;
    xyzt = satpos_ephemeris(t, myEph);

    EphObsEqu(t, VecXYZT[i], dxdB, dydB, dzdB, res, refEph);
    for(j = 0; j < 15;j + +)
    {
        a[3 * i * 15 + j] = dxdB[j];
        a[(3 * i + 1) * 15 + j] = dydB[j];
        a[(3 * i + 2) * 15 + j] = dzdB[j];

    }
    b[3 * i] = res[0];
    b[3 * i + 1] = res[1];
    b[3 * i + 2] = res[2];

    printf(" % 12. 31f % 12. 31f % 12. 31f % 12. 31f % 12. 31f % 12. 31f %
        12. 31f% 12. 31f\n ",t, xyzt. x, xyzt. y,xyzt. z,xyzt. tb, res[0], res
        [1], res[2]);
    nObs = nObs + 3;
    sum_res = sum_res + res[0] + res[1] + res[2];
    sum_res_square =
        sum_res_square + res[0] * res[0] + res[1] * res[1] + res[2] * res[2];
}

i = Householder(a,n * 3,15,b);
if(i!  = 0)
{
    VectorPrint(b, 15);
}
```

```
//  update the ephemeris
refEph. sqra = sqrt( refEph. sqra * refEph. sqra + b[ 0 ] ) ;
refEph. ma = refEph. ma + b[ 1 ] ;
refEph. dn = refEph. dn + b[ 2 ] ;
refEph. ety = refEph. ety + b[ 3 ] ;
refEph. w = refEph. w + b[ 4 ] ;
refEph. cus = refEph. cus + b[ 5 ] ;
refEph. cuc = refEph. cuc + b[ 6 ] ;
ref Eph. crs = refEph. crs + b[ 7 ] ;
refEph. crc = refEph. crc + b[ 8 ] ;
refEph. cis = refEph. cis + b[ 9 ] ;
refEph. cic = refEph. cic + b[ 10 ] ;
refEph. inc0 = refEph. inc0 + b[ 11 ] ;
refEph. idot = refEph. idot + b[ 12 ] ;
refEph. omega0 = refEph. omega0 + b[ 13 ] ;
refEph. omegadot = refEph. omegadot + b[ 14 ] ;
//  compute the sum square of the correction, for checking whether or not
// implement iteration

threshold = 0 ;
for( i = 0 ; i < 15 ; i + + )
{
    threshold = threshold + b[ i ] * b[ i ] ;
}

mean = sum_res/nObs ;
RMS = sqrt( sum_res_square/nObs − mean * mean ) ;

printf( " Residual mean = % 12. 31f, RMS = % 12. 3lf\n ",mean, RMS) ;
}
// Now we estimate the almanac

ALMANAC gps_alm ;
```

330

```
gps_alm. af0 = 0;
gps_alm. af1 = 0;

gps_alm. toa = ( float) mySetting. toa;
gps_alm. sqra = sqrt( Kep[ 0 ] );

gps_alm. ety = Kep[ 1 ];
gps_alm. inc = Kep[ 2 ];
gps_alm. omega0 = Kep[ 3 ];
gps_alm. w = Kep[ 4 ];
n0 = sqrt( k_mu/Kep[ 0 ]/Kep[ 0 ]/Kep[ 0 ] );

gps_alm. ma = ( Kep[ 5 ] – n0 * ( myEph. toe – gps_alm. toa) );
gps_alm. omegadot = 0;

ECEF xyz;
ECEF * VecXYZ;
VecXYZ = malloc( n * sizeof( ECEF) );
printf(" Position computed from almanac \n");
for( i = 0; i < totalObs; i + + )
{
    xyz = satpos_almanac( gps_alm. toa + i * mySetting. sampleRate, gps_alm);
    VecXYZ[ i ] = xyz;

    printf("% 1 2. 3lf % 1 2. 3lf % 1 2. 3lf \n", xyz. x, xyz. y, xyz. z);

}

theta = k_dot_omega_e * myEph. toe;
c = cos( theta);
s = sin( theta);
r1[ 0 ] = c * VecXYZT[ 0 ]. x – s * VecXYZT[ 0 ]. y;
r1[ 1 ] = s * VecXYZT[ 0 ]. x + c * VecXYZT[ 0 ]. y;
r1[ 2 ] = VecXYZT[ 0 ]. z;
```

```
theta = k_dot_omega_e * ( myEph. toe + mySetting. sampleRate) ;
c = cos( theta) ;
s = sin( theta) ;
r2[0] = c * VecXYZT[1]. x - s * VecXYZT[1]. y;
r2[1] = s * VecXYZT[1]. x + c * VecXYZT[1]. y;
r2[2] = VecXYZT[1]. z;

printf("Elements: \n") ;
VectorPrint( Kep, 6) ;
Elements ( k_mu, myEph. toe, myEph. toe + mySetting. sampleRate, r1, r2,
    Kep) ;

  VectorPrint( Kep, 6) ;

  for( i = 0; i < 15 * n * 3; i + + )
  {
    a[i] = 0;
}
for( i = 0; i < n * 3; i + + )
{
    b[i] = 0;
}

threshold = 1e3 ;

for( iter = 0; ( iter < mySetting. iterNo) && ( threshold > 1e - 2) ; iter + + )
{
    printf("iterNo % d\n", iter) ;
    nObs = 0;
    sum_res = 0;
    sum_res_square = 0;

    for( i = 0; i < totalObs; i + + )
```

```
{
    t = myEph. toe + i * mySetting. sampleRate;

    AlmObsEqu(t, VecXYZ[i], dxdB, dydB, dzdB, res, gps_alm);

    for(j = 0; j < 7; j ++)
    {
        a[3 * i * 7 + j] = dxdB[j];
        a[(3 * i + 1) * 7 + j] = dydB[j];
        a[(3 * i + 2) * 7 + j] = dzdB[j];
    }
    b[3 * i] = res[0];
    b[3 * i + 1] = res[1];
    b[3 * i + 2] = res[2];
    printf("% 12. 3lf % 12. 3lf% 12. 3lf% 12. 3lf \n", t, res[0], res[1],
        res[2]);
    nObs = nObs + 3;
    sum_res = sum_res + res[0] + res[1] + res[2];
    sum_res_square =
        sum_res_square + res[0] * res[0] + res[1] * res[1] + res[2] * res[2];
}
    i = Householder(a, n * 3, 7, b);
    if(i! = 0)
    {
        VectorPrint(b, 9);
    }

    mean = sum_res/nObs;
    RMS = sqrt(sum_res_square/nObs - mean * mean);

    printf(" Residual mean = % 12. 3lf, RMS = % 12. 3lf\n", mean, RMS);

    // update the almanac
```

```
        gps_alm. sqra = sqrt( gps_alm. sqra * gps_alm. sqra + b[ 0 ] ) ;
        gps_alm. ety = gps_alm. ety + b[ 1 ] ;
        gps_alm. inc = gps_alm. inc + b[ 2 ] ;
        gps_alm. omega0 = gps_alm. omegaO + b[ 3 ] ;
        gps_alm. w = gps_alm. w + b[ 4 ] ;
        gps_alm. ma = gps_alm. ma + b[ 5 ] ;
        gps_alm. omegadot = gps_alm. omegadot + b[ 6 ] ;
        printf(" Almanac: % 12. 8le % 12. 8le % 12. 8le % 12. 8le % 12. 8le %
            12. 8le % 12. 8le \n ",
                gps _alm. sqra, gps_alm. ety, gps_alm. inc, gps_alm. omegao gps_
                    alm. w , gps_alm. ma, gps_alm. omegadot) ;
        // compute the sum square of the correction, for checking whether or not
        // implement iteration
        threshold = 0 ;
        for( i = 0 ; i < 7 ; i + + )
        {
            threshold = threshold + b[ i ] * b[ i ] ;
        }
    }
}
free( a ) ;
free( b ) ;

    free( VecXYZT ) ;
    free( VecXYZ ) ;
    return 1 ;
}
```

数据文件 current. eph 在目录 program/EphC/Inout 下，其中的某一颗卫星星历参数为

```
**** Ephemeris for PRN - 06 **********
ID:                        6
Health:                    0
Week:                      77
E Time of Applic( s ):   3. 528000000000e + 05
```

334

C Time of Applic(s):　　　　 3 . 528000000000e + 05

Tgd(s):　　　　　　　　 − 1 . 722946763039e − 08

Af0(s):　　　　　　　　　 1.967069692910e − 04

Afl (s/s):　　　　　　　 − 2.728484105319e − 12

Af2(s/s/s):　　　　　　　 0.000000000e + 00

Eccentricity:　　　　　　　 8.740353048779e − 03

Orbital Inclination(rad):　 9.425901490632e − 0 1

Inclination rate(rad/s):　　 1.003613233091e − 10

Rate of Right Ascen(R/s):　 − 8.169626012001e − 09

SQRT(A)(m^1/2):　　　　 5.153763439178e + 03

Right Ascen at TOE(rad):　 − 1 .426295234464e + 00

Argument of Perigee(rad):　 2.620565531930e + 00

Mean Anom(rad):　　　　 − 2.766037249925e + 00

Cuc(rad):　　　　　　　 4.70 13 16356659e − 06

Cus(rad):　　　　　　　 7.713213562965e − 06

Crc(m):　　　　　　　　 2.214687500000e + 02

Crs(m):　　　　　　　　 9.037500000000e + 01

Cic(rad):　　　　　　　 − 8.568 167686462e − 08

Cis(rad):　　　　　　　 1.0803341 86554e − 07

mean motion correction:　　 4.995565228201e − 09

　　输入控制文件 EphC. inp 在 program/EphC/Inout 下,内容为

toe[second]:　　　　　　 1.239100e + 05

Maximum No. of interaton:　　 50

Total simulation time [h]:　　 2

Sampling rate[second]:　　 600

Ehpemeris File name:　　　 InOut\\current. eph

Pos Error[m]:　　　　　 0. 3

toa[second]:　　　　　　 1.008000e + 05

# 英 语 缩 略 语

| 缩写词 | 全 称 |
|---|---|
| ADC | Analog/Digital Converter（模数转换器） |
| CW | Carrier Wave（载波） |
| EIDS | European Inteqritiy Decision System（欧洲完好性决策系统） |
| FFT | Fast Fourier Transform（快速傅里叶变换） |
| GLONASS | GLObal NAvigation Satellite System（俄罗斯的全球导航卫星系统） |
| GNSS | Global Navigation Satellite System（全球导航卫星系统） |
| GPS | Global Positioning System（全球定位系统） |
| HOW | Hand Over Word（交接字） |
| ICC | Integrity Control Center（完好性控制中心） |
| ICD | Interface Control Document |
| IF | Intermediate Frequency（中频） |
| iFFT | Inverse FFT（傅里叶逆变换） |
| IMS | Integrity Monitor Station（完好性监视站） |
| IULS | Integrity Upload station（完好性注入站） |
| LPF | Low Pass Filter（低通滤波器） |
| MA | Moving Average（滑动平均） |
| NASA | National Aeronautics and Space Agency（美国国家航空航天局） |
| NCO | Numerical Controlled Oscillator（数控振荡器） |
| OSC | OSCillator（振荡器） |
| PRN | Pseudo Random Noise（伪随机噪声） |
| RF | Radio Frequency（射频） |
| TLM | Telemetry（遥测字） |
| SNR | Signal to Noise Ratio（信噪比） |
| SINR | Carrier to Interference plus Noise Ratio（载波与干扰和噪声比） |

# 参 考 文 献

[ 1 ]  Best R E. Phase-locked Loops, Theory, Design, and Applications, McGraw-Hill, New York, 1984.

[ 2 ]  Beutler G. Methods of Celestial Mechanics (second edition). Springe, IS-BN: 3 − 540 − 40749 − 9, 2005.

[ 3 ]  Golub H, Van Loan Ch F. Matrix Computations. Johns Hopkins University Press, 1996.

[ 4 ]  Jing Pang, Frank Van Graas, Janusz Starzyk, et al. Fast direct GPS P-Code acquisition. GPS solutions, 2004.

[ 5 ]  Kai Borre, Dennis M Akos, Nicolaj Bertelsen, et al. A Software-Defined GPS and Galileo Receiver. A Single-Frequency Approach, 2006.

[ 6 ]  Montenbruck O, Gill E. Satellite Orbits, Models, Methods, Applications, ISBN 3 − 540 − 67280 − X Springer − Verlag, 2000.

[ 7 ]  Montenbruck O, Gill E. Satellite Orbits, Models, Methods, Applications. ISBN 3 − 540 − 67280 − X Springer − Verlag, 2000.

[ 8 ]  Nunes, Fernando D, Sousa, Fernando M G. Multipath mitigation technique for BOC signals using gating functions. In 2nd ESA Workshop on Satellite Navigation User Equipment Technologies; NAVITEC ESTEC, Noordwijk, 2004.

[ 9 ]  Schneider, M. A General Method of Orbit Determination. Library Translation, Band 1279, Royal Aircraft Establishment, Ministry of Technology, Farnborough, England, 1968.

[ 10 ]  Schrama E J O, Visser P N A M. Accuracy assessment of the monthly GRACE geoids based upon a simulation. Journal of Geodesy, 2007, 81: 67 − 80.

[ 11 ]  Shampine L F, Gordon M K. Computer solution of Ordinary Differential Equations. Freeman and Comp, San Francisco, 1975.

[12] Steven W Smith. The Scientist and Engineer's Guide to Digital Signal Processing. California Technical Publishing, San Diego, California,1999.

[13] Swenson S, Wahr J. Post-processing removal of correlated errors in GRACE data. Geophysical Research Letters, 2006,33,L08402.

[14] Tapley B D. Fundamentals of Orbit Determination, in: Sansò F, Rummel R (eds.) Theory of Satellite Geodesy and Gravity Field Determination. Lecture Notes in Earth Sciences; Springer-Verlag, Berlin,1989.

[15] Tsui J. Fundamentals of Global Positioning System Receivers: A Software Approach. John Wiley & Sons, New York, NY,2000.

[16] Visser P N A M. Exercise Earth-Oriented Space Research (AE4-875P) Manual,2006.

[17] Vonbun F O, Kahn W D, Bryan J W, et al. Conrad T D Gravity Anomaly Detection from ATS-6/Apollo-Soyuz, 1975.

[18] Wolf M. Direct measurements of the Earth's gravitational potential using a satellite pair; Journal of Geophysics. Res, 1969, 74(22): 5295 – 5300.

[19] YI W. GRACE and gravity field-Observation models, simulations and analysis, MSc. Thesis, Institute fuer Astronomical and Physical Geodesy. Technique University Munich,2007.

[20] 蒋海丽,郑建生. 潘慧. GPS 接收机的抗干扰设计. 航天电子对抗,2004.

[21] 董绪荣,唐斌,蒋德. 卫星导航软件接收机原理与设计. 北京:国防工业出版社,2008.

[22] 王解先. GPS 精密定轨定位. 上海同济大学出版社,1997.

[23] 王李军. GPS 接收机抗干扰若干关键技术研究(D),南京理工大学,2006.

[24] 李玉红,寇艳红,张其善. 微弱 GPS 信号捕获算法研究. 遥测遥控,2005. 26(4):61 – 65.

[25] Nesreen I, Ziedan,James L Garrison. Unaided Acquisition of Weak GPS Signals Using Circular Correlation or Double-Block Zero Padding. IEEE PLANS, 2004 Position Location and Navigation Symposium, 2004:461 – 470.

[26] Zarrabizadeh M H E S Sousa. A Differentially Coherent PN Code Acquisi-

tion Receiver for CDMA Systems. IEEE Trans on COM, 1997, 45(11): 1456 – 1465.

[27] Choi H D J Cho, S J Yun, et al. A Novel Weak Signal Acquisition Scheme for Assisted GPS. ION GPS 2002, Portland, 24 – 27 September 2002:177 – 183.

[28] Bo Zheng, Gérard Lachapelle. GPS Software Receiver Enhancements for Indoor Use. ION GNSS 2005, Long Beach, 13 – 16 September 2005: 1138 – 1142.

[29] Surendran K Shanmugam1, Robert Watson, John Nielsen, et al. Differential Signal Processing Schemes for Enhanced GPS Acquisition. ION GNSS 2005, Long Beach, 13 – 16 September 2005: 212 – 222.

[30] Wei Yu. Selected GPS Receiver Enhancements for Weak Signal Acquisition and Tracking. Master's thesis, University of Calgary, February 2007.

[31] José Ángel Ávila Rodíguez, Vincent Heiries, Thomas Pany, et al. Theroy on Acquisition Algorithms for Indoor Positioning. l2th Saint Petersburg International Conference on integrated navigation systems Saint Petersburg, Russia, May 23 – 25, 2005.

[32] Vincent Heiries, José Ángel Ávila Rodríguez, Markus Irsigler, et al. Acquisition Performance Analysis of Composite Signals for the L 1 OS Optimized Signal. ION GNSS 2005, Long Beach, 13 – 16 September 2005: 877 – 889.

[33] Andreas Schmid, Andre Neubauer. Performance Evaluation of Differential Correlation for Single Shot Measurement Positioning. ION GNSS 2004, Long Beach 21 – 24 September 2004:1998 – 2009.

[34] Andreas Schmid, Andre Neubauer. Differential Correlation for GPS/Galileo Receivers. IEEE 0 – 7803 – 8874 – 7/05/, ICASSP 2005: 953 – 956.

[35] 巴晓辉,李金海,陈杰. 不需辅助信息的室内 GPS 信号捕获算法. 电子技术应用,2006(9):130 – 132.

[36] 刘福声,罗鹏飞. 统计信号处理. 长沙:国防科技大学出版社,1990: 136 – 142.

[37] Peter Rinder, Nicolaj Bertelsen. Design of a Single Frequency GPS Software Receiver. Master's thesis, Aalborg University, June 2004:25 – 31.

[38] Elliott Kaplan, Christopher Hegarty. Understanding GPS theory and Ap-

plication, Second Edition. Boston: Artech House, 2006.

[39] Lowe S T. Voltage Signal-to-Noise Ratio (SNR) Nonlinearity Resulting From Incoherent Summations. TMO Progress Report 42 – 137, Tracking Systems and Application Section, 1999: 1 – 6.

[40] Wei Yu. Performance Evaluation of a Differential Approach based Detector. ION GNSS 2006, Fort Worth, 26 – 29 September 2006: 2441 – 2452.

[41] Davies R B. The Distribution of a Linear Combination of Chi Squared Random Variables (Algorithm AS 155). Applied Statistics, 1980, 29 (3): 323 – 333.

[42] Fischer S, Berberich 5, Helm J, et al. Simulation & verification of new architectures for Galileo navigation signal demodulation. ION GPS/GNSS 2003, Portland, 9 – 12 September 2003: 2021 – 2030.

[43] Martin N, Leblond V, Guillotel G, et al. BOC(x,y) signal acquisition techniques and performances. ION GPS/GNSS 2003, Portland, 9 – 12 Septmber 2003: 188 – 198.

[44] Vincent Heiries, Daniel Roviras, Lionel Ries, et al. Analysis of Non Ambiguous BOC Signal Acquisition Performance. ION GNSS 2004, Long Beach. 21 – 24 September 2004: 2611 – 2622.

[45] NewStar210 GPS 中频信号采样器. 东方联星, http://www. olinkstar. com 2007.

[46] Gold K, A Brown. Architecture and Performance Testing of a Software GPS Receiver for Space-based Applications. Proceeeding s of IEEEAC, 2004: 1 – 12.

[47] Jovancevic A, A Brown, S Ganguly, et al. Real-Time Dual Frequency Software Receive. ION GPS/GNSS 2003, Portland, 9 – 12 Setember 2003: 2572 – 2583.

[48] Nesreen I Ziedan, James L Garrison. Extended Kalman Filter-Based Tracking of Weak GPS Signals under High Dynamic Conditions. ION GNSS 2004, Long Beach, 21 – 24 September 2004: 20 – 31.

[49] Psiaki M L. Smoother-Based GPS Signal Tracking in a Software Receiver. ION GPS 2001, Lake City, 11 – 14 September 2001: 2900 – 2913.

[50] 唐斌, 董绪荣. 小波多分辨率分析及其在自适应消噪中的应用. 装备指挥技术学院学报, 2007, 18(1): 75 – 78.

[51] Van Dierendonck A J. GPS Receivers in Global Positioning System: Theory and Application Volume I. Washington DC, American Institute of Aeronautics, 1996: 329 – 407.

[52] Abdulqadir A Alaqeeli. Global Positioning System Signal Acquisition and Tracking Using Field Programmable Gate Arrays. Ph. D. dissertation, Ohio University, November, 2002.

[53] Olivier Julien. Carrier-Phase Tracking of Future Data/Pilot Signals. ION GNSS 2005, Long Beach, 13 – 16 September 2005: 113 – 124.

[54] 程乃平,任宇飞,吕金飞. 高动态扩频信号的载波跟踪技术研究. 电子学报,2003,31(12A):2147 – 2150.

[55] 丁丹,程乃平,郝建华,等. QPSK 载波锁相环的鉴频辅助方法研究. 遥测遥控,2006,27(1):21 – 24.

[56] T Kim, H So, S J Choi, et al. GNSS Receiver Tracking Loss and Cycle Slip Detection Using Frequency Lock Loop Phase Acceleration and Jerk Estimation. ION NTM 2007, San Diego, 22 – 24 January 2007.

[57] Simon D EI-Sherief H. Fuzzy logic for digital phase-locked loop filter design. IEEE Trans, Fuzzy Syst, 1995, 3(2): 211 – 218.

[58] 唐斌,喻夏琼,董绪荣. 智能 GPS 软件接收机载波跟踪环路设计. 北京航空航天大学学报,2007,33(7):807 – 810.

[59] 诸静. 模糊控制理论与系统原理. 北京:机械工业出版社,2005: 235 – 247.

[60] 张厥盛,郑继禹,万心平. 锁相技术. 西安:西安电子科技大学出版社, 2005:64 – 66.

[61] 刘晓莉,李云荣,GPS 信号跟踪的多径影响分析与仿真. 全球定位系统,2007(1):1 – 7.

[62] 张文明,周一宇,姜文利. 基于扩扩展卡尔曼滤波的 GPS 多径抑制技术. 宇航学报,2003,24(1):53 – 56.

[63] 张欣. 扩频通信数字基带信号处理算法及其 VLSI 实现. 北京:科学出版社,2004:226 – 227.

[64] Michael Lentmaier, Bernhard Krach. Maximum Likelihood Multipath Estimation in Comparison with Conventional Delay Lock Loops. ION GNSS 2006, Fort Worth, 26 – 29 September 2006: 1741 – 1751.

[65] Jong-Hoon Won, Thomas Pany, Bernd Eissfeller. Design of a Unified

MLE Tracking for GPS/Galileo Software Receivers. ION GNSS 2006, Fort Worth, 26 – 29 September 2006: 2396 – 2406.

[66] Jose-Angel Avila-Rodriguez, Thomas Pany, Guenter W Hein. Bounds on Singal Performance Regarding Multipath-Estimating Discriminators. ION GNSS 2006, Fort Worth, 26 – 29 September 2006: 1710 – 1722.

[67] Maristella Musso, Andrea F Cattoni, Carlo S Regazzoni. A New Fine Tracking Algorithm for Binary Offset Carrier Modulated Signals. ION GNSS 2006, Fort Worth, 26 – 29 September 2006: 834 – 840.

[68] Han-Jin Jang, Jeong Won Kim, Sung Wook Moon, et al. A New Correlation Method for Multipath Mitigation. International Symposium on GPS/GNSS 2005, Hong Kong, 8 – 10 December 2005.

[69] El-Sayed Abdel-Salam Gadallah. Global Positioning System (GPS) Receiver Design For Multipaths Mitigation. Ph. D. dissertation, Air Forece Institute of Technology Air University, August 1998.

[70] Jason Jones, Pat Fenton, Brian Smith. Theory and Performance of the Pulse Aperture Correlator. http://www.novatel.ca, June 9, 2004.

[71] Bryan R Townsend, D J Richard van Nee, Patrick C Fenton, et al. Performance Evaluation of the Multipath Estimating Delay Lock Loop. ION NTM 1995, California, 18 – 20 January 1995.

[72] 樊昌信,张甫翊,徐炳祥,等. 通信原理. 北京:国防工业出版社,2001.

[73] 赵树杰,赵建勋. 信号检测与估计理论. 北京:清华大学出版社,2005.

[74] John J Schamus, James B Y Tsui. David M Lin et al. Real-Time Software GPS Receiver. ION GPS 2002, Portland, 24 – 27 September 2002: 2561 – 2565.

[75] Van Nee, Coe Nen. New fast GPS code-acquisition technique using FFT. Electronics Letters, 1991, 27(17): 158 – 160.

[76] Abdulqadir Alaqeeli, Janusz Starzyk, Frank van Graas. Real time acquisition and tracking for GPS receiver. Proc IEEE int Symposium on Circuits and Systems, Bangkok, Thailand, 2003: 500 – 503.

[77] 龚国辉,李思昆. FFT 与循环卷积相结合的 GPS 信号 C/A 码相位测量算法. 通信学报,2005, 26(7): 76 – 81.

[78] 程佩清. 数字信号处理教程. 北京:清华大学出版社,1995.

[79] Nielsen J J. Arbitrary N FFT C-source. http://hiem.get2net.dk/jjn/fft.

htm, 2007.

[80] C Ma, G Lachapelle, M E Cannon. Implementation of a Software GPS Receiver[A].